国家林业局干部学习培训系列教材

林业信息化知识读本

本书编写组组织编写

李世东　主编

中国林业出版社

图书在版编目(CIP)数据

林业信息化知识读本/李世东主编. —北京：中国林业出版社，2018.3
国家林业局干部学习培训系列教材
ISBN 978-7-5038-9550-0

Ⅰ.①林… Ⅱ.①李… Ⅲ.①信息技术-应用-林业-中国-干部培训-教材 Ⅳ.①F326.2-39

中国版本图书馆 CIP 数据核字(2018)第 090461 号

国家林业局生态文明教材及林业高校教材建设项目

中国林业出版社·教育出版分社

策划编辑：杨长峰　高红岩	责任编辑：高红岩
电话：(010)83143554	传真：(010)83143516

出版发行	中国林业出版社(100009　北京市西城区德内大街刘海胡同 7 号)
	E-mail：jiaocaipublic@163.com　电话：(010)83143500
	http://lycb.forestry.gov.cn
经　销	新华书店
印　刷	北京中科印刷有限公司
版　次	2018 年 3 月第 1 版
印　次	2018 年 3 月第 1 次
开　本	710mm×1000mm　1/16
印　张	19.75
字　数	330 千字
定　价	42.00 元

未经许可，不得以任何方式复制或抄袭本书之部分或全部内容。

版权所有　侵权必究

国家林业局干部学习培训系列教材
编撰工作委员会

主　任：张建龙
副主任：张永利　刘东生　彭有冬　李树铭　李春良
　　　　　谭光明　张鸿文　马广仁　胡章翠
委　员：孙国吉　赵良平　徐济德　杨　超　刘　拓
　　　　　王海忠　闫　振　郝育军　吴志民　丁立新
　　　　　高红电　李世东　程　红　潘世学　黄彩艺
　　　　　孟宪林　金　旻　张　炜　周鸿升　潘迎珍
　　　　　王志高　李向阳　刘东黎

《林业信息化知识读本》编写工作组

组　　　长：李世东
副 组 长：李向阳　丁立新　王　浩
成　　　员：邹亚萍　吴友苗　邹庆浩　顾红波
　　　　　　李俊魁　陈立俊　赵　珊
执 行 主 编：李世东
执行副主编：邹亚萍　顾红波
参 编 人 员：白　莹　张会华　杨新民　徐　前
　　　　　　冯峻极　高　崎　李淑芳　王　辉
　　　　　　罗俊强　谢宁波　冯　戈　吴保国
　　　　　　曾　怡　纪显琛　邵左淯

序

"玉不琢，不成器；人不学，不知道。"①重视学习、善于学习，是我们党的优良传统和政治优势，是我们党保持和发展先进性、始终走在时代前列的重要保证，也是领导干部提高素质、增强本领、健康成长、不断进步的重要途径。在历史上每一个重大转折时期，我们党总是把加强学习和教育干部突出地摆到全党面前，而每次这样的学习热潮，都能推动党和人民事业实现大发展、大进步。

"中国共产党人依靠学习走到今天，也必然要依靠学习走向未来。"党的十九大确立了习近平新时代中国特色社会主义思想，明确了新时代中国特色社会主义发展的基本方略，明确提出要"建设高素质专业化干部队伍""注重培养专业能力、专业精神，增强干部队伍适应新时代中国特色社会主义发展要求的能力"，要全面增强干部的"八种本领"。面对新形势、新要求，我们学习的任务不是轻了，而是更加重了。正如习近平总书记指出的："全党同志特别是各级领导干部要有本领不够的危机感，以时不我待的精神，一刻不停增强本领。只有全党本领不断增强了，'两个一百年'奋斗目标才能实现，中华民族伟大复兴的中国梦才能梦想成真。"

---

① 出自欧阳修《诲学说》。

"工欲善其事，必先利其器。"教材是干部学习培训的关键工具，关系到用什么培养党和人民需要的好干部的问题。好的教材对于丰富知识、提高能力，对于提升教学水平和培训质量都具有非常重要的意义。中央高度重视干部学习培训教材建设。习近平总书记在为第四批全国干部学习培训教材作的《序言》中，要求广大干部要"学好用好教材""不断增强中国特色社会主义道路自信、理论自信、制度自信，不断提高知识化、专业化水平，不断提高履职尽责的素质和能力"。《干部教育培训工作条例（试行）》要求：应当适应不同类别干部教育培训的需要，着眼于提高干部的综合素质和能力，逐步建立开放的、形式多样的、具有时代特色的教材体系。

近年来，各级林业部门单位不断加强干部学习培训教材建设，取得了较好成绩。但是相对于日益增强的林业干部培训需求，教材建设工作仍远远滞后，突出表现为教材建设缺乏规划和统一标准、内容陈旧、特色不明显、实践教材严重不足等。

为深入贯彻落实中央要求，服务干部健康成长，国家林业局适时启动了局重点教材建设工作，成立了国家林业局教材建设工作领导小组，下设干部学习培训教材建设办公室和院校林科教育教材建设办公室，分别负责组织实施干部学习培训教材和林科教育教材编制工作。

系列教材建设坚持以下原则：通识性，以干部必须掌握的基础知识或专业技能为主要编写内容；实用性，紧贴培训对象的工作实际；科学性，尊重林业发展规律和科学规律，突出行业特色；前瞻性，既要注重认识和破解当前林业改革发展面临的难题与挑战，又要关注未来林业发展趋势；创新性，注重介绍林业改革发展的新知识、新领域、新方法、新技术和新成果。系列教材的应用，将为提升广大林业干部特别是基层林业干部的综合素质、专业素养和履职尽责能力提供有力工具。系列教材建设以林业党政干部、专业技术人员、企业经营管理者等为主要对象，以林业基础知识、新知识、林业热点等为主要内容，逐步形成包括通用知识、专业知识、工作案例在内的系列教材。

各级林业部门单位要以教材建设为契机，深入贯彻党的十九大精神，围绕建设高素质干部队伍要求，把局重点教材建设与本土教材结合起来，把干部学习与工作实际结合起来，认真做好本地区教材建设工作。要把学好用好教材作为干部教育培训的重要任务，融入到推动本地区林业建设的生动实践中，着力提升广大干部推动科学发展和改革创新的能力，更好地服务林业现代化建设。

2018 年 3 月

前 言

当前,全球已进入信息时代,信息化的触角几乎延伸到方方面面,正深刻改变着我们的工作、学习和生活。提高领导干部的信息化水平,不仅是干部素质教育问题,更是一个牵动全局、影响深远的战略问题。

为深入贯彻落实国家林业局培训工作有关精神、《国家林业局干部学习培训教材建设工作方案》和《"十三五"期间林业信息化培训方案》要求,形成系统化、常态化的培训机制,强化人才培养和实践锻炼,切实加强林业系统干部职工对信息化的认知水平和应用能力,加快建设一支具有较高信息化水平和能力的干部队伍,满足林业现代化建设需要,全国林业信息化领导小组办公室结合林业信息化建设和发展实际,本着立足当前、着眼长远、瞄准前沿、务求实用的原则,组织编写了林业信息化知识读本。

本书以林业信息化业务工作为载体,针对信息化管理需要,以应知应会、实战技能为重点,涵盖了信息化概论、顶层设计、重点应用、网站建设、应用系统建设、数据库建设、基础平台建设、网络安全运维、标准建设和项目管理等多方面内容。本书内容通俗易懂、信息量大、专业性强,侧重林业信息化管理中的新技术运用和建设中的系统解决方案,具有很强的指导性和实践性。

本书汇集了近年来全国林业信息化建设积累的丰富实践经验和先进实用技术,可作为林业系统干部职工学习信息化知识、提升综合素质的重要参考书。

在本书编写过程中，参考了国内外相关机构和专家的研究成果，国家林业局科技司、国家林业局调查规划设计院、国家林业局管理干部学院、中国林业科学研究院、中国林业出版社、北京林业大学等有关单位领导和专家给予大力支持，在此一并致谢！

本书欠缺疏漏之处，恳请广大读者批评指正！

编 者

2017 年 12 月

目 录

序
前 言

第一章　信息化概论 …………………………………………… 1
　第一节　信息化 ………………………………………………… 1
　第二节　计算机 ………………………………………………… 10
　第三节　互联网 ………………………………………………… 15

第二章　智慧林业 ……………………………………………… 23
　第一节　智慧林业概述 ………………………………………… 23
　第二节　智慧林业总体要求 …………………………………… 30
　第三节　智慧林业战略任务 …………………………………… 34
　第四节　智慧林业推进策略 …………………………………… 51

第三章　重点应用 ……………………………………………… 58
　第一节　中国林业云 …………………………………………… 58
　第二节　中国林业物联网 ……………………………………… 66
　第三节　中国林业移动互联网 ………………………………… 77
　第四节　中国林业大数据 ……………………………………… 82
　第五节　智慧技术及其应用 …………………………………… 92

第四章　网站建设 ……………………………………………… 106
　第一节　政府网站概述 ………………………………………… 106
　第二节　主站建设 ……………………………………………… 111
　第三节　子站建设 ……………………………………………… 114

第四节　新媒体建设 ……………………………………… 121
　　第五节　内容维护 ………………………………………… 124
　　第六节　信息采编 ………………………………………… 125
　　第七节　网站管理 ………………………………………… 130
　　第八节　绩效评估 ………………………………………… 131
第五章　应用系统 …………………………………………… 141
　　第一节　综合应用系统 …………………………………… 141
　　第二节　业务应用系统 …………………………………… 143
　　第三节　服务应用系统 …………………………………… 156
第六章　数据库 ……………………………………………… 167
　　第一节　数据开放共享 …………………………………… 167
　　第二节　林业基础数据库 ………………………………… 175
　　第三节　林业专题数据库 ………………………………… 181
　　第四节　公共基础数据库 ………………………………… 182
第七章　基础平台 …………………………………………… 184
　　第一节　外网 ……………………………………………… 184
　　第二节　内网 ……………………………………………… 186
　　第三节　专网 ……………………………………………… 187
　　第四节　基础设施及运维 ………………………………… 188
第八章　安全运维 …………………………………………… 193
　　第一节　网络安全概述 …………………………………… 193
　　第二节　网络安全管理 …………………………………… 198
　　第三节　网络安全等级保护 ……………………………… 203
　　第四节　运维管理 ………………………………………… 209
第九章　标准建设 …………………………………………… 214
　　第一节　标准建设概况 …………………………………… 214
　　第二节　总体标准 ………………………………………… 228
　　第三节　信息资源标准 …………………………………… 236
　　第四节　应用标准 ………………………………………… 245

第五节　基础设施标准 ……………………………………… 250
第十章　项目管理 ………………………………………………… 255
　　第一节　前期工作 …………………………………………… 255
　　第二节　项目实施 …………………………………………… 263
　　第三节　项目验收 …………………………………………… 269
　　第四节　规章制度 …………………………………………… 273
　　第五节　示范建设 …………………………………………… 276
　　第六节　信息化率评测 ……………………………………… 285
参考文献 …………………………………………………………… 292
附录　近年来信息化重要文献目录 ……………………………… 298

第一章

信息化概论

第一节 信息化

一、基本概念

(一)信息化

信息化是指培养、发展以计算机为主的智能化工具为代表的新生产力,并使之造福于社会的历史过程。与智能化工具相适应的生产力,称为信息化生产力。智能化生产工具与过去生产力中的生产工具不一样的是,它不是一件孤立分散的东西,而是一个具有庞大规模的、自上而下的、有组织的信息网络体系。这种网络性生产工具将改变人们的生产方式、工作方式、学习方式、交往方式、生活方式、思维方式等,将使人类社会发生极其深刻的变化。

信息化是以现代通信、网络、数据库技术为基础,对所研究对象各要素汇总至数据库,供特定人群生活、工作、学习、辅助决策等和人类息息相关的各种行为相结合的一种技术,使用该技术后,可以极大地提高各种行为的效率,为推动人类社会进步提供极大的技术支持。

信息化包括电子政务、电子商务和电子社区三部分内容。电子政务、电子商务、电子社区是我国国民经济和社会信息化内部结构的核心组成部分,三者相互促进、协调发展是推动我国信息化建设的必要条件。

(二)智慧林业

智慧林业是指在数字林业的基础上,充分利用云计算、物联网、移动互联网、大数据等新一代信息技术,形成林业立体感知、管理协同高效、生态价值凸显、服务内外一体的林业发展新模式。

智慧林业是推动林业改革发展、加快林业科技创新、提升林业管理水平、增强林业发展质量、促进林业可持续发展、有力提升林业现代化水平的重要支撑和保障。

智慧林业的核心是建立林业智慧化发展长效机制，实现林业高效高质发展；智慧林业的关键是通过制定统一的技术标准及管理服务规范，形成互动化、一体化、主动化的运行模式；智慧林业的目的是促进林业政务服务、科技创新、资源监管、生态修复、应急管理、产业提升、文化发展和基础能力等协同化推进，实现生态、经济、社会综合效益最大化；智慧林业的本质是可持续的林业发展新模式，通过不断提高林业现代化水平，实现林业的智能、安全、生态、和谐。

（三）云计算

2006年，Google首席执行官埃里克·施密特在搜索引擎大会上首次提出"云计算"的概念。云计算是由分布式计算、并行处理、网格计算发展而来的一种新兴的共享基础架构的方法，可以将巨大的系统池连接在一起以提供各种IT服务。云计算既指IT基础设施的交付和使用模式，通过网络以按需、易扩展的方式获得所需的资源；也指服务的交付和使用模式，通过网络以按需、易扩展的方式获得所需的服务。

目前，对于云计算的认识还在不断的发展变化，云计算仍没有普遍一致的定义。中国网格计算、云计算专家刘鹏给出如下定义："云计算将计算任务分布在大量计算机构成的资源池上，使各种应用系统能够根据需要获取计算力、存储空间和各种软件服务。"

狭义的云计算指的是厂商通过分布式计算和虚拟化技术搭建数据中心或超级计算机，以免费或按需租用的方式向技术开发者或者企业客户提供数据存储、分析以及科学计算等服务，如亚马逊数据仓库出租生意。广义的云计算指厂商通过建立网络服务器集群，向各种不同类型客户提供在线软件服务、硬件租借、数据存储、计算分析等不同类型的服务。

通俗的理解是，云计算的"云"就是存在于互联网上的服务器集群上的资源，它包括硬件资源（服务器、存储器、CPU等）和软件资源（如应用软件、集成开发环境等），本地计算机只需要通过互联网发送一个需求信息，远端就会有成千上万的计算机为你提供需要的资源并将结果返回到本地计算机。这样，本地计算机几乎不需要做什么，所有的处理都在云计算提供商所提供的计算机群来完成。

(四)物联网

国际通用的物联网定义是：通过射频识别、红外感应器、全球定位系统、激光扫描器等信息传感设备，按约定的协议，把任何物品与互联网连接起来，进行信息交换和通信，以实现智能化识别、定位、跟踪、监控和管理的一种网络。

2010年，我国的政府工作报告所附注释中对物联网有如下说明：物联网是指通过信息传感设备，按照约定的协议，把任何物品与互联网连接起来，进行信息交换和通信，以实现智能化识别、定位、跟踪、监控和管理的一种网络。

现在被普遍认可的概念是："物联网是一个基于互联网、传统电信网络等信息承载体，让所有能够被独立寻址的普通物理对象实现互联互通的网络。"换句话说，在物联网世界，每一个物体均可寻址，每一个物体均可通信，每一个物体均可控制。又由于物联网所倡导的物物互联规模要远大于现阶段的人与人通信业务，因此物联网的预期市场前景也要远大于之前的计算机、互联网和移动通信等。

(五)移动互联网

移动互联网是一种通过智能移动终端，采用移动无线通信方式获取业务和服务的新兴业态，包含终端、软件和应用三个层面。终端层包括智能手机、平板电脑、电纸书、MID等；软件层包括操作系统、中间件、数据库和安全软件等；应用层包括休闲娱乐类、工具媒体类、商务财经类等不同应用与服务。随着技术和产业的发展，LTE(4G通信技术标准之一)和NFC(近场通信，移动支付的支撑技术)等网络传输层关键技术也将被纳入移动互联网的范畴之内。

移动互联网作为一个新兴的产业，诞生时间较短，但发展速度非常快。移动互联网的概念现在仍比较新颖，来自产业链节点企业、专家学者以及政府监管机构等社会各界的定义多种多样，说法不尽相同。

综合来自社会各界已有的定义，可从终端、网络、内容来阐述移动互联网的定义，即用户使用各种可移动的便携式终端，通过各种无线通信网络，随时随地获取丰富的内容和服务。它包含以下要点：第一，从终端的角度来看，移动互联网的终端与移动通信网的终端比较类似，区别于桌面互联网终端，它们都具有较强的可移动性。目前的移动互联网终端主要包括手机终端、平板终端、电子设备、专用终端、融合终端。第二，从网络的角度来看，狭义的移动互联网仅指支持自动漫游切换的移动通信网络，而广义的移动互联网则包括基于固网的 WiFi、WAPI 等网络。从目前全球的移动互联网应用来看，各国电信运营商、学校、酒店以及其他网络接入服务提供商都开始纷纷大规模建设公共 WiFi 网络，而使用手机、pad 等终端通过 WiFi 网络享受移动互联网服务也越来越为人们所接受。因此，广义的移动互联网网络较为公众接受。第三，从内容的角度来看，狭义的移动互联网只包括与现有桌面互联网同源的能够实现跨屏互通的内容和服务，如 HTTP、WAP 以及基于客户端的服务。广义的移动互联网包括基于终端和网络能力衍生出来的各种信息服务，业界和学术界普遍将其列入移动互联网的范畴中。

（六）大数据

目前，虽然大数据的重要性得到了大家的一致认同，但是关于大数据的定义却众说纷纭。科技企业、研究学者、数据分析师和技术顾问们，由于各自的关注点不同，对于大数据有着不同的定义。

无论哪种定义，我们可以看出，大数据并不是一种新的产品，不是一种新的技术，大数据是一种全新的思维模式。一般意义上，大数据是指无法在有限时间内用传统 IT 技术和软硬件工具对其进行感知、获取、管理、处理和服务的数据集合。

（七）人工智能

人工智能，简称 AI，最初是由美国历史最悠久的世界顶尖学府——达特茅斯学院在 1956 年提出。它是由计算机科学、控制论、神经生理学、语言学等多种学科相互渗透而发展起来的用于模拟、延伸和扩展人的智能的理论、方法、技术及应用系统的一门新的技术科学。人工智能自问世以来的 50 多年间已经取得了长足的进展，由于其应用的极其广泛性及存在的巨大研究开发潜力，吸引了越来越多的科技工作者投入其中。

人工智能被称为 20 世纪 70 年代以来世界三大尖端技术之一（空间技术、能源技术、人工智能），同时也被认为是 21 世纪三大尖端技术之一（基因工程、纳米科学、人工智能）。人工智能在很多科学领域都获得了广泛应用，并取得了丰硕的成果，给人类生产力的提高和生活水平的改善作出巨大贡献。而且其未来发展前景更是无可限量，已经成为国际公认的当代高新技术的核心部分之一。

二、信息革命

(一)信息革命的概念

信息革命就其一般含义来说，是指信息生产、处理手段的高度发展而导致的社会生产力、生产关系的变革。信息革命是人类信息功能发展的结果，而人类信息功能的发展，根本就在于信息技术的发展。从这一意义上说，信息技术是其他各个领域发展的先导和核心，人类社会一切文明发展的每一步都是与信息技术的进步分不开的。

现代电子信息技术的巨大变革所引起的新的技术变革及其带来的社会经济结构的质的飞跃，是信息革命的主要内容。信息技术革命不仅为人类提供了新的生产手段，带来了生产力的大发展和组织管理方式的变化，还引起了产业结构和经济结构的变化。这些变化将进一步引起人们价值观念、社会意识的变化，从而社会结构和政治体制也将随之而变。例如，计算机的推广普及促进了工厂自动化、办公自动化和家庭自动化，形成所谓"3A"革命；计算机和通信技术融合形成的信息通信网推动了经济的国际化；金融界组成的全球金融信息网使资金可以克服时差，在一昼夜间经全球流通而大大增值。同时，信息通信网还扩展了人们受教育的机会，使更多的人可以从事更富创造性的劳动。信息的广泛流通促进了权力分散化、决策民主化。随着人们教育水平的提高，将有更多的人参与各种决策。这一形势的发展必然带来社会结构的变革。总之，现代信息技术的出现和进一步发展将使人们生产方式和生活方式发生巨大变化，引起经济和社会变革，使人类走向新的文明。

(二)信息革命的本质

劳动工具是标志一个时代生产力水平的最重要因素。促进社会进步的因素是多方面的，其中的决定因素是社会生产力的发展。生产力是由劳动工具、劳动者、劳动资料等组成的，其中劳动工具是标志一个时代生产力水平的最重要因素，生产力的变革总是从其生产工具体系的变革开始。人类社会发展到工业社会，劳动工具体系有了重大改进。蒸汽机的使用和电的发明，使人类有了新型能源驱动的动力工具，扩展了人类肢体功能；望远镜、电报、电话等初级信息工具扩展了人类信息器官功能。但是这样的工具体系尚不足以使劳动者摆脱劳动作为异己力量的桎梏，还不能使人类在充分自由前提下获得全面发展和解放。信息革命使人类劳动工具体系有了质的飞跃，从而生产力在新质基础具有更广阔的发展前景。

信息革命使工具体系完备化，新生产力具有工业社会无法比拟的潜力。其特点如下：一是工具体系趋于完备化。信息技术广泛应用，其与工业文明形成的高级动力工具有机结合，使人类从行动器官到思维器官、从体力劳动到脑力劳动，劳动者的生命活动均可由机器工具来完成。人类从四肢到大脑的功能极大程度上实现物化，自然因此在更大空间上成为人类的外化。二是工具体系全面信息化、智能化。整个生产过程是劳动者借助信息和信息技术，在材料和能源支持下进行的有目的智能活动。三是劳动者站在生产过程外不再与自然物直接对抗。信息化逐渐使人类从作为负担的劳动中解放出来，去从事创造性的学习与活动，人类不再与自然直接对抗，在更高层次上不断丰富完善对包括自身、自然界的客观世界的整体性认识，寻求全面发展和人类的解放。

总之，信息革命使生产力发生质的飞跃，再次改变了人与自然的关系。从哲学意义上讲，这是人作为自然的异己在与自然的相互作用中，不断深化对自然因而是对自己的认识，不断实现向自然回归过程的飞跃。

（三）信息革命的产生和发展

信息技术自人类社会形成以来就存在，并随着科学技术的进步而不断变革。语言、文字是人类传达信息的初步方式，烽火台则是远距离传达信息的最简单手段，纸张和印刷术使信息流通范围大大扩展。自19世纪中期以后，人类学会利用电和电磁波以来，信息技术的变革大大加快。电报、电话、收音机、电视机的发明使人类的信息交流与传递快速而有效。第二次世界大战以后，半导体、集成电路、计算机的发明，数字通信、卫星通信的发展形成了新兴的电子信息技术，使人类利用信息的手段发生了质的飞跃。具体讲，人类不仅能在全球任何两个有相应设施的地点之间准确地交换信息，还可利用机器收集、加工、处理、控制、存储信息。机器开始取代了人的部分脑力劳动，扩大和延伸了人的思维、神经和感官的功能，使人们可以从事更富有创造性的劳动。这是前所未有的变革，是人类在改造自然中的一次新的飞跃。

人类历史上先后发生了5次推动人类文明飞跃发展的信息革命，目前正在进入第六次信息革命的新阶段。信息革命的根本就在于信息技术的发展。信息革命不仅为人类提供了新的生产手段，带来了生产力的大发展和组织管理方式的变化，还引起了产业结构和经济结构的变化。这些变化将进一步引起人们价值观念、社会意识和社会结构的变化，从而大大推动了人类文明的进程。可以说，自从人类出现那天起，便开始了信息文明因素的原始积累，推动了人类文明的不断升华和划时代的飞跃。

三、信息化发展现状

当今世界正处在由工业化向信息化过渡的重要时期，信息技术已经渗透到国民经济的各个领域，加快了信息化进程。全球信息化发展进一步凸显"互联网化"的特征，其中，以移动互联网和大数据为主要支撑的泛在化、智能化发展异常迅猛。网络基础设施和信息技术应用进一步普及，向农村等边远地区延伸。信息技术向生活服务各方面渗透，移动互联网、云计算、社交网络和大数据等互联网新技术之间的融合应用和模式创新层出不穷、发展迅速。5G 移动通信技术不断突破创新，并在开发利用大数据产业方面作出了重要部署。互联网推动传统产业改造升级，开放数据成为政府打造"以公民为中心"服务的重要途径。

目前，主要大国新政牵动世界大转型、大调整向纵深推进，围绕未来发展空间和战略主导权的综合国力竞争将进一步升温。美国艰难调整内外战略、欧盟力图重振国际地位、俄罗斯谋求新突破、日本力推"国家正常化"、印度和巴西等新兴大国谋转型，新一轮综合国力竞争展开。新兴国家与发达国家两大"集群"力量将会继续处于相持阶段，双方竞合博弈将水涨船高，"集群化""高端化"更趋明显，博弈格局日渐成形，但仍将保持"东升西降"趋势。美国西方统合"规则联盟"，以"大西方"联手应对新兴大国崛起。新兴大国则"联合自强"，全方位应对美国西方战略压制。同时，信息革命与金融危机共同促使全球化向碎片化方向发展，权力下沉，开放度提升，社会稳定性降低，成为两大集群共同面临的挑战。由于多方势力制衡及博弈，各国在处理分歧问题时将会趋向于由政府主导解决转变为多边治理。据《国家信息化发展评价报告（2016）》显示，从全球范围来看，以美国、英国、日本、中国、俄罗斯为代表的大型经济体，具有强大的信息产业基础和庞大的用户市场规模，信息化发展优势明显。以瑞典、芬兰为代表的北欧国家，信息化发展处于较高水平的稳定状态；亚洲国家信息化发展不平衡，日本、韩国、新加坡已跻身世界领先行列，西亚、南亚国家还存在较大的提升空间。根据国家信息化发展指数，中国的排名从 2012 年的第 36 位迅速攀升至 2016 年的第 25 位。中国信息化发展在产业规模、信息化应用效益等方面取得长足进步，已经位居全球领先位置。

改革开放以来，我国信息化发展可以大致划分为三个基本阶段，即"探索—模仿""融合—接轨"和"凝练—创新"。特别需要指出的是，由于我国地区和城乡差异显著，不同行业和组织在信息化发展中存在多模式共存、多阶段交叉的现象和特点。这就要求我国在信息化进程中必须把握好现实可行性与发展前瞻性的关系。

近年来，我国互联网和移动通信的发展已经进入一个全新的阶段：网民数量剧增，网络消费群体不断扩大；大量新兴技术、新型信息产品、新颖网络应用形式的出现，深刻影响着人们的社会生活和组织的运营方式。当前，信息技术应用与其传统模式相比，呈现移动性（如泛在互联、移动商务）、虚拟性（如虚拟体验、赛博空间）、个性化（如精准营销、推荐服务）、社会性（如社交媒体、社会商务）、复杂数据（如富媒体、大数据）等鲜明的新特征。这些新特征是技术进步和应用创新两者交错互动、螺旋式演化的结果，形成了当前信息化实践和发展的主流色调。特别是云计算、大数据等新型计算模式以及社会化网络应用的涌现，进一步凸显了这些新特征。

林业信息化是现代林业建设的重要组成部分，是促进林业科学发展的重要手段，是关系林业工作全局的战略举措和当务之急。"十二五"期间，各地认真落实《全国林业信息化建设纲要》《全国林业信息化建设技术指南》《全国林业发展"十二五"规划》、中央林业工作会议、全国林业厅局长会议和全国林业信息化工作会议、全国林业信息化示范省建设工作座谈会精神，加快推进林业信息化，逐步建立起覆盖各级林业部门、功能齐备、互通共享、高效便捷、稳定安全的林业信息化体系，促进林业决策科学化、办公规范化、监督透明化、服务便捷化，为建设现代林业奠定扎实基础。

"十三五"时期将全面实施"互联网＋"林业战略。"互联网＋"林业是互联网跨界融合创新模式进入林业领域，利用云计算、物联网、移动互联网、大数据、智能化等新一代信息技术推动信息化与林业深度融合，建立智慧化发展长效机制，形成林业高效高质发展新模式。

四、信息化发展展望

信息化在企业转型升级、国家创新体系建设以及国际竞争中具有关键作用。信息化水平不仅成为企业核心能力的重要表现形式，而且是国家综合实力和发展战略的重要依托。展望信息化发展的未来，信息技术应用将在下列若干领域呈现主流现象和趋势，并给我国信息化进程乃至现代化建设带来机遇和挑战。

(一)物联网和智慧城市建设

物联网和智慧城市建设是信息化在公共基础设施和服务系统领域的主要战线。基于传感技术的物物互联和基于互联网的人人互联以及它们的集成应用,将使社区、交通、医疗、教育、消费、物流等服务平台和城市现代化具有更高水平。

(二)云计算平台建设与大数据分析

云计算平台建设与大数据分析是信息化在信息服务、信息资源虚拟配置和动态优化领域以及大数据分析领域的主要战线。面向公共云、局域云和私有云的云数据平台建设以及面向海量富媒体数据的深度信息分析技术,将使企业和区域拥有更多可获资源和数据服务,进而提升其信息利用和决策能力。

(三)新兴电子商务应用

新兴电子商务应用是信息化在贸易、流通和零售等领域的主要战线,涉及电子商务各参与者(买方、卖方、平台服务提供方等)。基于移动性、虚拟性、个性化、社会性、复杂数据等新特征的电子商务应用,将在客户行为与体验、产品营销和推荐、商务安全、平台建设和服务品质、物流配送等方面产生一系列创新,并将在移动商务和社会化商务方面有更大发展。

(四)企业信息化的新拓展

企业信息化的新拓展涉及深度和广度两个维度。在深度上,将沿着事务处理、分析处理和商务智能的轨迹提升,以逐步回答管理决策者在经营运作中提出的"发生了什么""为什么会发生""将发生什么"的问题。在广度上,一方面,拓宽企业内部业务信息化的领域,并进行必要的集成;另一方面,向企业外延展信息化的触角,以支撑与客户和供应商的业务活动。特别需要重视企业外数据的分析与处理,如用户生成的数据(评论、口碑等)、社交网络和媒体的反馈等,以开发应用相关的商誉、企业舆情、开源数据分析技术。

(五)绿色信息化路径

探索绿色信息化路径是科学发展的内在要求。信息化作为现代经济社会发展的动力,在替代落后生产方式、支撑企业转型升级、促进技术创新的同时,也在消耗能源、产生代谢。在信息化过程中,除了相关设备和技术的采纳、制造和应用应该注意绿色环保之外,在信息化项目规划中也应该注意进行综合环境和能耗评估,使信息化与工业化、城镇化、农业现代化同步融合推进、科学发展。

第二节 计算机

一、计算机概述

电子计算机是一台自动、可靠、能高速运算的机器,由于它能作为人脑的延伸和发展,所以我们又把电子计算机称为计算机,它是能够按照事先存储的程序,自动、高速地进行大量数值计算、信息处理、自动化管理等多个方面工作的现代化智能电子装置。

(一)计算机发展阶段

世界上第一台电子计算机是1946年由美国宾夕法尼亚大学研制成功,名为埃尼阿克(ENIAC),重量30吨,占地面积170平方米,运算速度为5000次/秒。计算机的发展经历了四代:

第一代:1946—1959年,以电子管为主要标志。内存容量仅有几千字节,运算速度低,且成本很高。这个时期,没有系统软件,只能用机器语言和汇编语言编程。计算机只在少数尖端领域中得到应用,一般用于科学、军事和财务等方面。

第二代:1959—1964年,以晶体管为主要标志。增加了浮点运算,内存容量扩大到几十K字节,晶体管比电子管平均寿命提高100~1000倍,耗电却只有电子管的1/10,体积比电子管减少一个数量级,运算速度明显提高,每秒可以执行几万到几十万次的加法运算,机械强度高。相比电子管,晶体管体积小、质量轻、寿命长、发热少、功耗低。出现了监控程序,提出了操作系统的概念,出现了高级语言,如 FORTRAN、ALGOL60 等。

第三代:1964—1970年,以中、小规模集成电路为主要标志。这种器件把几十个或几百个分立的电子元件集中做在一块几平方毫米的硅片上(称为集成电路芯片),使计算机的体积和耗电大大减小,计算速度却大大提高,每秒钟可以执行几十万次到一百万次的加法运算,性能和稳定性进一步提高。

第四代:1970年至今,以大规模和超大规模集成电路为主要标志。计算机的计算性能飞速提高,计算机开始分化成巨型机、大型机、小型机和微型机。采取了"模块化"的设计思想,即按执行的功能划分成比较小的处理部件，更加利于维护。计算机的发展进入了以网络为特征的时代。

目前，计算机正向微型化、网络化、巨型化、智能化发展。

(二)计算机特点

1. 高速运算能力和检索能力。目前的计算机运算能力已达到130亿次/秒。

2. 强存储记忆能力。能存储大量的原始数据、中间结果及程序。

3. 很高的计算精度和可靠性。计算机精度可达几百位，连续无故障时间可达几年。

4. 具有逻辑判断能力。能进行数据的比较、分类、排序、检索等。

5. 工作全部自动进行。只要给计算机发出指令，计算机将按着指令自动执行。

二、计算机系统组成

一个完整的计算机系统应包括硬件系统和软件系统两大部分。计算机硬件是指组成一台计算机的各种物理装置，它们是由各种电子、机械、光学等元部件所组成。直观地看，计算机硬件是一大堆设备，它是计算机进行工作的物质基础，计算机大多采用总线为中心。所谓总线是指计算机中传送信息的公共通路，而实际上就是些通信导线，计算机中的所有部件都被连接在这个总线上。

计算机软件是指在硬件设备上运行的各种程序、数据以及有关的资料。所谓程序实际上是用于指挥计算机执行各种动作以便完成指定任务的指令集合。

通常，把不装备任何软件的计算机称为硬件计算机或裸机。目前，普通用户所面对的一般都不是裸机，而是在裸机上配置若干软件之后所构成的计算机系统。计算机硬件是支撑计算机软件工作的基础，没有足够的硬件支持，软件也就无法正常工作。实际上，在计算机技术的发展进程中，计算机软件随硬件技术的迅速发展而发展，反过来，软件的不断发展与完善，又促进了硬件的发展，因而两者的发展密切地交织着，缺一不可。一般计算机系统的组成如图1-1所示。

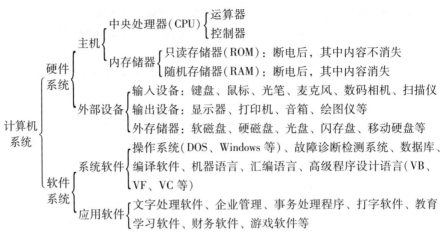

图 1-1 计算机系统的组成

(一)计算机硬件系统

计算机硬件系统一般由中央处理器、内存储器、外存储器、输入/输出设备等部件组成。

1. 中央处理器。中央处理器简称 CPU，它是计算机系统的核心，主要包括运算器和控制器两个部件。其功能是负责统一协调、管理和控制系统中的各个部件有机地工作。运算器主要完成各种算术运算(如加、减、乘、除)和逻辑运算(如逻辑加、逻辑乘和逻辑非运算)。控制器负责从内存储器读取各种指令，并对指令进行分析，根据指令的具体要求向计算机的各个部件发出控制信号，协调计算机各个部件的工作。

通常，运算器和控制器被合成在一块集成电路的芯片上，称它为 CPU 芯片。CPU 品质的高低直接决定了一个计算机系统的档次。反映 CPU 品质的最重要的指标是主频与字长。主频是指 CPU 的工作速度，主频越高，CPU 的运算速度就越快。目前，CPU 从代数来说从第一代到现在的第五代，从核心来说从以前的单核到现在的双核、4 核、6 核和 8 核。以后还会出现更多核数的 CPU。主频也从以前一代的几百 MHz 到现在的几个 GHz。

CPU 主要的性能参数包括字长、运算速度、时钟频率、存取速度。

2. 内存储器。内存储器也称为主存储器，主要用来存放计算机工作过程中需要操作的数据和程序。内存储器中存放的信息通常有两类：一类是要处理的数据和运算结果；另一类是要处理的程序。在存储器中含有大量的存储单元，每个存储单元可以存放 8 位的二进制信息，这样的存储单元称为一个字节，即存储器的容量是以字节为基本单位的。存储器中的每一个字节都依次用从 0 开始的整数进行编号，这个编号称为地址，CPU 按地址来存取存储器中的数据。

所谓存储器的容量是指存储器中所包含的字节数据。通常又用 KB、MB、GB、TB、PB、EB、ZB、YB 和 BB 作为存储器容量的单位，其中：

位 bit(比特)：存放一位二进制数，即 0 或 1，最小的存储单位。字节 byte：8 个二进制位为一个字节(B)，最常用的单位。其中，$1024 = 2^{10}$（2 的 10 次方）。

1KB(千字节) = 1024B

1MB(兆字节简称兆) = 1024KB

1GB(吉字节又称千兆) = 1024MB

1TB(万亿字节又称太字节) = 1024GB

1PB(千万亿字节又称拍字节) = 1024TB

1EB(百亿亿字节又称艾字节) = 1024PB

1ZB(十万亿亿字节又称泽字节) = 1024EB

1YB(一亿亿亿字节又称尧字节) = 1024ZB

1BB(一千亿亿亿字节) = 1024YB

计算机的存储器分为内存(储器)和外存(储器)。内存又称为主存。CPU 与内存一起称为主机。按照内存储器的功能和性能，可以分为：随机存储器、只读存储器和高速缓冲存储器。

3. 外存储器。外存储器是指除计算机内存及 CPU 缓存以外的储存器，此类储存器一般断电后仍然能保存数据。常见的外存储器有硬盘、光盘、U 盘、磁带等。内存储器最突出的特点是存取速度快，但是容量小、价格贵；外存储器的特点是容量大、价格低，但是存取速度慢。但内存储器存在两个问题：一是存储器的容量不大，二是保存的信息易丢失。采用外存储器就是为了解决这两点不足。外存储器不能直接和 CPU 交换数据，要通过接口电路才能将信息送到内存储器中。因而速度与 CPU 相比就显得慢得多。

4. 输入设备。输入设备是向计算机输入数据和信息的设备，是计算机与用户或其他设备通信的桥梁。输入设备是用户和计算机系统之间进行信息交换的主要装置之一。现在的计算机能够接收各种各样的数据，既可以是数值型的数据，也可以是各种非数值型的数据，如图形、图像、声音等都可以通过不同类型的输入设备输入到计算机中，进行存储、处理和输出。

5. 输出设备。输出设备是将计算机中的数据或信息输出给用户，是人与计算机交互的一种部件，用于数据的输出。它把各种计算结果数据或信息以数字、字符、图像、声音等形式表示出来。常见的有显示器、打印机、绘图仪、影像输出系统、语音输出系统、磁记录设备等。

（二）计算机软件系统

计算机软件系统可以分为系统软件和应用软件两大类。系统软件是直接控制和协调计算机工作的软件，包括操作系统和一系列基本的工具；应用软件是完成某些具体工作和任务的软件，程序是计算任务的处理对象和处理规则的描述。

1. 操作系统。操作系统（简称OS）是管理和控制计算机硬件与软件资源的计算机程序，是直接运行在"裸机"上的最基本的系统软件，任何其他软件都必须在操作系统的支持下才能运行。操作系统是用户和计算机的接口，同时也是计算机硬件和其他软件的接口。操作系统的功能包括管理计算机系统的硬件、软件及数据资源，控制程序运行，改善人机界面，为其他应用软件提供支持，让计算机系统所有资源最大限度地发挥作用，提供各种形式的用户界面，使用户有一个好的工作环境，为其他软件的开发提供必要的服务和相应的接口等。实际上，用户是不用接触操作系统的，操作系统管理着计算机硬件资源，同时按照应用程序的资源请求，分配资源，如划分CPU时间、内存空间的开辟、调用打印机等。

2. 应用软件。应用软件是和系统软件相对应的，是用户可以使用的各种程序设计语言，以及用各种程序设计语言编制的应用程序的集合，分为应用软件包和用户程序。应用软件包是利用计算机解决某类问题而设计的程序的集合，供多用户使用。应用软件是为满足不同领域、不同问题的应用需求而提供的部分软件。它可以拓宽计算机系统的应用领域，放大硬件的功能。但因其涉及社会的许多领域，很难概括齐全，也很难确切地进行分类。常见的应用软件有：各种信息管理软件；办公自动化系统；各种文字处理软件；各种辅助设计软件以及辅助教学软件；各种软件包，如数值计算机程序库、图形软件包等。

3. 程序设计语言。所谓程序，是指用某种程序设计语言为工具编制出来的动作序列，它表达了人们解决问题的思路，用于指挥计算机进行一系列操作，从而实现预期的功能。程序设计语言就是用户用来编写程序的语言，它是人与计算机进行交流的工具。程序设计语言是计算机软件系统的重要组成部分，而相应的语言处理程序属于系统软件。程序设计语言就其发展过程一般分机器语言、汇编语言和高级语言三大类。

机器语言，是一种用二进制代码 0 和 1 形式表示的、能被计算机直接识别和执行的语言。用机器语言编写的程序，称为计算机机器语言程序。它是一种低级语言，用机器语言编写的程序不便于记忆、阅读和书写。通常不用机器语言直接编写程序。

汇编语言，是一种用助记符表示的面向机器的程序设计语言。汇编语言的每条指令对应一条机器语言代码，不同类型的计算机系统一般有不同的汇编语言。用汇编语言编制的程序称为汇编语言程序，机器不能直接识别和执行，必须由"汇编程序"（或汇编系统）翻译成机器语言程序才能运行。这种"汇编程序"就是汇编语言的翻译程序。

高级语言，是一种比较接近自然语言和数学表达式的一种计算机程序设计语言。用高级语言编写的程序一般称为"源程序"，计算机不能识别和执行，要把用高级语言编写的源程序翻译成机器指令，通常有编译和解释两种方式。

第三节　互联网

一、互联网发展过程

互联网，Internet 使用 TCP/IP 将计算机网络连接成全球网络。任何一台计算机只要配置好协议，设置好 IP 地址等，再从物理上与 Internet 相连通，便可以成为这个全球网络的一员。Internet 是无中心的，没有单一的、凌驾于 Internet 之上的中心来控制它；Internet 又是"松散"的，各个成员的加入和退出可随时进行，整个网络处于时刻不停地变动当中；它还是"自由的"，加入其中的成员一般情况下只是互通信息，各自处理自己的内部事务，实现自己的集中控制。

目前，Internet 的用户已经遍及全球，达十几亿之多，而且数量还在稳步增长。Internet 和个人数字终端一起，已经成为当今社会最有用的工具，正在潜移默化地改变着人们的生活方式，使用 Internet 已经成为现代人的一项基本技能。当前，Internet 的潜力已经得到进一步的发挥。移动性、多媒体、智慧互联将会是 Internet 的未来发展发向。

（一）互联网的起源

20 世纪 60 年代，美国国防部领导的远景研究规划局（ARPA）提出要研制一种崭新的网络对付来自苏联的核攻击威胁。因为当时传统的基于电路交换的电信网虽已经四通八达，但战争期间，一旦正在通信的电路有某个中继设备或某条线路被摧毁，整个通信电路就要中断，如要立即改用其他迂回电路，还必须重新建立连接，这将不可避免地造成一些时间延误。

因此，这个新型网络必须满足一些基本要求：不是为了打电话，而是用于计算机之间的数据传送；能连接不同类型的计算机；所有的网络结点都同等重要，这就大大提高了网络的生存能力；计算机在通信时，必须有所谓的迂回路由，当链路或结点被破坏时，迂回路由能使正在进行的通信自动地找到合适的通路；网络结构要尽可能地简单，但要非常可靠地传送数据。

根据这些要求，专家们设计出了使用分组交换的新型计算机网络。分组交换网络采用存储转发技术，把欲发送的报文分成一个个的"分组"在网络中传送，到达目的地之后，所有的分组再重新组合成原来的报文。分组能够正确地到达，是因为分组的手段携带有重要的控制信息，网络中的交换设备会正确地识别这些信息，并据此自动选择合适的发送途径。因此，分组交换网是由若干个结点交换机和连接这些交换机的链路组成。可以这么认为：一个结点交换机就是一个小型计算机，但它和一般主机的不同之处在于，主机是为用户进行信息处理的，结点交换是进行分组交换的。其处理过程是：将收到的分组先放入缓存，结点交换机暂存的是短分组，而不是整个长文件，短分组暂存在交换机的内存储器中而不是存储在磁盘中，这就保证了较高的交换速率。然后再查找转发表，找出到某个目的地址应从哪个端口转发，由交换机构将该分组递给适当的端口转发出去。存储转发的分组交换实质上是采用了在数据通信的过程中动态分配传输带宽和自动选择通信路由的策略。

（二）互联网的发展

1969年，美国国防部创建的第一个分组交换网ARPAnet只是一个单个的分组交换网，所有想连接在它上面的主机都直接与就近结点交换机相连。ARPAnet规模增长很快，到20世纪70年代中期，人们认识到仅用一个单独的网络无法满足所有的通信问题，于是，ARPA开始研究很多网络互联的技术，这就导致后来互联网的出现。1983年TCP/IP产生，用作ARPAnet的标准协议。同年，ARPAnet分解成两个网络，一个是进行试验研究用的科研网ARPAnet，另一个是军用计算机网络MILnet。1990年，ARPAnet因试验任务完成正式宣布关闭。

1985年起,美国国家科学基金会(NSF)认识到计算机网络对科学研究的重要性。1986年,NSF围绕6个大型计算机中心建设计算机网络NSF-net,它是一个三级网络,分主干网、地区网和校园网。它代替ARPAnet成为Internet的主要部分。1991年,NSF和美国政府认识到Internet不会限于大学和研究机构,于是支持地方网络接入,许多公司的纷纷加入,使网络的信息量急剧增加,美国政府就决定将Internet的主干网转交给私人公司经营,并开始对接入Internet的单位收费。

从1993年开始,美国政府资助的NSFnet逐渐地被若干个商用的Internet主干网替代,这种主干网也叫作Internet服务提供者(ISP)。考虑到Internet商用化后可能出现很多的ISP,为了使不同ISP经营的网络能够互通,4个网络接入点(NAP)在1994年被创建,分别由4个电信公司经营,21世纪初,美国的NAP达到了十几个。NAP是最高级的接入点,它主要是向不同的ISP提供交换设备,使它们相互通信。现在已经很难对Internet的网络结构给出精细的描述,但大致可分为5个接入级:网络接入点(NAP)、多个公司经营的国家主干网、地区ISP、本地ISP和本地网。

(三)中国的互联网主干网

Internet在中国的发展可以分成两个阶段。第一个阶段从1987—1993年,主要体现在电子邮件应用和科学理论研究方面。1990年4月,我国开始建设中关村地区教育和科研示范网(NCFC),1992年该网建成,实现了中国科学院、清华大学和北京大学3个科研院校的互联。第二个阶段从1994年4月开始,NCFC工程通过美国SPRINT公司连通Internet,虽然带宽只有64kbit/s,但这是一个重大标志:中国正式加入了国际互联网。到1996年,国内4个互联网络建成:中国科技网、中国互联网、中国教育科研网和中国金桥网,其管理单位分别是中国科学院、邮电部、国家教育委员会和电子工业部。这四大网络在1997年实现了信息互通。

二、互联网的工作原理

Internet是由一些通信介质,如光纤、微波、电缆、普通电话线等,将各种类型的计算机联系在一起,并统一采用TCP/IP协议(传输控制协议/网际协议)标准,而互相联通、共享信息资源的计算机体系。计算机之间的信息交换有两种方式:电路交换方式和分组交换方式。Internet采用分组交换方式进行信息的交换。在分组交换网络中,计算机之间要交换的信息以包的形式封装后进行传输。包由数据和标识信息(如发送端和接收端的

IP 地址）组成。

TCP/IP 协议所采用的通信方式正是分组交换方式。它包括两个主要的协议，即 TCP 协议和 IP 协议。其实，Internet 的工作原理就是 TCP/IP 协议的工作原理。TCP/IP 在数据传输过程中主要完成以下工作。

1. 由 TCP 协议将数据分成若干数据包，并给每个数据包添加序号，以便于接收端能够将这些数据包还原到原始格式。

2. IP 协议给每个数据包添加发送方计算机 IP 地址和接收方计算机 IP 地址，即源 IP 地址和目的 IP 地址。一旦在数据包中标识了源 IP 地址和目的 IP 地址，数据包就可以在网络中传输数据了。

3. 在传输过程中，可能会有多种路径可供数据的传输，另外，可能出现如数据丢失等错误现象。所有这些问题都有 TCP 协议来负责。

4. 当数据包到达目的地址后，计算机将去掉其中的标识信息，并利用 TCP 协议检查数据在传输过程中是否有损失，并在此基础上将各数据包重新组合成原始数据信息，这样就实现了计算机间的通信。如果接收方发现有损坏的数据包，则要求发送端重新发送被损坏的数据包。

TCP/IP 协议标准保证了连接在 Internet 上的每台计算机能够平等地使用网络资源。发送方将信息分组后通过 Internet 传送，接收方在接收到一个信息的各分组后，重新组装成原来完整的信息。实际上，Internet 上的信息传递，就是同一时刻来自各个方向的多台计算机的分组信息的流动过程。在 Internet 通信中，一种被称为网关的专用设备使得各种不同类型的网可以使用 TCP/IP 协议同 Internet 打交道。它将计算机网络的本地语言（协议）转化成 TCP/IP 语言，或者将 TCP/IP 语言转化成计算机网络的本地语言。采用网关技术可以实现采用不同协议的计算机网络之间的联结和共享。

三、互联网的 IP 地址

Internet 上的不同计算机之间要实现通信，除了都要使用 TCP/IP 外，每台计算机必须要有一个唯一的标识，就像每个人都有身份证号一样，这个号码称为 IP 地址。在 TCP/IP 体系中，IP 地址是基本的概念。

1. IP 地址的表示方法。IP 地址是一个 32 位的二进制数，它由网络 ID 和主机 ID 两部分组成，用来在网络中唯一的标识一台计算机。网络 ID 用来标识计算机所处的网段；主机 ID 用来标识计算机在网段中的位置。IP 地址通常用 4 组 3 位十进制数表示，且每组数字的取值范围只能是 0 ~

255，中间用"."分隔，如 192.168.0.1。

2. IP 地址的类型。为了方便 IP 寻址，将 IP 地址划分为 A、B、C、D 和 E 5 类，每类 IP 地址对各个 IP 地址中用来表示网络 ID 和主机 ID 的位数作了明确的规定。当主机 ID 的位数确定之后，一个网络中最多能够包含的计算机数目也就确定，用户可根据企业需要灵活选择一类 IP 地址构建网络结构。

3. IPv6。目前 IP 协议的版本号 IPv4，发展至今已经使用了 30 多年。IPv4 的地址位数为 32 位，也就是最多有 2 的 32 次方的计算机可以连接到 Internet 上。但随着互联网的迅速发展，IPv4 定义的有限地址空间将被耗尽，地址空间的不足必将妨碍互联网的进一步发展。因此，必须要将 20 世纪 70 年代末设计的 IPv4 替换为 IPv6。

IPv6 是下一版本的互联网协议，也可以说是下一代互联网的协议，为了扩大地址空间，拟通过 IPv6 重新定义地址空间。IPv6 采用 128 位地址长度，几乎可以不受限制地提供地址。按保守方法估算 IPv6 实际可分配的地址，整个地球的每平方米面积上可分配 1000 多个地址。在 IPv6 的设计过程中除了一劳永逸地解决了地址短缺问题以外，还考虑了在 IPv4 中解决不好的其他问题，主要有端到端 IP 连接、服务质量、安全性、多播、移动性、即插即用等。

四、域名

网络上主机通信必须指定双方机器的 IP 地址。IP 地址虽然能够唯一地标识网络上的计算机，但它是数字型的，对使用网络的人来说有不便记忆的缺点，因而提出了字符型的名字标识，将二进制的 IP 地址转换成字符地址，即域名地址，简称域名。

网络中命名资源(如客户机、服务器、路由器等)的管理集合即构成域。从逻辑上，所有域自上而下形成一个森林状结构，每个域都可包含多个主机和多个子域，树叶域通常对应于一台主机。每个域或子域都有其固有的域名。Internet 所采用的这种基于域的层次结构名字管理机制叫作域名系统(DNS)。它一方面规定了域名语法以及域名管理特权的分派规则，另一方面描述了关于域名的具体实现。

诸如"www.baidu.com""www.forestry.gov.cn"这样的字符串，就是通常所说的域名。简单地讲，域名就是人们为了减轻记忆负担而给 IP 地址所起的"别名"。域名系统也就是对 IP 地址的"命名系统"。因为 Internet 的命名系统中使用了许多的"域",这也就是"域名"一词的由来。域名和IP地址一样,都只是逻辑上的概念,并不代表计算机所在的物理位置。域名长度可变,其中的字符串为了便于使用经常带有助记忆。

一个Internet域名只对应一个IP地址,但每个IP地址不一定只对应一个Internet域名,因此,在Internet中域名非常之多。为了便于域名的管理,Internet中域名的命名采用层次结构,或称为树状结构。在这种命名机制中,名字空间被分成若干个部分,每一个部分称为一个域,每个域还可以再划分子域,子域也可以继续划分,如此反复,整个名字空间就成了一个由顶级域、二级域、三级域等构成的层次树状结构,如图1-2所示。

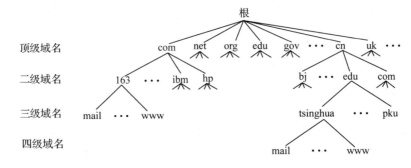

图1-2　Internet域名树

域名从直观看由标号和标号之间的点组成。"www.baidu.com"由3个标号"www""baidu"和"com"组成的。其中,标号"com"是顶级域名,"baidu"和"www"分别是二级域名和三级域名。

当前的顶级域名已经有200多个,其中最多的是国家顶级域名。顶级域名还有一类是通用顶级域名,适用于各种机构。"www.baidu.com""www.forestry.gov.cn"中的"cn"和"com",便分别属于国家顶级域名和通用顶级域名。

国家顶级域名之下的二级域名由各个国家自己决定。我国的二级域名有"类别域名"和"行政区域名"等。对于类别域名的划分,参考通用顶级域名,举例来说,二级域名"edu"指中国的教育机构,"com"指中国的公司企业等。而"行政区域名"一共有34个,适用于我国的各省、自治区和直辖市,如北京市的"bj",湖南省"hn"等。

二级域名再往下划分就是三级域名和四级域名,即在某个二级域名下注册的机构可获得三级域名,在"edu.cn"下注册的"tsinghua"(清华大学和在"com. cn"下注册的"163"（网易网）。一旦这些机构获得某个级别的域名，就可以自行决定是不是要继续向下划分子域，而不用向上级部门申请批准。

五、互联网的常规服务

Internet 提供形式多样、功能各异的信息服务，可以归结为共享资料、发布和获取信息等类别，具体包括最常用的 WWW 服务、FTP 文件传输服务、电子邮件服务等。

(一) WWW 服务

万维网 WWW 服务，又称为 Web 服务，是目前 TCP/IP 互联网上最方便和最受欢迎的信息服务类型，是因特网上发展最快同时又使用最多的一项服务，目前已经进入广告、新闻、销售、电子商务与信息服务等诸多领域，它的出现是 TCP/IP 互联网发展中的一个里程碑。

WWW 服务采用客户/服务器工作模式，客户机即浏览器，服务器即 Web 服务器，它以超文本标记语言（HTML）和超文本传输协议（HTTP）为基础，为用户提供界面一致的信息浏览系统。信息资源以页面（也称网页或 Web 页面）的形式存储在 Web 服务器上（通常称为 Web 站点），这些页面采用超文本方式对信息进行组织，页面之间通过超链接连接起来。这些通过超链接连接的页面信息既可以放置在同一主机上，也可放置在不同的主机上。超链接采用统一资源定位符（URL）的形式。WWW 服务原理是用户在客户机通过浏览器向 Web 服务器发出请求，Web 服务器根据客户机的请求内容将保存在服务器中的某个页面发回给客户机，浏览器接收到页面后对其进行解释，最终将图、文、声等并茂的画面呈现给用户。

(二) FTP 文件传输服务

FTP 是文件传输的最主要工具。它可以传输任何格式的数据。用 FTP 可以访问 Internet 的各种 FTP 服务器。访问 FTP 服务器有两种方式：一种访问是注册用户登录到服务器系统，另一种访问是用"隐名"（anonymous）进入服务器。

Internet 网上有许多公用的免费软件，允许用户无偿转让、复制、使用和修改。这些公用的免费软件种类繁多，从多媒体文件到普通的文本文件，从大型的 Internet 软件包到小型的应用软件和游戏软件，应有尽有。充分利用这些软件资源，能大大节省软件编制时间，提高效率。用户要获取 Internet 上的免费软件，可以利用文件传输服务（FTP）这个工具。FTP 是一种实时的联机服务功能，它支持将一台计算机上的文件传到另一台计算机上。工作时用户必须先登录到 FTP 服务器上。使用 FTP 几乎可以传送任何类型的文件，如文本文件、二进制可执行文件、图形文件、图像文件、声音文件、数据压缩文件等。由于现在越来越多的政府机构、公司、大学、科研机构将大量的信息以公开的文件形式存放在 Internet 中，因此，FTP 使用几乎可以获取任何领域的信息。

（三）电子邮件服务

电子邮件服务是目前最常见、应用最广泛的一种互联网服务。它是一种可以通过计算机网络与其他用户进行快速、简便、高效、价廉的现代通信手段。只要接入 Internet 的计算机都能传送和接收电子邮件。目前，电子邮件系统越来越完善，功能也越来越强，并已经提供了多种复杂通信和交互式服务，其主要功能和特点是快速、简单方便、便宜，并且可以一信多发，特别吸引人的是通过附件可以传送文本、声音、图形、图像、动画等各种多媒体信息。此外，它还具有较强的邮件管理和监控功能，并向用户提供一些高级选项，如支持多种语言文本、设置邮件优先权、自动转发、邮件回执、短信到达通知、加密信件以及进行信息查询等。

电子邮件系统由三个部分组成：用户代理、邮件服务器和简单邮件传输协议。用户代理又称邮件阅读器，是一个应用软件，可以让用户阅读、回复、转发、保存和创建邮件，还可以从邮件服务器的信箱中获得邮件。邮件服务器起邮局的作用，保存了用户的邮箱地址，主要负责接收用户邮件，并根据邮件地址进行传输。通常邮件由发送者的用户代理发送到其邮箱所在的邮件服务器，再由该邮件服务器按照 SMTP 协议发送到接收者的邮件服务器，存放于接收者的邮箱中。接收者从其邮箱所在的邮件服务器中取出邮件即完成一个邮件传送过程。

延伸阅读

1. 周宏仁. 信息化论. 北京：人民出版社，2008.
2. 李世东. 信息基础知识. 北京：中国林业出版社，2017.
3. 李世东，林震，杨冰之. 信息革命与生态文明. 北京：科学出版社，2013.

第二章

智慧林业

第一节 智慧林业概述

一、智慧林业相关关系

林业信息化包括数字林业、智慧林业与泛在林业三个阶段,智慧林业是林业信息化的中级阶段。

(一)数字林业、智慧林业、泛在林业的关系与特征分析

数字林业是智慧林业、泛在林业发展的基础。智慧林业包含数字林业,是实现泛在林业的关键环节。泛在林业是在智慧林业基础上,实现各个系统之间的协同、融合、共存等。

1. 数字林业。1998年,"数字地球"概念提出后,国内外展开了数字化政务的建设工作,我国也把"数字林业"建设提上了林业工作的日程。数字林业是指系统获取、融合、分析和应用数字信息来支持林业发展,是应用遥感技术、计算机技术、网络技术和可视化技术等,对各种林业信息进行规范化采集与更新,实现数据充分共享的过程。数字林业的主要特征是数字化、互联化,为林业建设提供更广泛、更形象化的信息处理环境及支撑系统,为智慧林业、泛在林业的发展奠定基础。

2. 智慧林业。2009年,随着"智慧地球"概念的提出,在全球掀起了一股智慧化发展的浪潮,智慧城市、智慧园区、智慧交通、智慧医疗、智慧能源等在各地创新发展。智慧林业应运而生。智慧林业基于数字林业,应用云计算、物联网、移动互联网、大数据等新一代信息技术,不仅具有数字林业的特征,而且具有感知化、一体化、协同化、生态化、最优化的本质特征。智慧林业注重系统性、整体性运行,强调人的参与性、互动性，体现人的智慧，追求高级生态化的原本目的，实现投入少、消耗少、效益大的最优化战略。

3. 泛在林业。泛在林业是林业智慧化发展的高端延伸与拓展，是林业发展的高级阶段。高度发达的计算机和网络技术将渗入林业的方方面面，通过大量信息基础设施建设和信息技术应用，让人们享受到便捷化的林业服务。泛在林业的核心特征是应用实时化、主客融合化、整体共生化。应用实时化就是人们可以随时随地得到林业提供的各项服务，主客融合化就是林业和人之间相互感知、完全融合，整体共生化就是林业与地球其他系统共生共存，相互支撑。

(二) 智慧林业与数字林业异同点

智慧林业是对数字林业的继承与发展，二者既有相通的地方，也有显著的不同点。具体分析见表2-1。

表2-1　智慧林业与数字林业辨析

	数字林业	智慧林业
提出节点	21世纪初，在"数字化"理念的基础上提出	随着智慧地球、智慧城市、智慧农业等一系列智慧概念的提出，在新时期的新需求下，于2012年提出
目　　标	实现森林资源的信息化管理、自动化数据采集、网络化办公、智能化决策与监测；实现林业系统内部各部门之间及与其他部门行业之间经济、管理和社会信息的互通与共享	实现林业信息实时感知、林业管理服务高效协同、林业经济繁荣发展，实现林业客体主体化、信息反馈全程化，最终形成智慧化的林业发展新模式
基本原则	统一规划，统一标准；统一管理，分级负责；强化服务，面向应用；整合资源，促进共享；注重实用，适度超前；试点先行，稳步推进	整合资源，共享协同；融合创新，标准引领；统筹协调，管理提升；服务为本，推动转型；循序渐进，重点突破
主要任务	对森林、湿地、荒漠、野生动植物等林业资源进行虚拟化监管；推进"无纸化"办公和初级网上审批，建立面向不同群体和区域的网络化林业对外服务窗口；构建不同层级的安全可靠的数据库和专用网络	构建体系化的林业资源监测感知平台，实现对林业资源的实时感知和监控，实现对林业风险的智能预防和控制，助力相关决策制定；构建智慧化的林业发展模式，打破层级界限，实现林业资源的高效共享和充分利用，真正实现全国林业一张网、一张图，一站式办事和服务
主要技术支撑	计算机技术、3S技术、网络技术、虚拟现实技术、分布式计算技术、安全访问控制技术等	云计算、物联网、大数据、3S技术、虚拟现实技术、移动互联网、智能穿戴技术等

(续)

	数字林业	智慧林业
应用特点	数据来源的多元化，面向对象的多层次化，更新的快速化，系统多功能性，管理系统的智能化，成果多产化，严格的层次性，规范的严格性、实用性等	日常监管智能化，信息反馈实时化，风险防控精准化，资源利用高效化，政务工作科学化
应用范围	林业办公，林业资源动态管理，生态环境一致性研究与动态监测，森林火情动态管理和控制，营造林规划，林区道路规划，森林病虫害控制和动态管理，林业工程实施动态管理和监测	林业资源综合感知监测，林产品质量监测服务，林农综合信息服务，林业重点工程监督管理，智慧林业产业体系，智慧林业体验，智慧林业门户网站，智慧林业林政管理，智慧林业决策等

(三)智慧林业与"互联网+"林业的关系

2015年7月4日，国务院出台《关于积极推进"互联网+"行动的指导意见》，提出充分发挥我国互联网的规模优势和应用优势，加速提升产业发展水平，增强各行业创新能力。在11个"互联网+"发展领域中，国家林业局是现代农业、益民服务、绿色生态3个领域的负责部门之一。该《指导意见》是新常态下我国经济社会实现创新驱动、转型发展的指导性文件，也是新时期林业信息化工作的行动纲领，对林业改革创新同样具有重要指导意义。"互联网+"是信息化的最新形式，"互联网+"战略的实施，标志着我国信息化发展正式由数字化迈向智慧化。

"互联网+"林业是"互联网+"跨界进入林业领域，是林业信息化的最新发展阶段。"互联网+"林业是在国家加快实施网络强国、创新驱动、"互联网+"行动等信息化战略，林业进入改革发展攻坚期的背景下提出的，凸显林业加速转型适应信息时代步伐，加速深化创新驱动满足现代化建设需求，加速构建现代政务满足转变政府职能的要求。

"互联网+"林业就是智慧林业，二者一脉相承，具有相同的内涵：充分利用云计算、物联网、移动互联网、大数据等新一代信息技术，打造林业建设和创新的新模式，大力提升林业现代化水平。

二、智慧林业主要特征

智慧林业包括基础性、应用性、本质性的特征体系。其中，基础性特征包括数字化、感知化、互联化、智能化；应用性特征包括一体化、协同化；本质性特征包括生态化、最优化。

1. 林业信息资源数字化。实现林业信息实时采集、快速传输、海量存储、智能分析、共建共享。

2. 林业资源相互感知化。利用传感设备和智能终端,使林业系统中的森林、湿地、沙地、野生动植物等林业资源可以相互感知,能随时获取所需数据和信息,改变"人为主体、林业资源为客体"的局面,实现林业客体主体化。

3. 林业信息传输互联化。互联互通是智慧林业的基本要求。建立横向互联、纵向贯通,遍布各个末梢的网络系统,实现信息传输快捷、交互共享便捷安全,为发挥智慧林业的功能提供高效网络通道。

4. 林业系统管控智能化。智能化是信息社会的基本特征,也是智慧林业的基本要求。利用云计算、物联网、移动互联网、大数据等新一代信息技术,实现快捷、精准的信息采集、计算、处理等;利用各种传感设备、智能终端、自动化装备等实现管理服务的智能化。

5. 林业体系运转一体化。一体化是智慧林业建设发展中最重要的体现。将林业信息化与生态化、产业化、城镇化融为一体,实现信息系统整合,使智慧林业成为一个功能更丰富的生态圈。

6. 林业管理服务协同化。信息共享、业务协同是林业智慧化发展的重要特征。通过信息资源共享和业务系统整合,使林业政务工作的各环节之间,以及政府、企业、居民等各主体之间,实现协同化、透明化运行,提高林业管理服务水平。

7. 林业创新发展生态化。生态化是智慧林业的本质性特征。利用先进的理念和技术,进一步丰富林业自然资源,完善林业生态系统,构建林业生态文明,实现林业可持续发展。

8. 林业综合效益最优化。通过智慧林业建设,形成生态优先、产业绿色、文明显著的智慧林业体系,进一步做到投入更低、效益更好,展示综合效益最优化的特征。

三、智慧林业新观念

(一)新型资源观

哲学上把物质资源、能量资源、信息资源并列为共同构成世界赖以存在和发展的基础。随着知识经济和信息社会的发展,林业信息化不断深入,林业资源的构成和作用也在发生变化,林业信息资源日益成为林业至关重要的核心要素,并在一定程度上决定未来林业的发展方向和命运。正视林业信息资源的价值，利用无限的林业信息资源辅助、支撑林业物质资源深度开发和合理配置，打破林业资源产业的锁定效应与刚性约束，改变传统资源观指导下的资源路径依赖效应，实现林业资源的循环利用和生态持续，这即是智慧林业的首要出发点。在信息社会快速发展的今天，智慧林业的资源体系包括林业自然资源和林业信息资源。

智慧林业作为林业发展过程中新的发展模式，资源体系发生了改变，林业信息资源已成为重要的战略性资源。在智慧林业的建设发展中，林业信息资源将发挥主动性、联动性的作用，即统领整个林业资源体系，为智慧林业的健康发展、决策与创新等提供支撑，整合、带动、盘活整个林业资源体系的联动发展，形成整合优化、开发利用、创新发展的智慧林业新型资源观。

智慧林业倡导资源循环利用，关键在于"开源"和"节流"。一方面，利用信息技术，有重点、分层次对林业有形和无形资源进行充分开发，在全国范围内对资源进行区域间的合理配置；注重林业发展中信息人才的培育，加大对林业工作者信息素养的培训，从根本上提升对林业资源的开发利用能力；依据资源特点进行增值开发，提升资源价值，充分发挥信息资源对物质资源的替代性优势。另一方面，利用信息技术对生产技术和业务工具进行改进，减少林业建设发展过程中的物质和能量消耗，通过资源减量化实现循环发展；通过对全国林业有形和无形资源的整合与重构，优化体制、机制，减少各种交易成本，提升林业发展的价值。

(二) 新型生态观

生态文明是社会生产力不断发展与生产方式不断变化推动的结果，是人们追求一种更和谐的社会发展理念和愿景的一种描述。生态文明在辩证看待人与自然关系的基础上，科学地揭示了生产力的真正内涵，强调人与自然和谐共处和持续发展。随着人类生态文明意识的不断提高和科学技术的不断发展，生态文明必将不断向纵深发展，引领人类文化的不断创新和发展，成为人类社会文明的主导。

信息革命为建设智慧林业提供了强大的支撑，以信息技术和信息资源为核心，以数字化、智能化和网络化为特征，智慧林业产生的巨大生产力将远超以往林业发展阶段，其低碳、绿色、集约、高效的核心理念更将为生态文明建设开创新局面。我国林业已站在新的历史起点上，智慧林业将成为建设美丽中国、创建生态文明的先锋。

(三)新型价值观

价值泛指客体对于主体表现出来的积极意义和有用性。价值观是指一个人对周围的客观事物的意义、重要性的总评价和总看法。一方面表现为价值取向、价值追求,凝结为一定的价值目标;另一方面表现为价值尺度和准则,成为人们判断事物有无价值及价值大小的标准。林业在生态环境文明、生态物质文明、生态精神文明、生态政治文明和生态社会文明领域中均承担着重要责任,被认为是建设生态文明的主体和基础,占据首要和独特地位,发挥着主导和核心作用,这是林业价值的集中体现。

智慧林业具有感知化、物联化、智能化、生态化等特征,是数字林业的升华,通过林业业务内容与现代信息技术的有效结合,促进林业转型升级。智慧林业是实现低碳、绿色、可持续发展,建设环境友好与资源节约型社会的重要路径,是优化政务办公、强化生产服务、助力民生建设的不竭力量。通过智慧林业建设,林业的管理和服务价值将被深入挖掘,林业相关部门的职能将被更好履行,林业经济也将更加繁荣。林业资源一般被认为是承载价值的客体,通过智慧林业建设,林业资源将具备一定的智能,能够实时向人们反馈动态信息,成为价值的创造主体。

四、智慧林业重要意义

林业建设事关经济社会可持续发展,但我国生态资源稀缺、生态系统退化、生态产品短缺的现状并没有明显改观,迫切需要加快智慧林业建设,加大信息支撑,加强智慧引领,加快推进林业现代化建设。智慧林业深入贯彻"五大发展理念",是林业现代化建设的着力点和突破口,是建设生态文明的战略选择。

(一)林业治理现代化首先是政务信息化

林业治理现代化是深化林业改革的总目标,也是"十三五"林业现代化建设的首要目标之一。林业治理现代化首先是林业政务的全面信息化,因为政务信息化是提升治理现代化水平最有效的途径。当前,林业政务信息化建设有了长足进展,电子政务全面推进,网络政府渐具雏形,但与林业治理现代化的要求尚有不小差距。为适应信息社会政府公共服务新要求,迫切需要综合运用新一代信息技术理念,从依法行政、政务公开、高效行政、智慧管理等方面入手,全面构建林业现代政务新格局。

(二)深化林业改革急需精准信息服务

当前,我国正全面推进国有林区和国有林场改革,进一步深化集体林权制度改革，增加林业发展内生动力。林业改革，就是要革新不适应新时期林业发展的体制机制，解放林业生产力，盘活林业资源资产，激发林业发展活力，实现创新增长。迫切需要推动新一代信息技术与林业改革发展需求相融合，为林业改革发展提供精准、科学、全方位信息化服务，实现林业发展的一体化、协同化、生态化、最优化。

(三) 资源有效保护亟待构建智慧监管体系

我国正经历着世界上规模最大的城镇化进程，非法侵占林地、破坏湿地的现象十分严重，资源保护压力持续增加。但现阶段，我国在生态资源的保护和监管方式上，还存在管理粗放、效率不高、整体协调性差等问题。迫切需要加快推进监测能力建设，提升信息化水平，建立集森林、湿地、沙化土地、生物多样性于一体的智慧监管体系，对林业资源精准定位、精确保护。

(四) 生态高效修复必须建立协同管理系统

经过30多年的大规模造林绿化，我国林业生态修复取得举世瞩目的建设成就。但总体上我国仍然缺林少绿、生态脆弱、生态质量较低，自然生态系统依然十分脆弱。更为严峻的是，我国生态修复难度不断增大。因此，必须要将现代信息技术与生态修复工程深度融合、创新应用，实现从规划、计划、作业设计、进度控制、检查验收和统计上报等各环节的一体化管理、精细化管理，切实提高生态修复效率和质量。

(五) 林业产业升级需要加强创新驱动

总体上看，我国生态产品供给和生态公共服务能力，与人民群众期盼相比还有很大差距。生态资源还未有效转化为优质的生态产品和公共服务，生态服务价值未充分显化和量化，优质林产品供需矛盾突出，巨大的生产潜力没有充分发挥。迫切需要利用新一代信息技术推动林业产业转型升级、创新发展，实现林业提质增效，增加林业生态产品供给。

(六) 林区发展转型需要夯实信息基础设施

我国林区道路、通信等基础设施建设和公共事业长期落后，信息闭塞造成林业管理不便、林业产业落后、林产品流通困难、林区发展停滞不前。有必要加大信息基础设施的建设力度，利用上下贯通、左右互联的信息网络高速公路和无处不在的信息化应用技术，消除地理阻隔和信息鸿沟，拉近林区和现代社会距离，激发林区活力，加快林区现代化步伐。

第二节 智慧林业总体要求

一、基本思路

深入贯彻党中央、国务院关于推进林业改革发展和加快信息化建设的系列决策部署,以提升林业现代化水平为目标,以统一思想为前提,以应用需求为导向,以融合创新为动力,以重点工程为抓手,以新一代信息技术为支撑,全面推进"互联网+"林业建设,实现互联网思维、立体化感知、大数据决策、智能型生产、协同化办公、云信息服务,支撑引领林业改革发展,为建设美丽中国和生态文明作出更大贡献。

(一)互联网思维

善于运用互联网思维,实现以创新思维谋思路,以融合思维促发展,以用户思维强服务,以协作思维聚力量,以快速思维提效率,以极致思维上水平,敢于打破阻碍,促进开放包容,对全球开放、对未来开放、对全社会开放,完善共建共享的参与机制和创新平台,拓展林业发展空间,拓宽林业投入渠道,让所有关心林业、爱护生态的人都参与到林业现代化建设中来。

(二)立体化感知

加快推进林业下一代互联网、林区无线网络、林业物联网、林业"天网"系统、林业应急感知工程等感知网络建设,形成全天候、立体化的全国林业自动感知、万物互联网络,实现林业资源、生态工程、应急灾害、林业产业等数据信息自动化采集、网络化传输、标准化处理、可视化应用。结合北斗实时数据,依托电子政务内外网,各级林业部门实现对林业资源智能识别、定位、跟踪、监控与管理。

(三)大数据决策

以大数据等新一代信息技术为支撑,建立一体化智慧决策平台,实现林业各类数据信息实时采集、深度挖掘、主体化分析和可视化展现,为林业重大决策提供数据依据和决策模型,及时发现战略性、苗头性和潜在性问题,自动化、智能化分析预判林业各种情况和趋势,提高重大决策的科学性、预见性、针对性。

(四)智能型生产

加速新一代信息技术与林业的深度融合,促进理念创新、技术进步、效率提升，推动林业生产转型升级、创新发展。引入O2O、PPP、电子商务等模式，加速物品、技术、设备、资本、人力等生产要素在产业领域流动，实现各种资源的合理配置和高效利用，让农民足不出户也可知晓市场行情，盘活林业资产，激发林区活力，提高生产效率，提升产品质量，让大众创业、万众创新在林业开花结果，全面提高林业核心竞争力。

（五）协同化办公

按照共建共享、互联互通的原则，打造林业各领域、各环节、各层级智能协同的政务管理信息系统，建立起运转协调、公正透明、廉洁高效的林业管理体系，推进智慧化办公、移动化办公，实现林业全过程信息化管理，进一步提升林业治理能力和治理水平。

（六）云信息服务

充分利用云计算、移动互联网等新一代信息技术，打造中国林业云服务平台，实现各类林业数据高效交换、集中保存、及时更新、协同共享，提供全时空、全媒体林业信息服务，林农、企业、管理部门和社会公众随时随地可云端共享权威、全面、个性化的信息服务，确保优质高效、便捷普惠。

二、建设原则

在遵循统一规划、统一标准、统一制式、统一平台、统一管理的"五个统一"基础上，坚持开放共享、融合创新、提升转型、引领跨越、安全有序的基本原则。

（一）坚持开放共享

营造开放包容的发展环境，将"互联网＋"作为资源共享的重要平台，统筹部署林业业务系统，支持跨部门、跨区域的业务协同和林业信息资源共享，最大限度优化资源配置，加快形成以开放、共享为特征的林业运行新模式。

（二）坚持融合创新

鼓励树立互联网思维，积极与"互联网＋"相结合。推动"互联网＋"向林业各业务领域渗透，促进林业公共服务模式改革和林业政务运行机制创新，优化业务流程，顺应信息新技术发展趋势，探索林业运行管理的新模式。

（三）坚持提升转型

充分发挥"互联网＋"在促进林业产业升级以及"两化"深度融合中的作

用，引导林业要素资源向林业实体经济聚集，推动林业生产方式和发展模式变革。创新网络化林业公共服务模式，大幅提升林业公共服务能力。

(四)坚持引领跨越

巩固提升"互联网+"发展优势，加强林业行业重点领域前瞻性布局，以融合创新为突破口，培育壮大林业新兴产业，引领新一轮科技革命和林业产业变革，实现林业跨越式发展。

(五)坚持安全有序

增强安全意识，强化安全管理和防护，保障网络安全。加强林业信息化发展的信息安全基础设施建设。坚持自主可控，强化安全保密措施，确保重要信息系统安全可靠，着力提升网络与信息安全保障能力。

三、总体框架

智慧林业，即"互联网+"林业，通过林业政务服务、林业科技创新、林业资源监管、生态修复工程、灾害应急管理、林业产业提升、生态文化发展和基础能力建设八大领域建设，力争到2020年实现全国林业信息化率80%的总体目标。总体框架如图2-1所示。

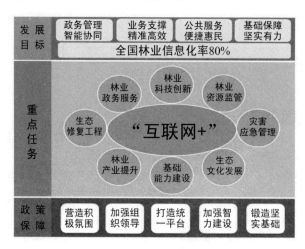

图2-1 "互联网+"林业总体框架

四、建设目标

到2020年，全国林业信息化率达到80%，比现在的62.25%提高

17.75个百分点。其中，国家级林业信息化率达到90%，比现在的75.3%提高14.7个百分点；省级林业信息化率达到80%，比现在的60.5%提高19.5个百分点；市级林业信息化率达到70%，比现在的52.4%提高17.6个百分点；县级林业信息化率达到60%，比现在的35%提高25个百分点。

1. 林业立体化感知体系全覆盖。大力推进林业下一代互联网、林区无线网络、林业物联网，以及林业"天网"系统和应急感知系统的规划布局和建设应用，形成全覆盖的林业立体感知体系。

2. 林业智能化管理体系协同高效。加快林业基础资源信息整合，加大新一代信息技术在林业管理中的创新应用，形成全覆盖、一体化、智能化的智慧林业管理体系。

3. 林业生态化价值体系不断深化。全面加强林业资源监管保护及重点工程监管，积极推进林业文化体系建设及创新示范，林业文化和生态理念深入人心，形成不断完善的林业生态价值体系。

4. 林业一体化服务体系更加完善。全面促进云计算、物联网、大数据等新一代信息技术在林业公共服务方面的创新应用，形成更加智能便捷的智慧林业公共服务体系。

5. 林业规范化保障体系支撑有力。全面建设智慧林业标准及综合管理体系，形成科学、完善的标准制度，有力推进智慧林业有序建设，保障智慧林业的成功实现。

五、核心技术

(一)云计算

云计算突出的虚拟和动态存储计算能力成为应对大数据的利器，具有海量存储能力和超级计算能力，可提供精确高效的数据和信息帮助决策，为生态文明建设搭建信息化平台。云计算是整个IT的一次重整，是新一代信息技术集约化发展的必然趋势。它以资源聚合和虚拟化、应用服务和专业化、按需供给和灵便使用的服务模式，提供高效能、低成本、低功耗的计算与数据服务，支撑各类信息化应用。

(二)物联网

物联网通过在物体上植入各种微型感应芯片使其智能化，然后借助无线网络，实现人和物体"对话"，物体和物体之间"交流"，推动生态文明各部分、各环节充分、实时感知。物联网是互联网的应用拓展，是智能感知、识别技术与普适计算、泛在网络的融合应用，被称为继计算机、互联网之后世界信息产业发展的第三次浪潮。

(三)移动互联网

移动互联网是移动通信技术与互联网技术融合的产物,是用户使用移动电话、平板电脑或者其他手持设备,通过各种无线网络接入到互联网中,开展语音、数据和视频等通信业务。2010年,移动互联网彻底从神坛走向了生活,成为互联网发展的新纪元。新闻阅读、电商购物、公交出行等热门应用都出现在移动终端上,移动用户规模更是超过了PC用户。

(四)大数据

大数据指的是所涉及的资料量规模巨大到无法通过目前主流软件工具,在合理时间内达到撷取、管理、处理,并整理成为帮助经营决策的资讯。它并不是一种新的产品,也不是一种新的技术,而是一种全新的思维模式。大数据是一个抽象的概念,具有数据体量大、数据类别多、数据处理速度快、数据真实性高等"4V"特征,与"海量数据"和"非常大的数据"概念不同。大数据的战略意义不在于掌握庞大的数据信息,而在于对这些含有意义的数据进行专业化处理,帮助人们开启循"数"管理的模式,各种管理服务决策将日益依赖于数据和智能分析。未来,三分技术,七分数据,得数据者得天下。

(五)智慧技术

智慧技术主要包括人工智能、VR和AR、LIFI、可穿戴设备、3D和4D打印、无人机等。

第三节 智慧林业战略任务

智慧林业建设紧贴林业改革发展全局,为林业各项建设提供强有力信息化支撑保障和创新驱动引领,提高林业各项业务质量和效能。通过"互联网+"林业8个战略领域、48项重点工程建设,全面提升林业现代化水平。依托"互联网+"拓展政务服务,实现林业治理阳光高效;依托"互联网+"深化科技创新,实现林业发展创新驱动;依托"互联网+"加强资源监管,实现生态保护无缝连接;依托"互联网+"开展生态修复,实现生态建设科学有序;依托"互联网+"强化应急管理,实现生态灾害安全可控;依托"互联网+"提升林业产业,实现发展方式转型升级;依托"互联网+"繁荣生态文化,实现生态事业全民参与;依托"互联网+"夯实基础条件,实现林业要素融合慧治。

一、"互联网+"林业政务服务

互联网是政府施政的新平台。通过电子政务系统,实现在线服务,做到权力运用有序、有效、"留痕",促进政府与民众的沟通互联,提高政府应对各类事件和问题的智能水平。林业电子政务建设虽然取得了令人瞩目的成就,在全国处于领先水平,仍然难以满足不断增长的社会需求,迫切需要加快"互联网+"与政府公共服务深度融合,提升林业部门的公共服务能力和行业管理水平。

(一)全国林业网上行政审批平台建设工程

行政审批是政府公共服务的重要内容,传统的林业行政审批手续烦琐、时间长、随意性大、公开透明度不够,"门难进、人难找、脸难看、事难办"的现象普遍存在。国家林业局进行了大量网上行政审批的专题研究和示范建设,一些地方林业部门也进行了探索性建设,实践证明实行网上行政审批对提高审批效率、打造阳光政务、推进依法治林、实现惠林富农等具有明显成效。在充分借鉴前期研究探索的基础上,按照《国务院关于规范国务院部门行政审批行为改进行政审批有关工作的通知》《国家林业局规范和改进林业行政审批工作总体方案》等要求,结合林业工作实际,围绕全部林业行政审批事项,建设全国林业网上行政审批平台。规范林业行政许可项目审批流程以及统计、分析、查询和审批表单,对林业行政审批事项进行实时、同步、全程电子监察,全面解决业务、管理、决策和监督问题。国家林业局行政许可事项2016年全部上网审批。

(二)中国林业网站群建设工程

政府网站是政府在互联网上的存在,是政府信息公开、网上政务、公共交流的窗口。中国林业网历经17年发展和4次重大改版,现已成为基于大数据分析、拥有4000多个子站、社会影响力较高的新一代智慧政府门户,充分发挥了网络问政的作用,架起政府与社会公众的沟通桥梁。为满足林业政务现代化建设的要求,推动网络政府、智慧政府、服务政府、创新政府建设,中国林业网将以林业云为平台支撑,林业物联网为试点展示,林业新媒体为推送渠道,林业大数据为分析工具,在智慧化、全面化、服务化三个方面进一步升级。智慧化:建成集智能感知、智慧建站、智慧推送、智慧测评和智慧决策于一体的智慧化发展体系;全面化:实现行业全站群建设、信息全形式展现、服务全周期提供、内容全平台管理、资讯全媒体发布,打造由10 000个子站组成的中国林业网上航空母舰;服务化：整合各类服务资源，实现个性化服务，切实做到"一切以用户为中心"。

（三）林业智能办公建设工程

利用现代信息技术对办公软硬件设备进行优化提升，增强办公环境的安全性、易用性和可扩展性，提高资源的协作和共享，降低运营成本，实现林业智能办公全覆盖、全时空、集约化、高效化。一是林业 OA 群建设。在全面覆盖国家林业局各司局和京内外直属单位的基础上，将林业办公网建设向地方和基层延伸，建起纵向从国家局直达省级、市级、县级林业部门，横向联结有关部门的内网办公系统。全面实现无纸化办公、自动化办公和规范化办公，以及业务信息的内部发布、交流、互动和共享，提高林业行政管理效率，降低政务开支，增加协同办公能力，强化决策的一致性。依托 OA 群建起覆盖全国林业系统的高清视频会议系统。二是林业移动办公平台建设。搭建林业移动办公统一平台，用户可随时通过笔记本电脑、手机、PDA、智能终端等移动终端设备，在任何时间、任何地点访问应用系统，进行业务审批、邮件收发、日程管理、文档检索、在线查询等操作，真正实现随时、随地、全天候移动办公，提高工作效率和协同性。三是林业桌面云办公系统建设。利用云计算技术，构建一个安全可靠、稳定高效、结构完整、功能齐全、技术先进的桌面云办公系统，林业系统工作人员用专用程序或者浏览器，利用自己唯一的权限登录访问驻留在服务器端的个人桌面以及各种应用，提高资源利用效能和办公效率。

（四）林业数据开放平台建设工程

政府信息公开和数据开放，以及社会信息资源开放共享，有助于推进简政放权和政府职能转变，提高政府治理能力。建设全国林业数据开放平台，加快林业信息资源建设和开放共享，顶层统筹，盘活底层数据，加强数据整合汇集，为智慧林业建设奠定基础。除法律法规另有规定和涉密数据外，所有林业数据一律在平台上公开、共享；提高政府数据开放意识，有序开放政府数据，方便全社会开发利用；积极推进政府内部信息交换共享，推动信息共享和整合；各地各单位已建、在建信息系统实现互联互通和信息交换共享。

（五）林业智慧决策平台建设工程

当前，林业治理正在由经验管理、权威管理，向数据治理、智慧治理转变，林业智慧决策平台依托大数据技术，提供智能化、最优化的科学决策服务。建立林业生态安全分析评价指标体系，为突发生态安全事件的预测预报提供科学依据，为管理决策提供理论依据与数据支持。建立"三个系统一个多样性"动态决策体系，为林业宏观决策提供依据。构建以全国林业系统网站群为核心，覆盖境内外网络数据源渠道的互联网态势数据采集机制，为互联网态势研判和舆情应对提供数据支撑。

（六）全国林权交易综合服务平台建设工程

目前，我国集体林"明晰产权、承包到户"的改革已基本完成，全国现有 20 多个省级林权交易中心，但全国性的林权交易平台尚未建立，制约了集体林权交易和管理。为进一步深化集体林权制度改革，加大对林权交易的监管力度，提升林权管理的信息化、科学化水平，迫切需要建立全国性的林权交易综合服务平台，实现林地、林木、股权、债权、项目工程和林业技术等项目统一挂牌、统一在线服务，形成林权交易信息统一发布和聚集的平台。开发统一的网上交易系统，实现林权等的网上拍卖、招标、议价和网络报价等，打造公开、公正、全程监管的林权交易平台；发放全国统一的林权 IC 卡，真正实现全国林权"一卡通"；建设全国林权流转市场监管服务平台，加强林权流转市场监管并提供公益性服务。力争到 2018 年，全国可流转林权全部纳入到公共服务平台，林权持有者都拥有"一卡通"；到 2020 年，全国林权交易、林权抵押贷款等事项全部实现统一平台管理，并与其他相关业务系统对接。

（七）国有林场林区资源资产动态监管系统建设工程

国有林场林区改革的核心是创新管理机制，健全森林资源监管体制，提高森林资源经营管理水平，推进政企、政事、事企和管办"四分开"。在明确森林资源产权、健全森林资源监管的前提下，国有公益林日常管护服务面向社会购买，引入市场化机制进行国有林场资源管理和产业开发。但在实际工作中要实现资源产权完整、管护开发市场化、监管全方位绝非易事，尤其是资源的实时动态监管。国有林场林区资源资产动态监管系统，将国有林场、国有林区资源资产基础数据采集入库并实施动态监管，对森林抚育、资源资产、企业改制等进行全程监管和绩效考核，确保资源资产只增不减。

（八）重点林区综合管理服务平台建设工程

全面建成林区小康社会，妥善安置富余职工，大力扶持林区特色产业，加快林区转型，是林业工作的重点内容。互联网改变了传统的经济空间布局，让经济欠发达的林区有机会以较低的成本参与到市场经济中来；信息技术弥合数字鸿沟，帮助林农获得新知识、新技能、新市场；电子商务帮助林农低成本对接大市场,带动林产业发展和就业。把信息手段、信息平台和信息载体引入林区社区建设,建立智慧林区综合管理服务平台,创建林区智慧社区,构建线上线下相结合的林区管理服务系统,支持林区政务、林区管理、林区服务、林区生活等,全面提高林区民生质量,实现林区业务"一站式"办理及民生服务的网络化,形成一体化、智能化、便捷化的智慧社区新模式。

二、"互联网+"林业科技创新

科技对现代林业发展的支撑引领作用日趋显著,但总体来看林业科技尚处于"总体跟进,局部领先"发展阶段,还存在着科技进步贡献率不高、科技成果转化不够、科技知识和信息传播不广等问题。实施林业科技创新服务、林业科技成果推广、林业标准化、生态定位监测信息系统、林业科技条件平台等建设工程,提供林业科技成果展示、先进实用技术推介、在线专家咨询、林业标准信息共享、生态监测和成果发布分析、科技平台数据共享等综合科技服务。

(一)林业科技创新服务建设工程

围绕国家生态文明建设和林业改革发展大局,结合信息源自动发现技术应用,紧密跟踪国内外各领域最新发展趋势、前沿技术进展以及优势创新团队分布,构建林业科研大数据智能分析和成果发布平台。与科技发达国家和地区的林业部门、科研院所等构建林业科技创新国际合作体系。建立基于"互联网+"的"生态协同式"林业科技创新合作机制,加快科技创新联盟建设,将林业科研院所、科技人才、技术推广人员、新型林业经营主体等有机结合起来,助力大众创业、万众创新。整合国内外林业科技图书、文献、科学数据、科研项目、科技成果、标准、专利和科技报告等科技信息资源,建成书、刊、网、库结合的公共林业科技文献共享平台,为林业生产单位、科研机构、社会各界掌握了解林业科技国内外发展趋势、前沿技术、创新团队等提供服务。

(二)林业科技成果推广建设工程

构建和完善国家林业科技推广成果库、国家林业科技推广项目库和国家林业科技专家库等系统,通过系统化集成和数据共享,实现三库有机融合,共同发挥作用。建设面向全国、覆盖各领域的科技成果集成大数据平台,实现科技成果征集、遴选、展示、共享等一体化信息服务。建立林业科技成果技术网上对接和交易市场,实现技术需求与成果精准对接,简化科技成果流通环节，为全社会提供精准科技成果应用服务。充分利用成果库和专家库的信息，搭建科技成果与生产应用、科技专家、林技人员、基层科技推广队伍和林农之间高效便捷的信息化桥梁。建立林业植物新品种、专利知识产权等信息系统，鼓励研究开发各类APP客户端，引导开通"一点通"式公众信息服务平台，开设林业专家微信公众号等咨询服务，为社会公众提供快捷、专业的林业科技信息服务。建设林业科学传播公众服务平台，面向公众搭建网络林业科普园地，传播林业科学技术知识，提高公众生态科学素质。

（三）林业标准化建设工程

根据国务院《深化标准化工作改革方案》和国家林业局《关于进一步加强林业标准化工作的意见》要求，建立林业标准化管理信息平台，实现林业行业标准制修订项目的网上申报、审批和实施信息反馈，强化制修订全过程信息化管理。加快林业标准数据库建设，及时、准确、系统地收集和发布国内外林业标准化信息，为社会提供高效的标准信息服务。

（四）生态定位监测信息系统建设工程

加强建设国家陆地生态系统定位观测研究站网，优化各类生态监测站点，建立生态定位监测信息管理平台，提升运行管理能力和生态监测信息化水平。完善全国陆地生态系统定位监测研究技术体系，加强信息技术在长期生态定位观测研究中的应用，建立生态监测物联网，提高数据采集的自动化程度。建设监测数据信息化传输网络，实现基本生态要素的长期、连续、同步数字化监测。建立大数据平台，加强生态监测数据资源开发与应用，开展大数据关联分析与研究，为准确掌握全国陆地生态系统状况、开展生态效益评价、服务林业生态工程建设等提供基础数据和技术支撑。

（五）林业科技条件平台建设工程

加大重点实验室、"互联网+"工程技术研究中心信息化建设，强化局重点实验室各研究领域及相关实验室之间资源高效集成、优势互补，提高局重点实验室软硬件信息化建设水平。扩大各工程技术研究中心之间的信息交流，建立凝聚行业人才、孵化科技成果、企业应用转化、行业信息服务等方面的大数据平台，实现各实验室、工程中心的实验设备、试验场地、科研人员等的共享，提升创新能力和服务水平。

三、"互联网+"林业资源监管

我国目前正面临着资源约束趋紧、环境污染严重、生态系统退化的发展困境，资源环境问题已经成为全面建成小康社会最紧的约束、最矮的短板，对有限自然资源的有效监管、可持续利用已成为事关经济社会可持续发展的关键。传统的资源监管由于缺乏现代信息技术支撑，管理粗放、效率低下、时效性差，迫切需要深化信息技术在林业资源监管中的应用，切实提高监管效率和质量。

(一)生态红线监测建设工程

对生态实行红线保护是党的十八大确定的一项重要措施。随着我国经济社会快速发展，破坏自然资源、侵占生态用地时有发生，生态承载力严重不足，生态文明建设的空间载体岌岌可危，已经到了非划定生态红线不可的地步。建设生态红线监测平台，以强化生态资源的网络化监管，积极推动生态监测、生态红线一张图建设，全面掌握并发布森林、湿地、荒漠化和沙化土地、野生动植物资源、林业禁止开发区域现状及动态变化情况，提升监测成果的使用效率和服务质量。从国家、省、市、县分别落定森林(含林业禁止开发领域)、湿地、沙区植被、物种保护4条生态红线，实现生态红线在地理空间的全面覆盖和全面贯通，确保林地、森林、湿地、沙区植被、物种等生态要素的动态平衡。

(二)智慧林业资源监管平台建设工程

构建集森林、湿地、沙地和野生动植物等资源监管于一体的智慧林业资源监管平台，实现林业资源精确定位、精细保护和动态监管。一是森林资源监管系统。根据国家、省、市、县4个不同层次的业务需求，应用地理信息系统和数据库技术建立森林资源监管信息系统，实现森林资源监测、森林资源利用管理、国家级生态公益林管理、森林资源监管辅助决策和境外森林资源信息管理等功能。二是湿地资源监管系统。以提高湿地资源监测、管理、保护和利用水平为宗旨，在湿地资源数据库建设基础上，建立基于3S技术的湿地资源监管应用系统，确保全面及时掌握全国湿地资源现状及湿地征占、变迁等动态变化情况，为湿地保护与可持续利用提供技术支撑和决策依据。完善国际重要湿地监测技术体系，加强国际重要湿地监测物联网应用，引领带动各地提高湿地生态系统监测水平。三是荒漠化和沙化土地监管系统。基于3S技术和地面调查，全面掌握荒漠化、沙化土地现状及动态变化情况，建立荒漠化和沙化土地监测数据库和管理信息库，提高荒漠化和沙化土地监测、防治和管理水平，为防沙治沙、改善沙区生态环境，履行《联合国防治荒漠化公约》提供科学决策依据。四是野生动植物资源保护系统。以历次野生动植物调查、监测数据为基础，整合野生动植物保护区监测数据，充分利用物联网、3S 技术等新一代信息技术建立野生动植物资源保护系统，及时掌握物种多样性现状及动态变化情况，为野生动植物资源保护和自然保护区管理及濒危野生动植物拯救和保护工作提供依据。

（三）林木种质资源保护应用建设工程

林木种质资源负载高度的遗传多样性，是国家重大基础战略资源。我国是世界上树种和林木种质资源最富集的地区之一，目前全国初步建立了 13 个国家级林木种质资源保存库，建立信息管理的种质 7.5 万份，但距离全面有效保护的要求差距甚远。林木种质资源保护应用工程，通过林木种质资源设施保存物联网应用示范、异地保护物联网监管应用示范，建立林业遗传资源数据库系统和管理信息系统，搭建林业遗传资源信息共享平台，建立林木种质资源相关知识数据库及林木种质资源地理分布图，完善林木种质资源原地、异地保护和设施保存技术体系，大幅提高保护、保存能力。

（四）生态环境监测信息系统建设工程

生态环境监测是生态保护的基础，必须加快推进林业生态环境监测信息化系统建设。生态环境监测信息系统以物联网技术为基础，对林业资源进行全面监测。依据大数据分析技术，评估生态系统当前状态，预测生态系统未来发展趋势，对可能发生的环境安全事件进行预警，进一步明确生态系统内在的相关性、规律性与外在的表现性、影响性之间的关系。对生态环境指标进行综合评价，全方位、多角度分析生态环境的数量与质量。评估生态系统的健康状况、生态服务功能和价值，为林业生态工程建设与管理提供科学依据。完善森林生态系统定位监测研究技术体系，对森林生态关键指标进行大范围、长期、持续、同步的数字化监测、网络化共享、规范化集成，提高监测水平。

（五）古树名木保护系统建设工程

古树名木是林木资源中的瑰宝，既是重要的森林和旅游资源，也是珍贵的物种资源。建立全国古树名木保护系统，健全古树名木动态监测体系，掌握古树名木资源保护现状及存在的问题，为加强和推进古树名木保护工作打下坚实基础。利用地理信息系统和北斗导航等高新技术，实现古树名木档案管理、专家会诊移植、信息查询编辑、数据输入输出、系统平台管理等功能，切实提高古树名木保护水平。建立全国统一的古树名木资源数据库和资源信息管理系统，初步实现全国古树名木资源网络化管理。

（六）林业智慧警务建设工程

各级森林公安机关建设标准化信息采集室，配置便携式信息采集仪，加强人、物、组织、案（事）件、地址5类信息采集，建立全国森林公安基础数据库；建设全国森林公安情报研判和案件远程会诊系统、全国森林公安信息资源服务平台、全国森林公安刑侦信息应用系统、森林公安林业行政案件查办系统、林区警务及涉林重点资源管控系统、全国森林公安警务资源综合管理系统、森林公安网络舆情分析预警系统七大类综合应用系统，做到上下联通对接，全警资源融合共享，进一步健全情报信息主导警务机制，推动森林公安从传统警务模式向现代警务模式转变。

四、"互联网+"生态修复工程

虽然经过30多年的大规模造林绿化，但我国仍然是一个缺林少绿、生态脆弱的国家，生态质量仍旧处于较低水平，迫切需要将现代信息技术全面融合运用于生态修复工程，实行从规划、计划、作业设计、进度控制、检查验收和统计上报等各环节的一体化管理，加快推进造林绿化精细化管理和重点工程核查监督，实现生态修复的科学化、持续化、产业化，全面提升生态修复质量。

（一）重大生态工程智能监管决策系统建设工程

林业重点工程项目是筑牢生态安全屏障和维护生物多样性的重要抓手，是实现绿色发展、推进林业现代化的战略途径，是有效解决长期困扰和阻碍我国经济社会可持续发展问题的发力点。但林业重点工程多存在区域重叠、数据"打架"、管理粗放等问题，非常有必要全面整合重点工程数据资源，构建统一的重大生态工程智能监管决策系统，实现立项、启动、执行、验收的全过程管理，及时准确掌握重点工程建设现状，提高工作绩效和监管水平。利用大数据建设一体化的项目管理、分析决策平台，加强林业生态修复决策管理，有效提高生态修复效率。

（二）智慧营造林管理系统升级建设工程

我国生态修复任重而道远，但生态修复难度却不断增大。可造林地的结构和分布发生了显著变化，自然立地条件差，造林成林越来越困难，加之林业传统的劳动力、用地等要素优势逐步丧失，一些地方甚至出现了造林任务分解难、落实难的问题。通过建设智慧营造林管理系统，对造林的各个环节进行核查和监督，提高营造林绩效管理水平，为科学造林提供决策依据。建立完善的感知分析系统，实现覆盖国家、省、市、县四级的营造林规划计划、作业设计、进度控制、实施效果及统计上报等环节的一体化管理。通过营造林基础数据、森林资源数据和基础地理信息数据结合，回答"林子造在哪里？""怎么造？"的问题，从根本上解决传统手段长期以来难以根除的重复造林、"年年造林不见林"的痼疾。

（三）全国林木种苗公共服务平台建设工程

优质林木种苗是实施生态修复工程的关键要素，但现有的林木种苗交易鱼龙混杂、苗木质量良莠不齐、招标采购不规范、商家诚信缺失、价格不透明、地区差价悬殊等问题长期困扰苗木市场交易，有必要利用信息化手段，加强行业监管、规范交易行为、公开交易价格、保障苗木质量。实施智慧林木种苗建设与管理升级改造工程，对林木种苗生产供应、良种选育、行政执法监管及社会化服务等环节进行智能监管和决策，为提升林木种苗良种化水平奠定基础。建立全国统一的林木种苗网上交易及公共服务平台，参照政府采购模式，凡是各级财政资金支持的林业生态修复项目的苗木采购统一通过该平台采购交易，避免违规、不实操作。通过建立完善苗木质量、价格数据库，供应商资信数据库，交易历史数据库等，严格准入制度，将信誉良好、种苗优良的苗圃纳入到平台中，统一划定区域苗木价格区间。利用此平台有利于节约采购资金成本，提高财政资金使用效率；有利于规范政府的采购行为，加强对财政支出的管理和监督；有利于加强廉政建设，从源头上堵塞漏洞、消除腐败，为反腐倡廉提供制度保障。

（四）重点区域生态建设服务平台建设工程

根据国家"一带一路"、京津冀、长江经济带等重大战略行动，发挥林业的优势和潜力，加强国家间、区域间的林业经济合作与技术交流，实现相关区域生态环境可持续发展和经济繁荣。根据国家打造"西部绿色长廊"的战略构想，建设全方位、多层次、复合型的互联互通网络，加强与"一带一路"沿线各国的经济合作与科技交流，加强区域协作，发挥林业生态功能，服务"西部绿色长城"建设。积极推动国际林产品贸易与林业投资，通过跨境林业信息交流、跨境林业技术交流服务、跨境林业投资综合信息服务、跨境林产品电子商务平台，加强国家间林业的经济合作与技术交流，提升我国林业的国际地位和影响力。

（五）国家储备林信息管理系统建设工程

2013年，国家林业局启动国家储备林建设试点，第一期划定100万公顷，重点储备一批珍稀大径级用材林资源，形成年1000万立方米储备能力。国家储备林信息管理服务系统，以《国家储备林建设规划（2016—2020年）》为引领，建立国家级、省级和市县级三级管理、覆盖储备林小班的国家储备林信息管理系统，将建设任务落实到山头地块，为国家储备林规划决策、项目申报与审批、年度计划任务下达，以及项目投资、营造林管理、检查验收、资源动态监测、绩效评价等，提供信息服务支撑，实现国家储备林建设、储备、运营、监测全过程信息化和标准化管理。

五、"互联网＋"灾害应急管理

我国是森林火灾、病虫害、沙尘暴等生态灾害多发的国家，现阶段对于生态灾害的监管和治理方式还较为原始，难以做到提前预防，迫切需要深化信息技术在生态灾害监测、预警预报和应急防控中的集成应用，提高森林火灾、病虫害、沙尘暴等生态灾害的应急管理能力。积极推进生态灾害风险评估预警，加强生态灾害安全应急处理能力建设，实现各级林业管理部门应急指挥监控感知系统的应急联动，提高全国林业应急指挥能力。以航空、航天、地面的多尺度立体监测体系为基础，结合图像传输、系统仿真、专家知识、远程诊断、决策分析、信息发布等功能，建成以灾害监测为基础、灾情预警为前提、信息快速传输为保障、应急指挥为中心、预案处置为目标、评估修复为后备的应急管理体系。

（一）森林火灾应急监管系统建设工程

森林火灾是危害森林资源安全的主要因素之一，目前，我国森林防火监控的主要手段是人工瞭望，已经远远不能满足日益严峻的森林防火监测的需要，创新森林防火监管手段，建设智慧化的森林防火监测与预警系统势在必行。森林火灾应急监管系统，应用"森林眼"等智慧林业建设成果，实现森林火灾应急指挥监控感知、应急联动，提升应急管理效能和水平。利用3S技术、决策支持系统等技术，在各级公共基础数据库、林业基础数据库和防火数据库的支持下，对林火监测、林火预测预报、扑火指挥和火灾损失评估等各环节实行信息化管理，全面提高森林防火与扑救指挥的现代化水平。

（二）林业有害生物防治监测系统建设工程

林业有害生物年均发生面积1167万公顷，年均直接经济损失和生态服务价值损失达1100亿元。目前，我国林业有害生物监测和防治方式还较为原始，亟待建立起科学高效、协同联动、体系完备的林业有害生物防治信息化系统。林业有害生物防治监测系统，包括林业有害生物调查、监测预报与预警、预防和除治、灾害监测和评估、检疫及追溯信息、数据管理等，实现国家、省、市、县四级林业有害生物管理部门的数据共享、跨省检疫管理和有关信息发布，形成林业有害生物应急管理和应急指挥信息化体系，为林业有害生物防治提供决策支持。

(三)野生动物疫源疫病监测防控系统建设工程

野生动物是人兽共患病的主要宿主和传播媒介，野生动物一旦发生重大疫病，将直接威胁到畜牧业和野生动物产业的健康发展，并严重影响到相关的经贸活动。野生动物疫源疫病监测防控管理平台，包括疫源疫病监测站管理系统、疫源疫病监测信息管理系统、疫源疫病监测信息采集系统、野生动物疫源疫病时空评估分析系统、疫源疫病预防和应急响应系统等，将大幅度提高防控效率。

(四)沙尘暴监测防控系统建设工程

全国现有沙化土地172.12万平方公里，占国土面积的17.93%，4亿多人受沙化危害。沙尘暴危害大，难防治，急需建成一体化的沙尘暴监测防控系统，有效进行沙尘暴监测、预警和应急响应。沙尘暴监测防控系统以沙尘暴灾害信息实时监测为基础，以灾情结果准确评估为重点，以监测信息快速传输为保障，以应急指挥及时处置为目标，包括沙尘暴灾害监测预警、沙尘暴灾情评估、沙尘暴信息传输、沙尘暴应急处置等。

(五)北斗林业示范应用建设工程

依托北斗卫星导航技术、物联网技术等，为现代林业建设提供持续稳定的高精度、高可靠的定位、导航、通信一体化综合服务，改变林业外业工作精度低、信息传输不便的现状。建设北斗林业应用综合管理平台，开发符合林业业务特点的终端产品，形成北斗导航在森林资源管理、防火应急管理、野生动植物保护管理等应用新模式，实现国家、省、市、县的多级联动应用。以林业云服务平台为基础，以林业资源变化遥感监测为驱动，推进北斗卫星导航技术与造林设计、伐区作业设计、林地征占用管理、林业案件管理等业务深度融合，实现林业资源"一个库、一张图、一套数"的年度更新管理与应用目标。

六、"互联网+"林业产业提升

随着人们生活水平的快速提高，公众对优质生态产品的需求日益旺盛，对森林、湿地等自然美景的向往日趋强烈。以"互联网+"战略为契机，推动林业产业转型升级，拓宽林产品销售渠道，把优质特色林产品和优质森林旅游产品推向社会大众，既实现林业增收，又惠及社会大众。

(一) 全国林业电子商务平台建设工程

林产品电子商务在全国各地迅速兴起，众多淘宝村的林产品已经卖到全球各地，但目前我国还没有全国统一的、专业的、全周期服务的林产品电子商务平台。全国林业电子商务平台将发挥专业优势和规模优势，为广大林农和中小林业企业提供一个完善的林业网上交易市场。同时配合物流配送、外包解决方案、内容管理、网络商务等基础设施，促进企业间的物流、信息流、资金流，实现资源共享、降低成本、提高效益。建立林产品信息集中发布平台和预测预警系统，加强林产品质量检测、监测和监督管理，切实维护林产品生产者、经营者、消费者的合法权益。

(二) 生态产业创新林农服务平台建设工程

推进林权改革、国有林场和国有林区改革，加快转变林业生产方式，建设林权流转、林产品流通、碳汇交易的全周期服务平台，实现网络化、智能化管理和精准化生产、精细化运作，延伸上下游产业链，着力突破林业产业发展的瓶颈制约，实现林产品增值，形成林业产业转型升级服务新模式。整合现有成果，推广林权"一卡通"、林产品交易平台、林地测土配方系统等成果的应用，将新一代信息技术与林业生态补偿、林权流转交易、林业产业培育、生产加工过程、流通销售环节深度结合。通过政府购买服务与众创众筹、PPP等模式相结合，改变传统林业商务活动方式，推动B2B、B2C、C2B、O2O等电子商务经营模式的应用。

(三) 生态产品综合服务平台建设工程

森林提供的涵养水源、保育土壤、固碳释氧等主要生态服务，作为"最公平的公共产品"和"最普惠的民生福祉"，在改善生态环境、防灾减灾、提升人居生活质量等方面发挥了显著的正效益。建设生态产品综合服务平台，开辟森林发展新业态，汇聚丰富多彩的森林生态景观、优质富氧的森林环境、沁人心脾的森林空气、健康安全的森林食品、内涵浓郁的森林生态文化等生态资源，推动以修身养性、调适机能、延缓衰老为目的的森林游憩、度假、疗养、保健、养老等活动。

(四) 智慧生态旅游建设工程

生态旅游是林业重要的朝阳产业、生态产业和富民产业，资源丰富、潜力巨大。为进一步推动生态旅游发展，积极推进旅游区域互联网基础设施建设，开展智慧生态旅游建设工程，对森林公园、湿地公园、沙漠公园、自然保护区等生态旅游资源深度开发，实现生态旅游管理与服务、生态旅游体验、生态旅游营销等方面的智能化，全面提升生态旅游行业形象和综合效益。选取300个森林、湿地、荒漠等生态旅游景区，建设生态旅游感知系统和预警预测系统；选取10~20个旅游景区，推广应用成熟的森林旅游物联网应用示范成果，建立景区查询系统和预警预测系统。

（五）森林碳汇监测物联网应用及交易系统建设工程

中央将碳排放权交易明确列入中央经济体制改革重点任务，出台《碳排放权交易管理办法》，在"十三五"末形成相对成熟的全国碳排放权交易市场。建设森林碳汇监测物联网应用及交易系统，完善全国林业碳汇计量监测技术体系，提高碳汇计量和监测水平，提高监测数据的科学性和可靠性，进一步促进森林碳汇监测工作持续稳步发展，为应对气候变化、履行国际公约提供技术支撑。参照国际碳汇市场规则，结合我国实际情况，建立涵盖基础信息收集、审核管理、规范交易、综合信息发布与共享的碳汇交易电子平台，提高林业碳汇项目管理、交易监管能力和公共服务水平。

（六）全国林产品智能溯源系统建设工程

我国已成为林产品生产贸易大国，2014年全国林产品进出口贸易额达1380亿美元。欧盟、美国等发达国家和地区要求对出口到当地的部分产品必须具备可追溯性，国务院提出建立健全消费品质量安全监管、追溯、召回制度，但我国许多地方名优林特产品还没有开展原产地标记注册，在原产地名称上屡遭假冒、抢注等侵权行为，非常有必要利用物联网、射频识别等信息技术，建立产品质量追溯体系，形成来源可查、去向可追、责任可究的信息链条，方便监管部门监管和社会公众查询。全国林产品智能溯源系统，充分运用物联网、云计算和GPS等信息技术，实行"一批一卡"和全程采集数据，实现林产品从原料采集到客户购买查询的全程跟踪管理和服务。

（七）智慧林业产业培育建设工程

围绕木本粮油、特色经济林、森林旅游、花卉苗木、竹产品、生物质能源、碳汇等林业产业领域，立足现有林业企业和产业基础，培育产业新业态，促进信息技术在产业发展中的应用，推动林业产业转型升级。加快对先进技术的引进、消化、吸收和再创新，积极建立具有自主知识产权的核心关键技术体系；加强现代电子技术、传感器技术、计算机控制技术等高新技术在林业生产装备中的应用，转变林业发展方式。

七、"互联网+"生态文化发展

文化是一个国家和民族进步的力量本源。中央要求把培育生态文化作为生态文明建设的重要支撑,加强生态文化的宣传教育,提高全社会生态文明意识,凝聚民心、集中民智、汇集民力,加快形成推进生态文明建设的良好社会风尚。在日新月异的信息时代,迫切需要应用现代信息技术,构建生态文化展示交流平台,加强生态文化传播能力建设,为建设生态文明营造良好的文化氛围。

(一)林业网络文化场馆建设工程

建设林业数字图书馆、博物馆、博览会、文化馆等,让人们充分享受林业生态文明成果,汲取林业生态文化营养。林业数字图书馆具有信息储存空间小、不易损坏、信息查阅检索方便、远程迅速传递、同一信息可多人同时使用、信息使用效率高等优势,实现林业信息资源安全保存、高效检索和可靠备份。智慧林业网络博物馆通过虚拟现实技术和网上展览技术融合,将逼真的现场效果推送至每一位参观者,参观者在展厅漫游的同时还可通过与林业资源综合感知监测中心的资源共享,实现与现实林业园区的即时互动和体验。林业网络博物馆建设工程,将2013年建成上线的中国林业网络博物馆建设示范推广到各试点城市,并实现互联互通,打造全国一体化的智慧林业网络博物馆。林业网络博览会跨越时空界限,在网络空间全面展示我国林业发展新面貌、新成就,构建林产品贸易与交流平台,加强林业合作与交流,推动林业生态建设和林业产业快速、健康、协调发展。林业文化体验馆利用现代声光电技术,具有动态性体验和个性化展示的特征,抓住人们的心理,不仅可以用眼睛去看,更能有互动,引起人们的共鸣,将智慧林业以一种更直观、更生动、更形象的表现方式展现在体验者面前。

(二)林业全媒体建设工程

打造林业全新媒体,在现有"三微一端"的基础上,构建行业微博群、微信群、微视群和移动客户端超市,普及生态知识,加强社会公众的参与性与互动性,宣传、推送林业生态文化新思想、新意识、新知识,使公众通过台式机、笔记本、平板电脑、手机、智能手表等终端方便获取生态文化信息,推动林业生态文化宣传走向"全媒体"时代。在主流门户开通林业官方微博,策划微访谈、微直播、微话题等活动,开通林业官方微信订阅号和公众号,发展林业微视,开发基于安卓和IOS两种系统的林业移动客户端，增强与用户互动的功能，实现主动推送服务，努力走向"一站通"新阶段。

(三)林业在线教育系统建设工程

人才建设和教育培训是林业现代化建设的重要基础保障，利用云计算、物联网等技术，创新生态文化业态和生态文化传播方式，搭建面向全国林业工作者的在线教育平台。加强网络平台顶层设计和基础培训环境改造，开发和共享在线教育资源，丰富在线培训功能，强化课程资源、培训师资、培训项目等资源信息建设，促进信息资源共建共享，逐步形成开放型、多功能、广覆盖、高质量的现代林业在线教育培训体系，进一步扩大业务知识培训覆盖面，提供多样化的业务技能培训服务。

八、"互联网+"基础能力建设

加快林业现代化，迫切需要进一步夯实和提升信息化基础支撑能力。利用云计算、物联网、移动互联网、大数据、下一代互联网、3S技术等新一代信息技术，通过感知化、物联化、网络化、智能化的手段，从智慧设施建设、决策支撑能力建设、安全管理与运行维护建设、标准规范与法律法规建设4个方面提高林业信息化能力，形成立体感知、互联互通、协同高效、安全可靠的林业发展新模式，提高林业信息化水平与能力，形成"互联网+"林业发展新格局。

(一)林业云平台建设工程

林业云平台，包括地理信息平台、林业科学知识库、决策支持平台等，使云计算、分布数据处理、大数据挖掘、建模仿真、人工智能技术等新技术与林业应用深度融合，为智慧林业应用提供科学、智能、协同、包容、开放的统一支撑平台。具有信息加工、海量数据处理、业务流程规范、数表模型分析、智能决策、预测分析等功能，实现林业决策的科学化、一体化、集约化、智能化。

(二)林业物联网建设工程

总结推广首批国家物联网应用示范工程成功经验，推进《中国林业物联网发展框架设计》确定的15项重点物联网应用工程，推动物联网在全行业的规模化应用。推动林业物联网在生态环境监测、古树名木保护、林产品生产加工、林产品溯源、林产品有机认证等领域的普及。推进林业物联网关键技术研发及产业化工程，着力突破制约我国林业物联网发展的关键技术，提高原始创新、集成创新和引进消化吸收再创新能力，为林业物联网规模化、体系化发展提供有力支持。

(三)林业移动互联网建设工程

移动互联网发展进入全民时代。林业移动互联网建设工程,按照分级推进、多种方式结合的原则,大力加强与电信运营商的合作,积极推进林业无线网络建设,提高林业通信能力。林业无线网络以4G为主、WiFi为辅,合理共享网络资源,同时实现多制式、多系统共存,形成高速接入、安全稳定、立体式无缝化的网络覆盖,为林业管理服务部门及公众提供无线网络服务。

(四)林业大数据建设工程

林业大数据发展和应用已具备一定基础,但存在数据开放共享不足、应用基础薄弱、缺乏顶层设计和统筹规划、法律法规建设滞后、创新应用领域不广等问题。林业大数据建设工程将加快林业信息资源建设,提高林业政务管理水平,提升资源保护和生态重建效率,改善对林权、林企的信息服务,包括林业大数据开发工程、林业大数据监测采集工程。

(五)林业"天网"系统提升建设工程

林业"天网"是由GIS地图、图像采集、传输、控制、显示等设备和控制软件组成,对区域进行实时监控和信息记录,由孤立的"点"连结成封闭式的"网",具有闭锁功能和关联功能,能对信息按不同条件进行查询统计。林业"天网"系统提升工程,进一步加强整体"天网"系统的规划布局,在卫星遥感、无人机航拍、北斗卫星导航的基础上,结合碳监测卫星,提高森林资源监测管理水平。

(六)林业智能视频监控系统建设工程

与传统的视频监控系统相比,智能视频监控系统能实现对异常事件和疑似威胁的主动式编码、报警和保存,彻底改变以往完全由监控人员对监控画面进行监视和分析的方式,及时发现异常报警事件或潜在的威胁,大大降低误报和漏报。此外,智能视频监控系统更加节省存储空间,减少大量无用数据的传输和存储,并能提供快速查询。林业智能视频监控系统建设工程,按照共建共享、统一协同的原则,以省为单位,积极推进各市、县林业智能视频监控系统建设,构建各省(自治区、直辖市)统一的林业智能视频监控系统。各省(自治区、直辖市)林业智能视频监控系统统一接入到国家林业局,形成国家、省、市、县四级树形结构的林业智能视频监控系统,为构建安全可靠的林业应急指挥系统打下坚实基础。

(七)林业信息灾备中心建设工程

面对铺天盖地的数据信息,如何保存和管理成为首要问题。林业信息灾备中心,以建设同城双中心加异地灾备中心的"两地三中心"灾备模式应对生产中心可能发生的灾难,建设备用数据中心、备用工作环境、备用生活设施,配备相关业务、技术等人员,并建立相应的运作机制。

(八)林业信息化标准规范体系建设工程

标准规范体系是智慧林业建设的重要支撑保障体系,主要包括总体标准、信息资源标准、应用标准、基础设施标准和管理规范。林业信息化管理规范为林业信息化建设和系统运行管理提供管理办法和制度等,包括数据库、应用系统、应用支撑、基础设施建设和运行等方面的管理办法和制度。

(九)林业信息化安全运维体系建设工程

安全体系包括物理安全、网络安全、系统安全、应用安全、数据安全、管理安全等方面,其目标是确保信息的机密性、完整性、可用性、可控性和抗抵赖性,以及信息系统主体对信息资源的控制。运维体系包括运维服务、运维管理、运维服务培训以及评估考核体系等,是林业信息化建设的根本保障。通过开展检查,以查促建、以查促管、以查促改、以查促防,巩固深化信息安全保密意识,落实安全责任,深入分析安全风险,系统评估安全状况,全面排查安全隐患,进一步健全安全管理制度,完善安全防护措施,提升自主可控水平和安全防护能力,预防和减少网络安全事件发生,切实保障网络与信息系统的安全稳定运行。

第四节 智慧林业推进策略

智慧林业虽然已经具备良好发展基础,但总体来看目前还处于打好基础、全面起航的阶段,与全球信息化大潮、国家创新发展要求和林业现代化建设需求还存在不小差距。要采取有力措施,真抓实干,齐抓共建,凝聚合力,全面推进,确保智慧林业各项任务圆满完成。

一、加强组织领导

信息化需要超前谋划、舍得投入才能出成效,要加强组织领导,创造宽松有序的发展环境。

(一) 强化领导力度

创新组织管理，加强领导力，扩大凝聚力，强化执行力。一是将信息化率列为考核各地各单位工作业绩的重要指标，落实责任，强力推进，务求实效。二是将信息化作为林业现代化的突破口和切入点，纳入林业中心工作，高度重视，加强领导，统筹安排。三是进一步完善工作机制，明确工作责任，改进工作作风，提高工作效率，健全表彰惩罚制度。四是加强分工协作，完善相关配套条件，加大协调服务力度，加快形成有利于林业信息化建设的合力。

(二) 完善政策制度

以国家信息化宏观规划为指导，以林业建设实际为依据，以解决突出问题为目标，以做好规划衔接为原则，加快编制或完善区域性、专题性林业信息化发展规划，并将其纳入林业发展总体规划。一是加强新一代信息技术应用需求调研，科学谋划先进信息技术应用方略，切实增强规划的前瞻性、科学性和实用性。二是采用系统的观点和全局的视角，对林业进行综合分析与抽象研究，构建信息资源共享与业务协同的规范框架，形成指导信息资源建设、业务系统建设、运行支撑与安全系统建设的技术指南、标准规范、规章制度，并在林业信息化建设运行实践中不断完善优化政策制度体系。三是建立健全以国家标准和行业标准为主体，地方标准和项目标准为补充的林业信息化标准体系。四是建立涵盖日常监管、信息反馈、风险防控、资源利用和政务工作各环节实时信息共享长效机制。

(三) 稳定资金保障

建立多元化、多渠道、多层次的投融资体制，保障稳定的资金来源，发挥财政投资的导向作用，积极探索政府资金引导社会资本投入的有效机制。一是积极争取各级政府财政投资，建立健全林业信息化预算定额标准体系，确保项目有投入、运维有资金、建设有保障，完善林业信息化长效投入机制。二是各级林业主管部门要加大林业建设项目中信息化投资力度，在年度预算中安排林业信息化专项资金，实行统筹安排、专款专用，确保资金落到实处。力争在现有林业建设项目总投资中，拿出一定比例的经费，用于支持"十三五"林业信息化工程项目建设。三是加快建设政府投资为主、社会力量广泛参与的资金保障机制。在市场化效益明显的领域，积极吸纳社会投资，鼓励和引导具有管理、技术和资金优势的企业、社会机构参与林业信息化建设项目投资或提供运行维护服务，积极为林业信息化发展营造良好的配套服务环境。四是加强与农业、旅游等相关部门的协作与项目共建，提高林业信息化关注度，建立长效的数据共享和交换机制，为更好地服务林业工作者和林农等用户提供有力支撑。

(四)明确责任分工

在统一建设、统一应用、统一管理、开放共享的总体框架内，分工协作、统筹建设、加快推进。国家林业局信息化管理办公室和各级林业信息化管理机构，负责全国和各地林业信息化发展的统筹协调、督导考核；公共性、基础性和关键性的信息化项目，由国家林业局信息化管理办公室和各级林业信息化管理机构按统一标准，统一组织建设，各地各单位共享使用；各地各单位所有林业信息化项目，在报计财部门审批前要先报本级信息化部门审核同意。

二、打造统一平台

推动林业信息化统一建设、开放共享、整体推进。

(一)统一业务网络

建设由外网、内网、涉密网和移动专网组成的安全、畅通、完整的林业业务网络系统，要特别注意防攻击、等级保护、灾备等安全问题。加快推进电子政务内网建设，尽快实现与国家电子政务内网对接。优化升级综合办公系统，实现计算机、手机、pad多终端移动办公。完成视频会议系统改造。要抓好涉密网建设和接入工作。适时开展林业移动专网研究。

(二)统一业务平台

全国性的林业信息化应用平台统一开发，将全国林业相关业务都整合到统一平台上，实行统一管理、按权限使用，包括全国林业网上行政审批平台、国有林场(区)统一数据库和资源资产动态监管系统、智慧林业资源监管平台、智慧营造林管理系统升级工程、全国集体林权交易综合服务平台等。

(三)统一数据共享

推进信息资源开放共享，实施林业大数据战略，建成准确、完整、权威的林业数据库和开放共享平台。各地各单位除涉密数据外，所有信息资源都要放在统一平台上共享。建设林业大数据中心，实现数据大集中；建设林业数据共享平台，实现数据大应用；建设林业数据灾备中心，确保林业信息安全。

(四)统一标准规范

加快建立"互联网+"林业统一标准规范体系，建立健全重点工程管理、信息共享服务、数据开放更新、信息安全管理等管理办法和标准规范，支撑和保障"互联网＋"林业建设和运营，并在实践过程中不断完善优化。主要包括总体标准、信息资源标准、应用标准、基础设施标准和管理规范等。

三、营造积极氛围

信息化是新型事业，部分单位和个人对林业信息化建设的必要性和紧迫性认识还不够深入，要营造积极作为的思想氛围。

（一）深入学习领会

要加强政策理论和发展形势学习，及时转变思想认识，不断提高理论修养，确保跟上全球信息化潮流、国家信息化战略形势。要定期组织信息化学习讨论会，学习信息化发展新形势、新技术、新理念；对中央的重大决策部署，如《关于积极推进"互联网＋"行动的指导意见》《促进大数据发展行动纲要》《中共中央关于制定国民经济和社会发展第十三个五年规划的建议》等，要开展专题研讨，吃透文件精神，准确把握发展方向；认真学习领会历届全国林业信息化工作会议精神，结合工作实际，明确发展思路。

（二）注重舆论引导

通过媒体宣传、专题发布、材料汇编等形式加强林业信息化引导，提高认知度，增进认可度，促进应用度。在继续加强中国林业网站群全媒体、多角度、多形式引导的基础上，增加在主流行业媒体和公众媒体的发布力度；对重大建设项目和重要建设成就，以专题发布、专题研讨的形式，扩大在社会和行业的影响力；注重阶段性和具体项目的总结提炼，找出亮点，辐射全行业。

（三）加速示范推广

全面系统总结"十二五"林业信息化建设成就，积极推广典型案例和成熟经验，发挥示范带动、典型促动、差距推动的作用，形成你追我赶、奋勇争先、互帮互助的良性氛围。推出一批可推广、可复制的典型案例，通过现场观摩、印发学习材料、专题宣讲等方式，在全国推广示范；加强区域示范协作，对区域代表性和特定业务领域代表性的案例和经验，开展区域性的和业务性的协作示范；加大林业信息化示范建设力度，在全国性示范建设体系的基础上，各省级单位也要开展示范建设。

(四)加强战略研究

林业信息化工作是一项长期、复杂、艰巨的系统工程,只有全面准确地把握世界林业的发展规律和信息化发展的时代脉搏,科学制定林业信息化发展战略,才能支撑和保障林业事业科学发展。基于对我国经济社会以及信息化发展形势的认识和把握,以信息化与林业现代化的融合共进为主要内容,确定当前和今后一段时期内林业信息化的发展方略,主要包括总体思路、发展目标、战略内容、战略重点、战略部署、保障措施等。

四、加强智力建设

信息化是高新技术事业,需要专职机构和专业化队伍才能将各项建设落到实处、取得实效。

(一)健全组织体系

个别还没有成立信息化专职管理机构的省份要抓紧落实,尽快实现全国省级林业信息化专职管理机构全覆盖。按照科学设置和规范管理的要求,将原有的挂靠机构或内设机构单列为独立机构,理顺工作职能,增强组织的创造力、凝聚力和战斗力。推动市、县级专职机构建设,林业信息化示范省要率先实现市、县级专职机构全覆盖,其他有条件的地方和单位也要尽快落实市、县林业信息化专职机构设置。

(二)充实人才队伍

积极争取扩大信息化专职人员,力争省级信息化机构专职人员达10人,市级5人、县级3人。配备强有力的领导班子,注重德才兼备,优先选配具有专业知识、爱岗敬业的人才担任主要领导,选出能谋事、会干事的最强领导团队。加强复合型人才引进和教育培训,提高干部职工信息化意识和信息技术应用能力,以适应林业现代化需要。

(三)加大能力培养

继续做好面向各层级、各领域的信息化业务培训,持续提高理论水平和业务素质。要在每年定期集中举行全国林业信息化 CIO(首席信息官)培训的基础上,根据工作需要不定期的以视频会议的形式举行专题学习讨论会,及时学习掌握最新态势,加强沟通协调;要创新培训模式,加强加密面向基层的各类业务培训,减少集中培训,增加视频会议、远程培训等形式。

(四)加强国际交流

坚持"走出去、请进来"的方针,鼓励林业信息化从业人员通过多种渠道出席国际学术会议、出国讲学和参与国内外合作研究，积极举办高水平国际和国内学术会议，吸引国际知名专家学者进行学术交流，拓宽信息化视野。通过与国际著名大学和科研机构建立学术联系与合作，保证研究水平始终处于学术前沿，积极与相关领域知名企业开展交流，提升掌控信息化新技术和运用新技术的能力。

五、锻造坚实基础

（一）树立互联网思维

立足信息时代，树立互联网思维。以创新思维谋思路，以融合思维促发展，以用户思维强服务，以协作思维聚力量，以快速思维提效率，以极致思维上水平。打破阻碍、开放包容，对全球开放、对全社会开放、对未来开放，开创开放共享、众筹共建林业发展新模式，让所有关心林业、热爱生态的人都参与到林业现代化建设的宏伟事业中来。

（二）强化创新驱动

完善激励自主创新的政策法规，为自主创新提供强有力的法律制度保障，倡导创新，鼓励创新。树立全方位创新理念，推进领导决策层的创新观念，塑造自上而下的创新意识。博采众长，营造"鼓励开拓，宽容失败"的良好氛围。形成政府、企业、科研院所、高等院校协同创新机制，发挥企业对技术研发方向、路线选择和各类创新资源配置的导向作用，发挥科学技术研究对创新驱动的引领和支撑作用，增强林业高等院校、科研院所原始创新能力和转制科研院所的共性技术研发能力。紧盯市场，加快新技术应用，随着市场的不断变化，技术在不断的更新换代，随着科技的发展，新技术、新产品更加快速地走向终端应用，新技术的快速应用成为林业现代化建设的"新常态"。

（三）保障安全基础

提升网络安全管理、态势感知和风险防范能力，加强信息网络基础设施安全防护和用户个人信息保护。实施林业信息安全专项，开展网络安全应用示范。按照信息安全等级保护等制度和网络安全国家标准的要求，加强"互联网+"林业关键领域重要信息系统的安全保障。重视融合带来的安全风险，完善网络数据共享、利用等的安全管理和技术措施，确保数据安全。

（四）健全应急机制

建立信息安全风险评估机制，建设和完善信息安全监控体系，提高对网络安全事件的应对和防范能力，建设信息安全应急处置机制，不断完善信息安全应急处置预案，重视灾难备份建设，增强信息基础设施和重要信息系统的抗毁能力和灾难恢复能力。

延伸阅读

1. 李世东. 智慧林业概论. 北京：中国林业出版社，2017.
2. 李世东. 中国智慧林业：顶层设计与地方实践. 北京：中国林业出版社，2015.
3. 李世东. 中国林业信息化政策研究. 北京：中国林业出版社，2014.
4. 赵大伟. 互联网思维独孤九剑. 北京：机械工业出版社，2014.

第三章

重点应用

第一节 中国林业云

一、云计算概述

(一) 产生背景

21世纪初,随着Web2.0迅速发展,互联网迎来了新的发展高峰。网站或者业务系统的业务量快速增长,需要为用户储存和处理大量的数据。另外随着移动终端的智能化、移动宽带网络的普及,越来越多的移动设备进入互联网,意味着与移动终端相关的IT系统要承受更多的负载。由于资源有限,电力成本、空间成本、各种设施的维护成本快速上升,直接导致数据中心的成本上升,面临着怎样有效地利用资源,以及如何利用更少的资源解决更多的问题。

同时,随着高速网络连接的衍生,芯片和磁盘驱动器产品在功能增强的同时,价格也在变得日益低廉。拥有成百上千台计算机的数据中心也具备了快速为大量用户处理复杂问题的能力。技术上,分布式计算的日益成熟和应用,特别是网格计算的发展,通过Internet把分散在各处的硬件、软件、信息资源连接成为一个巨大的整体,从而使得人们能够利用地理上分散在各处的资源,完成大规模的、复杂的计算和数据处理的任务。数据存储的快速增长产生了以GFS、SAN为代表的高性能存储技术。服务器整合需求的不断升温推动了Xen等虚拟化技术的进步,还有Web2.0的实现,SaaS观念方兴未艾,多核技术的普及等,所有这些技术为产生更强大的计算能力和服务提供了可能。计算能力和资源利用效率的迫切需求,资源的集中化和技术的进步,推动云计算应运而生。

（二）主要特征

云计算平台与传统的单机和网络应用模式相比，具有如下特点：

1. 虚拟化技术。这是云计算最大的特点，包括资源虚拟化和应用虚拟化。每一个应用部署的环境和物理平台没有关系。通过虚拟平台进行管理达到对应用进行扩展、迁移、备份，操作均通过虚拟化层次完成。

2. 动态可扩展。通过动态扩展虚拟化的层次达到对应用进行扩展的目的，可以实时将服务器加入到现有的服务器机群中，增加"云"的计算能力。

3. 按需部署。用户运行不同的应用需要不同的资源和计算能力。云计算平台可以按照用户的需求部署资源和计算能力。

4. 高灵活性。大部分软件和硬件都支持虚拟化，各种 IT 资源，如软件、硬件、操作系统、存储网络等所有要素通过虚拟化，放在云计算虚拟资源池中进行统一管理。同时，能够兼容不同硬件厂商的产品，兼容低配置机器和外设而获得高性能计算。

5. 高可靠性。虚拟化技术使得用户的应用和计算分布在不同的物理服务器上，即使单点服务器崩溃，仍然可以通过动态扩展功能部署新的服务器作为资源和计算能力添加进来，保证应用和计算的正常运转。

6. 高性价比。采用虚拟资源池的方法管理所有资源，对物理资源的要求较低。可以使用廉价的 PC 组成云，而计算性能却可超过大型主机。

（三）重要意义

云计算在海量数据处理与存储，以及服务模式和运营模式创新等方面具有重要作用，其不仅能够提高运转效率和管理能力，而且将不断创新 IT 服务模式。云服务的核心理念就是无边界的信息资源共享，你的计算机硬盘上可能是一片空白，但只要连上网，你就将拥有整个信息世界。

云计算是整个 IT 的一次重整，是新一代信息技术集约化发展的必然趋势。它以资源聚合和虚拟化、应用服务和专业化、按需供给和灵便使用的服务模式，提供高效能、低成本、低功耗的计算与数据服务，支撑各类信息化应用。

二、中国林业云发展思路

（一）基本思路

深入贯彻落实党的十九大精神，按照智慧林业建设的总体部署，以信息资源开发利用和核心业务信息化为中心，以资源整合和信息共享为突破口,以完善机制为保障,尽快形成布局科学、高效便捷、先进实用、稳定安全的中国林业云,促进中国林业云创新发展,培育林业信息产业新业态,使信息资源得到高效利用,为推进林业现代化,建设生态文明和美丽中国作出新贡献。

(二)基本原则

1. 统一规划,分级管理。国家林业局统一规划中国林业云建设工作,科学规划、合理布局,统一标准、分级管理,为数据整合、资源共享和协同工作打下基础。

2. 需求主导,面向服务。紧密结合林业改革发展和林业现代化建设,以林业业务需求和服务保障为重点,引入或自主研发适用面广、技术先进的云服务模式,推动信息技术与林业工作深度融合,提升林业现代化水平。

3. 整合资源,促进共享。充分利用和整合林业系统已有信息资源,加速基础性林业专题数据的标准化、服务化改造,以资源共享为核心,打破资源分散、封闭和垄断状况,杜绝重复建设,促进信息互联互通,有效调控增量资源,优化信息资源配置,实现信息共享,提高信息资源效益。

4. 注重实用,适度超前。采用先进、成熟、可靠的云计算产品,确保中国林业云安全、可靠、高效运行。同时,立足当前,充分考虑长远发展需求,基础设施建设适度超前,拓展发展空间。

5. 试点示范,稳步推进。中国林业云建设是一项涉及面广、科技含量高、时间跨度长的系统工程,宜试点先行,分步推进。首先建设国家级云中心,然后在信息化基础条件好的省份开展试点示范建设,再全面推广,以减少风险,提高效率。

(三)发展目标

到2020年,中国林业云业务应用基本普及,支撑90%以上的核心业务系统,建立起覆盖全国,连接国家、省、市、县四级,且上下贯通的中国林业云。充分掌握云计算等关键技术,健全中国林业云信息安全监管体系和标准制度体系,显著提升大数据挖掘分析能力,推动全国林业信息化水平大幅提高。

(四)总体架构

1. 组织架构。中国林业云由两级中心组成,即国家级云中心和省级云中心。国家级云中心是中国林业云的主体,省级云中心是国家级云中心在省级的分布式子中心,由31个省(自治区、直辖市)、5大森工(林业)集团、新疆生产建设兵团共计37个分中心组成。省级云中心除承担国家级业务应用部署、区域（跨省）级部署任务外，还为本省级应用部署提供服务。

国家级云中心和省级云中心可以互为灾备中心，也可以各自建立独立的灾备中心，对数据实现双重保护，最大限度地避免或减少灾难事件和重大事故造成的损失（图3-1）。

图 3-1 中国林业云组成架构

2. 建设模式。国家级云中心组建模式，采用对国家林业局中心机房实施云服务改造的方式。省级云中心组建模式，通过综合利用地方政务云资源、公共服务云资源等方式。中国林业云建设遵守统一标准体系，各省级云中心根据自身条件分步分类建设。林业信息化建设较好的地区，可建立本地林业云服务中心，同国家级云服务中心紧密相连；林业信息化建设相对落后的地区，可依托国家级云虚拟平台或几个省级中心共建区域级云中心，实现省级云服务平台的建设。国家级和省级云中心技术架构相同，通过互联网和林业专网连接，实现资源共享、数据共享、服务共享。

3. 网络架构。中国林业云根据服务对象和接入网络的性质，分别在互联网和林业专网上提供服务。基于林业专网，部署全国林业业务相关应用与数据库共享服务，提供统一的数字认证体系等公共服务，减少重复性投资。基于互联网，部署面向社会公众的业务应用与信息公开服务，提供中国林业网子站群等公共服务。

4. 技术架构。中国林业云平台采用"四横两纵"的技术架构，"四横"分别为基础服务层、大数据服务层、业务服务层、交付服务层；"两纵"分别为安全与运维体系、标准与制度体系。

基础服务层：由国家级云中心、省级云中心和灾备中心提供网络服务、计算服务、存储服务、虚拟化服务等基础设施服务。

大数据服务层：采用海量数据分布式存储、海量数据管理、大数据分布式处理框架等技术，建设中国林业资源数据库和大数据处理平台，实现林业行业数据的海量分析、数据挖掘、数据对比等功能。

业务服务层：提供分布式、模块化公共服务组件，以及林业业务应用服务，供各级林业主管部门、林业企业、公众使用。

交付服务层：提供服务受理交付、自助式服务管理、服务资源智能检索以及智慧门户等服务。

安全与运维体系：按照等级保护的相关要求，建立中国林业云的安全体系及运维体系，各级云中心按照统一标准、独立运维的模式建设。

标准与制度体系：建设中国林业云标准规范，包含中国林业云建设、运维、安全、数据、服务等各类业务标准。

5. 服务对象框架。中国林业云服务对象在宏观上分为管理对象与社会公众对象两大类。其中，管理对象分国家林业局内（简称局内）和国家林业局外（简称局外）两部分。局内包括机关各司局、京内外直属单位等；局外包括党中央、国务院等领导机构，发展改革、公安、民政、财政、审计、税务、工商、金融等部门或机构，与林业资源信息密切相关的其他管理部门（如国土资源、水利、农业等）。

三、中国林业云重点任务

（一）中国林业云中心建设

1. 国家级云中心。中国林业云国家级云中心位于国家林业局，是中国林业云平台的核心节点，也是对外提供云服务的窗口。由外网承载公有云服务，提供面向社会公众的林业公共应用支撑服务；由林业专网承载专有云服务，提供面向国家林业局及省级林业主管部门的林业政务应用支撑服务。中国林业云国家级云中心承载全国各级林业各类数据的存储和管理，为林业数据的采集、存储、处理、管理等提供计算资源、网络资源、存储资源等云计算基础支撑服务。

2. 省级分中心。中国林业云省级云中心建设遵循中国林业云统一规划、统一标准的原则进行，采用与中国林业云国家级云中心同样的架构设计，主要承载本地区林业业务服务和林业数据服务。与国家级云中心通过网络连接实现应用服务和分布式数据统一分发、调用。建设模式可以根据自身信息化发展的实际情况，因地制宜，灵活采用升级改造、新建、租用等形式。

3. 灾备中心。中国林业云灾备中心包括同城灾备和异地灾备。同城灾备按照国家级云中心和省级云中心的建设情况，实现相距数十公里以内的核心数据的备份和恢复。异地灾备按照统一建设标准，选取适宜构建数据灾备中心的环境，建设异地灾备中心。

（二）中国林业云大数据中心建设

1. 林业数据资源采集平台。借助卫星遥感、移动通信、物联网等技术采集林业各类实时数据，并汇集至中国林业云大数据中心。对各类林业数据进行存储、转换、融合等数据预处理，形成全国范围内的多维度的林业实时和历史数据。

2. 林业数据库平台。立足国家、省、市、县级林业主管部门和公众对林业数据的共享需求，确定包括数据类别与基本信息等方面的数据元，通过规范林业信息分类、采集、存储、处理、交换和服务的标准，建立全国统一标准的林业数据库。重点建设公共基础数据库、林业基础数据库、林业专题数据库、林业综合数据库等。基于全国林业系统政务网络及支持多业务部门的数据集成和云交换平台，实现全国林业信息的共享。

3. 大数据处理平台。利用并行计算、流式计算、可视化、数据挖掘、分布式等技术，建立中国林业云大数据分析处理平台，对林业海量数据进行高效存储、管理和分布式运算，实现林业大数据的采集、统计分析和数据挖掘，满足林业信息共享、业务协同与林业云高效运营的要求。平台主要包含数据预处理、数据存储、数据统计分析、数据挖掘和数据展示分享等建设任务。

4. 数据服务平台。数据服务平台建设是指将林业资源、业务管理等各类林业数据转为云资源，为全国各级林业主管部门、其他政府部门和公众提供多源、异构、多尺度的数据服务。一是为林业主管部门管理人员提供林业资源状况的查询、浏览和可视化展现。以"图、文、表一体化"、主题应用、统计报表及专题地图、三维虚拟现实等表现形式，直观、准确、动态地展示林业资源全行业、全生命周期各个环节的信息，实现林业资源状况的一览无余。二是为林业各业务管理过程提供数据服务。为各类林业业务行政审批、业务管理系统提供数据支撑，为全面全程监管林业资源开发利用提供数据支撑，以林业资源多源数据为参考，为审批决策提供综合分析工具。同时，审批过程和结果数据"沉淀"到多源数据库中，对相关数据实现实时更新。三是为相关行业和社会提供信息服务。提供林权、林产品、林业知识、服务指南等数据的综合查询功能，实现数据产品、主题应用数据的下载、加工、分发和产品订制等多元化信息服务，满足相关行业和社会对林业资源信息的需求。

（三）中国林业云公共服务平台建设

中国林业云公共服务平台将中国林业云国家级中心和省级中心的基础设施、支撑平台转换成服务，两级中心分级提供业务运行服务和业务支撑服务，国家级中心只为国家林业局提供服务，省级分中心为本省林业厅（局）和下级林业主管部门提供服务。

1. 基础设施服务。将国家级云中心和省级云中心的处理、存储、网络和计算资源，包括操作系统和应用程序转换成服务，对外提供。用户不管理或控制任何云计算基础设施，但能控制操作系统的选择、存储空间、部署的应用，也有可能获得有限制的网络组件（如防火墙、负载均衡器等）的控制。

2. 支撑平台服务。通过提供统一的技术开发、构建和应用支撑环境，实现各类林业资源服务的管理、汇聚、承载和共享，为林业资源信息化提供平台支撑。支撑平台服务将为中国林业云国家级云中心和省级云中心提供虚拟化环境设施、安全设施、运维设施等业务运行环境服务，为全国林业系统提供大数据分析、办公、研发、生产环境服务。

3. 安全监控服务。包括安全咨询、等级测评、安全审计、运维管理、安全培训等几个重点方向，构建有针对性的、个性化的、模块化的、可供任意选择的、周全的安全服务体系。

（四）中国林业云应用服务平台建设

中国林业云应用服务是将林业业务应用、林业数据等内容转换成云服务，由国家级云中心和省级云中心统一对外提供，服务的对象包括各级林业主管部门、涉林企业和公众。应用服务是一种通过网络提供软件的模式，应用软件统一部署，用户可根据实际需求，通过网络租用所需的应用软件服务或数据服务。在这种模式下，用户不再像传统模式那样花费大量投资用于硬件、软件、人员，而只需要租赁服务即可。

1. 林业资源监管类服务。包括森林资源监管服务、湿地资源监管服务、荒漠化沙化资源监管服务、生物多样性资源监管服务、林政综合管理服务、林业产业管理服务等。

2. 林业灾害监控与应急管理类服务。包括森林防火监控和应急指挥服务、林业有害生物防治管理服务、野生动物疫源疫病监管服务、森林资源突发破坏性事件管理服务。

3. 综合应用类服务。主要包括综合办公服务、公文传输服务、行政审批服务、视频会议服务。通常要求各业务部门进行专业定制，并与其他林业应用服务相衔接。

4. 公用类应用服务。主要包括林业计划、财务、科技、教育、人事、党务、国际交流等服务。

（五）中国林业云受理交付服务平台建设

中国林业云的服务对象主要有管理对象与社会公众对象两大类。中国林业云受理服务分别针对这两类服务对象提供服务申请、受理和交付的渠道。对于社会公众来说，主要提供包括服务大厅、门户网站、网上办事大厅、移动终端和政务微博等服务渠道，并保证各类服务渠道、服务方式和内容一致有效的衔接。

对于管理对象来说，主要提供在线自助式的服务资源（包括机房资源、主机/虚拟机资源、存储备份资源、网络资源、开发环境、运行环境、运维资源、安全保障资源等）检索、申请、配置、变更、使用等服务交付方式，简化获取这些服务资源时的手续，实现随需、按需服务。

中国林业云受理服务是中国林业云提供的各项服务的管理、展现、业务受理和交付中心，按需向用户提供基础设施、支撑平台和应用软件服务。用户可通过该平台快速申请、构建面向内部使用的专有基础云平台，可使用该平台短时间内搭建云计算服务平台对外提供服务。实现对中国林业云的有效管控，提升基础设施云的应用管理和服务水平，实现计算资源的动态优化、动态分配和自助式服务。

（六）中国林业云标准体系建设

建设中国林业云总体管理标准、基础设施标准、数据处理标准、支撑平台建设标准、应用建设标准、受理交付标准等，指导中国林业云建设和管理。

（七）中国林业云安全体系建设

构建中国林业云安全体系，对中国林业云的物理安全、网络安全、数据安全、应用安全、终端接入安全等进行总体策略规划和管理，包括访问控制、入侵检测、身份认证、网页过滤、网页防篡改、安全认证、数据备份与恢复等。建立中国林业云安全管理制度，设置安全管理机构和专职人员，提升管理人员安全管理技能，保障中国林业云安全、稳定运行。

（八）中国林业云运维体系建设

为保证中国林业云平稳、可靠运行，建立国家、省两级运维管理体系和国家、省、市、县四级运维服务体系，采取集中监控、上下联动、分级负责、规范服务的方式，实现统一运维人员管理、统一运维资源管理、统一运维技术管理和统一运维过程管理。

第二节 中国林业物联网

一、物联网概述

（一）主要特征

物联网是互联网的应用拓展，以互联网为基础设施，是传感网、互联网、自动化技术和计算技术的集成及其广泛和深度应用。物联网主要由感知层、网络传输层和信息处理层组成，广泛用于交通、安保、家居、消防、监测、医疗、栽培、食品等多个领域。物联网被称为继计算机、互联网之后世界信息产业发展的第三次浪潮，正在引发新一轮的生活方式变革，将是下一个推动世界高速发展的"重要生产力"。

物联网最主要的特征，也是他与传统信息网络最大的区别是物联网突破了以前只能人与人或人与机器互联的模式。物与物之间也可以通过网络彼此交换信息、协同运作、相互操控。这可以称作"异构设备互联化"，即不同种类、不同型号的设备利用无线通信模块和标准通信协议，形成自组织网络，实现信息的共享和融合，从而在各行各业中创造出自动化程度更高、功能更强大、对环境适应性更好的应用系统。

（二）技术架构

基本架构。物联网在逻辑上可以分为感知层、网络层、管理层和应用层。比传统的信息系统构架多了一个感知层。

1. 感知层。即遍布在我们周围的各类传感器、条形码、摄像头等组成的传感器网络。它的作用是实现对物体的感知、识别、检测及数据采集，以及反应和控制等。这些作用改变了传统信息系统内部运算能力强但是对外部感知能力弱的状况，因此感知层是物联网的基础，也是物联网与传统信息系统最大的区别。

2. 网络层。即由各种有线及无线节点、固定与移动网关组成的通信网络与互联网的融合体。主要作用是把感知层的数据接入网络以供上层使用。它的核心是互联网，而各种无线网络则提供随时随地地网络接入服务。

3. 管理层。其作用是在高性能计算机和海量存储技术的支撑下，将大规模数据高效可靠地组织起来，为上层服务层提供智能的支撑平台。管理层包括能存储大量数据的数据中心、以搜索引擎为代表的网络信息查询技术、智能处理系统和保护信息与隐私的安全系统等。

4. 应用层。即物联网技术与各类行业应用相结合，通过物联网的"物物互联"实现无所不在的智能化应用，如智能物流、智能电网、智能交通、环境监测等。

二、中国林业物联网发展思路

(一)建设思路

围绕林业改革发展的主要任务，以促进转变林业发展方式、提升林业质量效益为宗旨，以林业核心业务的物联网应用为重点，以提升林业现代化水平为目标，坚持统筹规划、协同共享、政府主导、保障安全，加快推进林业物联网建设与应用，为建设生态文明和美丽中国作出积极贡献。

(二)基本原则

1. 统筹规划，需求驱动。紧密结合林业主体业务，以需求为导向，统筹规划林业物联网发展，分步实施物联网建设项目。加强林业物联网顶层设计，注重建设和应用实效，力避相互攀比、贪大求新、盲目跟进。坚持示范先行，不断积累成功经验，总结成熟模式，然后以点带面，逐步实现林业物联网的宽地域、多领域、跨层级、规模化应用。

2. 融合创新，协同共享。根据林业、林区、林农发展实际，不断强化物联网技术与林业业务的深度融合，加快提升新一代信息技术集成创新和引进消化吸收再创新能力。加强低成本、低功耗、高精度、高可靠、智能化传感设备研发及集成应用，逐步突破林业物联网发展技术瓶颈。深化林业物联网应用创新、制度创新、管理创新，支持跨区域、跨部门、跨层级的业务协同和信息资源共享，力避自成体系、重复投资、重复建设。

3. 政府主导，群策群力。坚持林业主管部门在林业物联网发展中的主导地位，充分发挥其政策引导、业务指导、工作协调、项目监督、成果应用等方面的重要作用。对生态公益型建设项目，要以财政投入为主；对产业发展型建设项目，要充分发挥市场机制，鼓励社会力量广泛参与。要创新投融资机制、成果共享机制、商业运营模式和服务驱动模式，群策群力推动林业物联网有序健康发展。

4. 提高效益，确保安全。面向林业业务对象，以用户和受益人为中心,以提高生态、经济、社会效益为出发点和落脚点,科学规划林业物联网建设任务,精心安排林业物联网重点工程。坚持安全第一、自主可控,加强信息安全基础设施建设,强化信息安全保密措施落实,确保重要信息系统安全、稳定、可靠,着力提升林业物联网信息安全保障能力。

(三)总体架构

中国林业物联网总体架构包括三个层次、两个体系(图3-2)。三个层次为感知层、网络层、应用层;两个体系为标准规范体系、安全与综合管理体系。

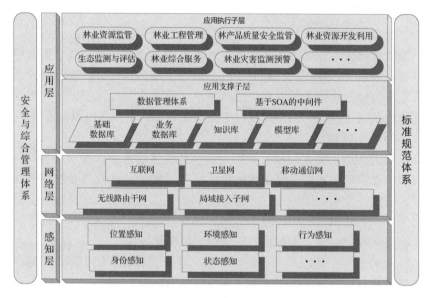

图3-2 中国林业物联网总体架构

1. 感知层。解决的是信息采集、组网和短距离传输问题,主要由各种传感器以及传感器网关等构成。不同业务领域采用的主要感知方式不尽相同。该层的核心技术包括RFID、条码、传感器、多媒体、微机电系统(MEMS)、导航定位、卫星遥感、航空遥感、航空摄影、激光雷达、现场总线、红外感应、WiFi、Zigbee等,主要功能是实现对林业主体、客体及其环境的实时感知、识别、监测以及反应与控制。

2. 网络层。也称为传输层,是进行信息交换、传递的数据通路,主要解决感知层所获得的数据的长距离传输问题。网络层由接入网和传输网构成,按照用户对象又可划分为公用网络和专用网络两类,其中前者包括公用的互联网、卫星网、移动通信网等,后者包括有线的林业专网以及局部的自组织通信网络等。构建大宽带、全覆盖的林业通信网络,对林业物联网发展具有十分现实的意义。

3. 应用层。也称为处理层,解决的是信息处理和人机界面的问题,包括应用支撑子层和应用执行子层两个子层次。应用支撑子层由基础数据库、业务数据库、知识库、模型库等数据库以及数据管理体系等构成,涉及的技术包括数据库技术、云计算技术、大数据技术、基于SOA(面向服务的架构)的中间件技术以及支撑跨行业、跨业务、跨系统的信息共享交换技术等。应用执行子层由林业资源监管、林业工程管理、林业灾害监测预警、生态监测与评估、林产品追溯以及林业综合服务等各类应用系统构成,满足林业生产、管理、决策、服务的实际需求。

4. 标准规范体系。主要由物联网国家标准、行业标准以及各类技术和管理规范构成,为林业物联网系统规划、设计、建设、应用、管理和运维提供科学指导,确保系统互联互通和稳定高效运行。

5. 安全与综合管理体系。主要由信息安全制度、管理制度、运维制度以及管理机构等构成,实现对林业物联网基础设施、应用系统等的有效监管与安全保障。

(四)发展目标

到2020年,物联网技术与林业主体业务实现高度融合,林业业务智能化水平显著提升,业务开展的实时性、高效性、稳定性和可靠性显著增强。林业信息基础设施条件显著改善,信息采集和传输能力显著增强。新一代信息技术应用水平显著提高,有力支撑林业资源监管、营造林管理、林业灾害监测预警与应急防控、林业生态监测与功能效益评估、林业资源开发利用、林业社会化服务等各类业务。实现跨区域、集成化、规模化的物联网应用,推动林业业务智能化持续快速发展,相关应用形成的产业规模达1000亿元。林业物联网产业技术创新联盟、技术研发中心、产品中试基地建设完成,构建起较为完善的林业物联网科技创新、标准规范、安全管理体系,全面提升林业现代化水平。

三、中国林业物联网重点任务

(一)重点发展领域

1. 林业资源监管物联网应用。在林业资源监管中引入以物联网为代表的新一代信息技术,有利于改进监管手段,创新监管模式,提高监管效能，提升林业资源的数量和质量。

2. 营造林管理物联网应用。营造林管理主要涉及种质、种苗资源的保护、保存、培育以及造林、森林抚育等的管理。在营造林管理业务中应用物联网技术，有利于林木良种的选、引、育、保、推，提高营造林质量和效益。

3. 林业灾害监测预警与应急防控物联网应用。林业灾害主要包括森林火灾、林业有害生物灾害、沙尘暴、陆生野生动物疫源疫病四大类，其他的还有低温雨雪冰冻灾害、风灾、雹灾、地震、滑坡、泥石流等。加强物联网等新一代信息技术在林业灾害监测、预警预报和应急防控中的应用，是一项现实而急迫的任务。

4. 林业生态监测与评估物联网应用。林业生态监测主要指对森林、湿地、荒漠三大陆地生态系统的有关指标进行连续观测，进而评估生态系统的健康状况、生态服务功能和价值，并为天然林资源保护、湿地保护与恢复、荒漠化和沙化防治、碳汇造林等林业生态工程建设与管理提供科学依据。通过引入物联网相关技术，将有助于加快完善林业生态监测研究网络，有效提高监测数据采集的实时性、多样性和可靠性，促进信息资源共享交换，充分发挥监测数据应有的作用。

5. 林业资源合理开发利用物联网应用。林业是一项重要的公益事业，也是一项重要的基础产业。物联网技术在森林旅游、林下经济、花木培育、林产工业发展等方面都有广阔的用途。

6. 林产品质量安全监管物联网应用。应用物联网等新一代信息技术，建立林产品信息集中发布平台和预测预警系统，加强林产品质量检测、监测和监督管理。

7. 科技创新体系建设。探索林业物联网产业技术创新联盟、林业物联网技术研发中心、林业物联网产品中试基地的建设。

8. 标准规范体系建设。结合物联网关键技术及设备研发和工程建设，研制林业物联网传感设备系列标准、林业物联网移动终端系列标准、林业物联网组网设备系列标准、林业物联网数据规范系列标准、林业物联网服务支撑系列标准、林业物联网信息安全系列标准、林业物联网工程建设系列标准等，形成以国家标准和行业标准为主体、地方标准和企业标准为补充的林业物联网标准规范体系。

9. 安全管理体系建设。根据林业物联网工程建设和应用中的安全性、可靠性要求，加强安全管理体系建设。依托国家级第三方测试认证机构，建立林业物联网综合检测认证中心，开展林业物联网产品及软件系统的质量、安全、可靠性、标准一致性等方面的检测认证工作。着力制修订一批林业物联网信息安全制度和运维管理制度，切实执行国家和行业现有安全管理制度和标准规范，使信息安全建设和工程建设同步规划、同步设计、同步施工、同步应用，促进林业物联网安全、健康、有序发展。

（二）重点建设任务

1. 森林资源综合监测物联网应用工程。按照森林分布特点，在东北、西南、西北重点林区选择技术条件好的林业局作为示范点，实现森林资源一类清查样地的新型定位和树木识别系统应用。研制林木专用标签，标签要适用于不同林业野外工作环境和树种，解决防盗取、防水、防虫、防脱落等问题，在北方地区使用的标签要耐低温，在南方地区使用的标签要耐湿热。研制适用于林区的林木专用标签读写手持设备，集成定位、信息传输等功能，便于对相应的标签进行识别和信息采集。为森林资源清查人员配备基于高精度定位、无线传输的多功能智能手持终端，在清查样地的每木上安装可自动识别的专用标识，提高监测样地和样木的复位率。采取统一建设、分布式部署和按权限使用的方式，由国家林业局牵头建设和完善林业基础地理信息共享平台、国产高分辨率卫星林业应用平台和森林资源监测数据仓库，森林资源监测数据录入、审查更新及挖掘等工作主要由相关监测单位负责。

2. 森林生态系统定位监测物联网应用工程。基于国家林业局陆地生态系统定位研究站网，按照森林、湿地、荒漠三大生态系统类型及地理分布特征、多尺度生境监测的要求，建设智能化的森林小气候观测设施、森林水文及水化学监测设施、森林生物定位监测设施、土壤定位监测设施等，对各类气象因子、土壤理化因子、二氧化碳浓度、空气质量因子、植物矿物质成分以及地表径流流量、流速和水质等进行连续监测。建立数据采集网络和信息平台，实现主要观测设施的远程监控、监测信息的快捷传递与高效处理，支撑科研、管理等工作。

3. 森林碳汇监测物联网应用工程。在全国林业碳汇计量监测地区（如国有林场、自然保护区等），利用各种智能传感终端和通信手段，构建多维碳排放与碳汇监测传感网络，融合林木蓄积量、生长量、生物量等碳储量监测数据。在水平和垂直空间对温度、湿度、风向、风速、光照强度、二氧化碳浓度等多种环境因子进行全面、实时的监测。开展野外连续森林土壤碳储量监测。通过比对修正，将传感器网络观测数据与已有的地上生物量、地下生物量、枯落物、枯死木和土壤有机质5个碳库数据整合，开展森林碳汇监测与评估、造林碳汇评估等。开发森林碳汇监测信息管理共享服务平台，在国家林业局和省级林业主管部门分布式部署，并向社会和科研教育机构共享成果。

4. 国际重要湿地监测物联网应用工程。选择具有区域代表性的国际重要湿地，开展湿地监测物联网应用示范。建设气象观测、水文监测、水质监测、视频监控、空气质量监测等无线传感网络，实现水质、气象等信息的自动获取，相应的数据通过网络发送到管理部门指定的接收平台，对数据进行实时显示、异常预警、趋势分析等，并通过互联网和移动互联网等网络实现信息入库、发布共享以及数据多级管理。建立国际重要湿地监测信息管理系统，开展湿地状态指标(如水文、水质、土壤等)和影响湿地状态的指标(如渔业生产、旅游、交通运输等)的实时监测与信息处理。在国家林业局、省级林业主管部门和示范区建立分布式的监测数据仓库和智能信息管理平台，加强监测数据的挖掘利用，辅助国际重要湿地保护管理决策，为我国有效履行国际湿地公约提供有力支撑。

5. 森林火灾监测预警与应急防控物联网应用工程。在东北、西南重点林区选择两个林业局开展应用示范。基于高分遥感数据、航拍数据和基础地理信息数据，建立基础地理及空间信息共享平台。在林区建设和完善大气环境监测系统、林火视频监控系统、地表可燃物温湿度监测系统、主要出入路口电子围栏及红外感应系统等，形成有效的传感监测网络。通过传感器和视频智能联动、数据网络传输、智能分析与处理，实现重点林区全天候、不间断的林火监测、异常报警。利用全天候、省时、省力的微波视频监控技术监测林火，替代传统的人工瞭望方式，并与广播系统有效对接，实现集成森林火灾动态监测与风险评估、森林火灾安全扑救、多手段航空消防的一体化系统。为防火车辆、执法车辆安装车载智能终端，为护林防火人员配备手持多功能智能终端，为专业扑火队员配备多功能野外单兵装备。利用北斗导航系统、卫星通信技术和移动GIS技术等，在野外扑火中准确定位所在位置，及时传回火场视频图像，对现场扑火进行科学指挥，提高扑火效率。研建智能信息平台并与国家林业局联网，加强感知数据的管理和挖掘，提高森林火灾监测、预警预报以及指挥调度、灾后评估等应急响应能力。

6. 林业有害生物监测预警与防控物联网应用工程。基于由1000个国家级林业有害生物中心测报点和500个林业有害生物防治示范站构成的全国林业有害生物监测预警与防控体系，应用气象监测、遥感监测、黑光灯监测、信息素监测、视频监控、声音监测、智能传感器、模糊识别、移动互联等自动信息采集和智能传输技术，建设林业有害生物监测传感信息采集平台；利用航天遥感数据、航拍监测数据和基础地理信息数据，建立林业生物灾害基础地理及空间信息平台；通过集成专家远程诊断系统、森林病虫害预测预报系统、外来物种信息管理系统，加强数据挖掘、共享和业务协同，形成林业有害生物监测、预警预报与防控的综合系统平台。在国家级林业有害生物中心测报点和林业有害生物防治示范站建立信息自动采集点，形成自动监测网络；为林业有害生物监测调查人员配备手持多功能数据采集终端，及时传输监测调查信息；为灾害应急防控队伍配备智能设备，利用定位导航、移动通信等技术，提供现场声、像信息，为应急防控指挥提供科学依据。

7. 陆生野生动物疫源疫病监测预警物联网应用工程。选择我国东部候鸟迁徙路线上的主要栖息地和迁徙停歇地，开展物联网应用示范。在东北候鸟繁殖地，为迁徙雁鸭类和猛禽安装集北斗卫星定位、信息发送、生命体征传感等功能于一体的专用设备，监测猛禽、水禽位置及其生命体征，为候鸟疫源疫病有效防控提供有力技术支撑。建设完善猛禽、水禽疫源疫病监测信息系统。在国家级和省级监测管理单位部署猛禽、水禽迁徙监测信息平台，基于在监测站、监测点部署和安装的卫星追踪装置与系统，通过网络化数据分析、整理和发布，掌握迁徙猛禽、水禽的飞行、停歇等活动情况。在国家林业局野生动物疫源疫病监测总站建设卫星信号接收系统，结合其陆生野生动物疫源疫病监测信息系统，加强数据管理、挖掘和信息共享，提高监测预警与应急防控能力。

8. 珍稀濒危野生动物圈养监管及野化放归物联网应用工程。选择卧龙中国保护大熊猫研究中心、成都大熊猫繁育研究基地等主要大熊猫繁育单位作为示范点，为圈养大熊猫安装具有个体识别、北斗定位和体征传感功能的电子标签，为养殖单位配备电子标签读写设备，完善养殖场所视频监控系统和网络系统，建设全国统一的综合信息管理平台，分布式部署在国家林业局、省级林业主管部门和各繁育单位，实现信息的互联互通和共享利用。

在大熊猫分布区选择适合野化放归的自然保护区，开展大熊猫野化放归物联网应用示范，为林区大中型兽类野化放归积累经验。为野化放归大熊猫安装具有身份识别、体征传感、北斗定位、信息发送等功能的专用设备(如电子项圈),在放归区域建设电子围栏系统、视频监控系统和自组织网络,为野外巡护监测人员配备移动多功能智能手持终端。在保护区管理局和相关研究单位部署智能信息管理平台,实时采集和处理相关数据,实现对放归大熊猫的个体识别、自动跟踪管理及与野外巡护监测人员的双向互动,结合生境分析、行为分析和模型分析,提高野化放归决策的科学性。

选择有关自然保护区,开展普氏野马野化放归物联网应用示范,为荒漠有蹄类动物放归积累经验。为放归野马安装具有身份识别、体征传感、北斗定位、信息发送等功能的专用设备(如电子耳标),在放归区域建设电子围栏系统、视频监控系统和自组织网络。在野马繁殖研究中心部署智能信息管理平台,实现对放归野马的个体识别、自动跟踪管理及与野外巡护监测人员的双向互动,结合生境分析、行为分析和模型分析,提高野化放归决策的科学性。

9. 林木种质资源保护与保存物联网应用工程。选择全国林木种质资源设施保存库开展设施保存物联网应用示范,到"十三五"期末,完成对国家级林木种质资源重点保存库 50 万~60 万份种质生存条件的远程实时动态监测调控。利用温湿度传感器、氮气传感器、二维条码、电子标签、红外感应装置、视频监控系统以及自动控制系统等,构建设施保存库立体传感监控网络,对接智能信息管理平台,实现保存环境的远程监控、自动调控和人员及时应急响应。

选择重点珍稀濒危树木园,开展林木种质资源异地保护物联网应用示范,到"十三五"期末,建立 100 个异地保存点生存条件的远程实时动态监测。在树木园建设视频监控系统、电子围栏系统、二维码(或电子标签)标识系统、无线自组网系统等,在树木园管理机构部署远程监控信息管理平台,实现保存地环境的实时动态监测、监控,对重点树木实现定点保护,做到防火、防病虫害和防盗,加强对珍贵稀有母树林的保护,促进珍稀濒危树木异地保护种质基因库建设。

10. 林木种苗设施培育物联网应用工程。选择国家级林木种苗示范基地,开展以环境监测和智能调控为主要内容的物联网应用示范。在基地组培生产车间、容器育苗生产车间和大田育苗场所,通过智能感知芯片、移动嵌入式系统建设大气环境监测、光照监测、土壤温湿度监测、土壤肥力监测等系统,建设完善视频监控、自动喷灌、自动报警等系统。集成智能控制算法、温湿环境预测模型、林木种苗生长发育模型及病虫害预测模型等,根据种苗生长发育规律对空气温湿度、土壤湿度、二氧化碳浓度等环境因素进行实时监测和调控,节约灌溉用水,降低病虫害危害,减轻劳动强度,提高经济效益。开发林木种苗二维码标识系统,对接基地的统一信息管理平台,加强种苗生产、调度、销售等管理。

11. 木材采存运销监管物联网应用工程。在重点国有林区开展以电子标签为基础的物联网应用示范。配备木材专用电子标签、手持智能标签安装设备、手持智能标签读写设备和车用电子标签,在贮木场建设电子标签整车群扫系统、地磅系统和视频监控系统。选择若干个木材运输途中必经的木材检查站,建设电子标签整车群扫系统、地磅系统以及与全省联网的视频监控系统。选择若干家重点木材加工企业,为其配备手持智能标签读写设备。开发建设全国统一的集电子标签管理、电子货票管理、运输车辆管理和智能统计分析等多种功能于一体的木材采存运销智能监管平台,并在国家林业局、重点国有林区及相关省份林业主管部门分布式部署。木材检查站和木材加工企业利用有线宽带、移动互联等技术将相关数据及时反馈到监管平台。

在南方省份选择林业大县,代表集体林区开展以二维码标签为基础的物联网应用示范。为合法采伐的单根木材粘贴二维码专用标签,为运输车辆安装记录有所运木材信息和承载车辆信息的专用电子标签,为必经的若干个木材检查站配备车辆电子标签读写设备和建设全省联网的视频监控系统。在示范省份林业主管部门分布式部署全国统一的木材采存运销智能监管平台,并与国家林业局联网。木材检查站和木材加工企业利用智能手机完成木材二维码专用标签扫描,利用电子标签读写设备读写车辆电子标签信息,并利用有线宽带、移动互联等技术实现数据及时联网入库。

12. 林产品认证及质量监管物联网应用工程。依托国家人造板与木竹制品质量监督检验机构,应用二维码、RFID、红外感应、激光扫描、卫星定位、移动互联等技术,开展红木家具、红木工艺品原产地认证,以及复合木地板、竹地板、木质家具甲醛达标检测认证。建立相应的数据库和应用系统,相关认证信息在中国林业网和质检机构子站上集中统一发布。物流企业可通过RFID设备等,加强对上述产品物流环节的跟踪管理。经销商和消费者可利用专用读写设备或智能手机,查阅产品的产、供、销信息,依法维护自身合法权益。

13. 森林旅游安全监管与服务物联网应用工程。选择重点森林旅游景区,开展森林旅游安全监管与服务物联网应用示范。按照"四网一平台"

(天网、地网、人网、林网、智慧森林平台)的总体架构,在景区开展各项信息基础设施建设和应用系统开发工作。基础设施建设的重点是提高生态环境信息、游客信息、交通路况信息等的实时采集与快捷传输能力;应用系统建设的重点是旅游管理系统、旅游服务系统、综合执法系统、指挥调度系统、生态监测系统、森林资源管理系统、森林防火系统等,从而为加强旅游管理、旅游服务、自然保护等提供技术支持。在国家林业局和省级林业主管部门开发部署森林旅游监测与应急管理信息系统,将中国林业网作为主要信息发布平台,提高森林旅游的监测、协调、管理等能力。

14. 林业综合执法物联网应用工程。选择基础较好的省份作为示范区,充分发挥示范区的引导、带动和辐射作用,提高林业综合执法管理水平。基于云计算和移动互联等技术,研建林业综合执法平台,分布式部署在国家林业局和省级林业主管部门。森林公安执法系统逐步形成森林公安网上办案、网上监督、网上考核等信息化应用格局,基本实现"信息共享、统一指挥、快速反应、协同作战"的森林警务新机制。为林政执法人员和森林公安民警配备手持多功能数据采集终端,执法人员可进行超限额采伐林木、破坏林木、盗伐滥伐林木、乱征滥占林地、偷猎等行为的现场执法信息采集、远程核实查证等执法活动,从而节约执法成本,提高执法质量。

15. 林业物联网关键技术研发及产业化工程。研制适应野外恶劣环境的林木二维码标签、权证二维码标签、可读写 RFID 专用标签,解决高含水量、高密度介质中信息传输困难问题。加强生物特征识别与身份认证技术的研发与应用,研制具有身份识别、北斗定位、体征传感、信息传输等功能的专用终端。研制适应野外恶劣环境的手持式、固定式智能读写终端。按照低成本、低功耗、微型化、高可靠性的要求,研制适应野外恶劣环境的温度、湿度、光照、空气质量、碳汇计量、水文、水质等各类传感器,以及集成传感技术、RFID 技术、定位技术并支持多种通信传输方式的智能手持终端、车载终端、游客便携式终端等。研制林火视频监控专用设备以及适用于林区环境的通信技术和传感器网络通信产品,突破野外风光互补供电、故障智能诊断等关键技术。研究林业物联网海量信息分析与处理、分布式文件系统、实时数据库、智能视频图像处理、大规模并行计算、数据挖掘、可视化数据展现、虚拟现实、智能决策控制、信息安全等关键技术。

第三节 中国林业移动互联网

一、移动互联网概述

移动互联网是移动通信技术和互联网技术互相融合形成的,其具有的移动性消除了时间和地域的限制,使用户借助移动网络随时随地进行信息传输和商业交易成为可能。移动互联网根植于传统互联网,但有着不同的特点:

1. 终端移动性。通过移动终端接入移动互联网的用户一般都处于移动之中。

2. 业务及时性。用户使用移动互联网能够随时随地获取自身或其他终端的信息,及时获取所需的服务和数据。

3. 服务便利性。由于移动终端的限制,移动互联网服务要求操作简便,响应时间短。

4. 业务/终端/网络的强关联性。实现移动互联网服务需要同时具备移动终端、接入网络和运营商提供的业务三项基本条件。

5. 终端的集成性/融合性。由于通信技术与计算机技术和消费电子技术的融合,移动终端既是一个通信终端,也成为一个功能越来越强的计算平台、媒体摄录和播放平台,甚至是便携式金融终端。随着集成电路和软件技术的进一步发展,移动终端还将集成越来越多的功能。

6. 移动终端个性化。由于移动终端的个性化特点,加之移动通信网络和互联网所具备的一系列个性化能力,如定位、个性化门户、业务个性化定制、个性化内容和 Web 2.0 技术等,移动互联网成为个性化越来越强的个人互联网。

7. 用户庞大。移动互联网的优势决定其用户数量庞大。2013 年的全球移动互联网用户达 22 亿,约占全球人口的 30%。GSMA 移动智库预测,到 2020 年,全球移动互联网用户总数达到 38 亿,占据一半的全球人口。

二、中国林业移动互联网发展思路

(一)指导思想

深入贯彻落实党的十九大精神,围绕林业改革发展的主要任务,以促进转变林业发展方式、提升林业质量效益为宗旨,以林业核心业务的移动互联网应用为重点,以林业现代化为目标,坚持统筹规划、协同共享、政府主导、安全至上,加快推进林业移动互联网建设与应用,为建设生态文明和美丽中国作出积极贡献。

(二)基本原则

在遵循统一规划、统一标准、统一制式、统一平台、统一管理的"五个统一"基础上,坚持服务大局、便捷高效、融合创新、开放共享、安全可控的基本原则。

坚持服务大局。充分发挥移动互联网优势,缩小林业各业务发展数字鸿沟,激发林业产业经济活力,推动林业生产方式和发展模式变革,创新网络化、移动化林业公共服务模式,高效智慧地为林业干部职工提供便捷、安全、可靠的移动互联网信息服务。

坚持便捷高效。开发使用便利、高效快捷、功能强大且灵活实用的移动平台,通过各种便携终端,优化林业干部职工工作、生活、学习模式,将办公和生活场景的范围不断扩大,让沟通无障碍,办事不受限,使沟通和管理变得更加简单、便捷和高效。

坚持融合创新。鼓励树立移动互联网思维,强化目标导向、问题导向、效果导向,发挥管理主体、运营主体、使用主体作用,全方位推进理念、机制、手段等创新,推动移动互联网向林业各业务领域渗透,促进林业公共服务模式改革和林业政务运行机制创新,优化业务流程,顺应移动互联网技术发展趋势,探索林业运行管理的新模式。

坚持开放共享。营造开放包容的发展环境,将移动互联网作为林业资源共享的重要平台,统筹部署林业业务系统,支持跨部门、跨区域的业务协同和林业信息资源共享,最大限度优化资源配置,加快形成以开放、共享为特征的林业移动互联运行新模式。

坚持安全可控。增强安全意识,加强林业移动互联网发展的信息安全基础设施建设,强化安全管理和防护措施,保障网络安全,全面排查、科学评估、有效防范和化解移动互联网在林业发展带来的风险隐患,切实保障网络数据、技术、应用等安全。

(三)发展目标

第一阶段:到2020年,通过实施中国林业移动互联网发展战略,移动互联网应用与林业主体业务实现高度融合,林业主体业务智能化水平显著提升,业务开展的实时性、高效性、稳定性和可靠性显著增强。林业信息基础设施条件显著改善,林区网络覆盖率达到80%以上,信息采集和传输能力显著增强。移动互联网应用水平显著提高，实现跨区域、集成化、规模化的移动互联网应用，推动林业业务智能化的持续快速发展，构建起较为完善的林业移动互联网科技创新、应用模式、安全管理体系，推进智慧林业发展步伐，有力支撑林业发展。林业主体业务通过移动互联网应用在转变工作模式、提升工作效率、提高业务质量等方面取得重大突破。在林业核心业务领域组织实施3~5项林业移动互联网应用示范工程，积累一批成功案例和推广经验，相关应用形成较大产业规模。引导组建林业移动互联网产业应用创新联盟，支持建设林业移动互联网应用研发中心、实验基地，依托第三方机构建立林业移动互联网综合检测认证中心，初步建立以企业为主体的林业移动互联网应用科技创新体系，形成林业移动互联网应用及系统测试评估能力。

第二阶段：到2025年，以深化信息化与林业现代化高度融合，全面提高林业的生态、经济、社会服务功能为主线，通过大力加强信息基础设施建设和信息技术应用，建设具有中国特色的林业移动互联网，让广大林区实现在任何时间、任何地点、任何人和任何物都能顺畅地通信，人们在林区可以高效地工作、学习和生活，使林业移动互联网应用成为智慧林业建设的倍增器和支撑林业改革发展的重要力量，使林业信息基础设施建设得到加强，现代化的信息采集和管控技术得到广泛应用，林业部门的管理和公共服务能力得到较大改善，形成健全的林业移动互联网管理和运行机制，全面支撑林业移动政务办公和移动互联网公共服务职能；推动林业资源监管、营造林、花木种苗培育等的智能化水平显著提升；使林业灾害监测预警与防控水平显著提高，林业生态监测与评估能力大幅提升；使林产品生产、流通、销售等环节的管理工作得到明显强化，林产品质量安全监管水平得到大幅提高；形成科学、先进的全国林业移动互联网安全体系和标准规范体系。

三、中国林业移动互联网重点任务

（一）移动业务

林业移动业务包括移动资源监管、移动营造林管理、移动灾害监控与应急管理、移动林权综合监管、移动林农信息服务等，通过移动互联网技术与林业业务的深度融合，实现林业业务的高效智慧管理。

1. 移动资源监管。通过使用卫星遥感、导航定位、视频监控、电子标签、条码、电子围栏、红外感应等技术，以统一的林业资源空间分布信息为基础,充分利用多维地理信息系统、智慧地图等技术,结合互联网大数据分析,构建资源环境承载能力立体监控系统,依托现有互联网平台,实现对森林资源、湿地资源、荒漠化土地资源和野生动植物资源等的移动式管理和全方位、全动态监测,提供从宏观到微观多级林业资源分布信息。

2. 移动营造林管理。应用移动互联网技术,通过使用移动装置设备对涉及林木种苗生产和营造林计划管理、调查设计、审批、进度管理、验收等进行全面管理。借助于地面调查或遥感图像数据,将林地变化情况落实到山头地块,并用强大的空间分析功能,及时对林地的动态变化过程作出反映,为科学分析林地增减原因,掌握征占林地的用途和林地资源消长提供依据。

3. 移动灾害监控与应急管理。利用智能监测设备和移动互联网,完善灾害的在线监测,增加监测灾害种类,扩大监测范围,形成全天候、多层次的智能多源感知体系,实现对灾害的全天时监控,信息的随时随地访问,信息主动推送等功能。通过移动互联网,完善灾害预警和风险监测信息网络,建立信息数据共享机制,统一数据交换标准,推进区域灾害预警等信息公开,提升森林火灾、林业有害生物、野生动物疫源疫病等重点风险防范水平和应急处理能力。

4. 移动林权监管。通过林权基础信息管理、森林资源资产评估与抵押、查询、林权交易信息发布等系统建设,建立全国性的林权交易平台,实现林地、林木、股权、债权、项目工程和林业技术等项目统一挂牌,交易会员、经济会员和中介会员统一在线服务,方便林农能随时随地获取森林资源资产评估和林权抵押信息,提供公开、公正、全程监管的林权交易平台。

5. 移动林农信息服务。根据林农的特点和技术水平,结合移动通信技术,建立面向林农的决策一体化信息服务体系,通过智能测土配方系统、专家移动视频指挥系统、基于VR的林农教育培训系统、移动网络服务平台为林农提供林业科学技术信息、市场信息、保险信息、各种政策法规信息、教育培训信息和生活娱乐信息。通过技术创新驱动林农信息服务发展,给林农提供方便快捷的服务体验。

(二)移动政务

利用移动互联网及相关技术,为公共服务人员提供随时随地的信息支持,减少不必要的物流和人流,提升服务质量和效率。

1. 林业移动办公。包括掌上办公和掌上服务。掌上办公将办公应用延伸至移动终端，打破时空界限，无论身处何地，都能即时有效办公，随时随地处理公文、业务审批、报表查询等事项。掌上服务通过移动政务微信、移动政务微博和移动客户端，开辟公众参政、议政的渠道，畅通公众的利益表达机制，给公众提供方便、快捷、高质量的服务，建立政府与公众的良性互动。

2. 林业移动会议。包括移动会议和移动访谈交流。移动会议将多媒体会议系统与虚拟现实技术相结合，利用虚拟现实技术进行空间上的扩展，将分布在不同地点的局部会场合成为一个所有与会终端都能够感知与交互的虚拟会议空间，提高会议成员的群组感知程度和交互深度。移动访谈交流通过网络连接会议接口，实现同时出席多个点到点会议和多点会议，并在参与其中表达自己的观点和建议。

3. 林业移动办文。包括智能文档管理、智能搜索技术、智能匹配筛选、智能会务总结、掌上智能写手。智能文档管理具有文字存储和语音转换功能，能够实现对各种电子文件自动分类保存并进行加密，确保使用安全。智能搜索技术采用垂直对象搜索技术，搜索指向某一个特定的领域，并将各个页面中的相关信息按照用户的需求集合成一个完整的项目，提高智慧化和实用性。智能匹配筛选通过分类技术，从不同的网页中将搜索的结果提取出来，按照需求提供应用。智能会务总结采用移动设备端或芯片植入方式，进行智能分类记录和总结。掌上智能写手是在数据库基础上，利用网络与掌上终端进行连接，根据内容选择文件格式生成报告文章。

4. 林业移动党务。林业移动党务以资讯门户为智慧党建信息展现的载体，采用网页版、手机客户端及微信公众号三种方式进行资讯的分发，通过消息推送机制实现资讯实时推送，让广大用户第一时间了解党务工作内容。采用计算机、手机、自助终端三种渠道，结合O2O理念，实现组织生活线上、线下同时开展。通过多维度、多渠道动态采集各种信息，采取图形化方式直观展现党组织分布、党员分布、流动党员分布，为党建管理和组织决策提供切实有效的数据依据。

(三)移动服务

建立林业移动应用服务平台，嵌入各种移动终端和信息渠道，向使用者推送林业产品、旅游资源、文化活动等最新动态，随时随地为用户提供林业信息，满足不同用户的个性化需求。

1. 移动林产品服务。将因特网、移动通信技术及其他信息处理技术结合，利用手机、PDA及掌上电脑等无线终端及穿戴式设备，实现随时随地、线上线下的林产品监测分析、商贸活动和服务，便利地进行 B2B、B2C 或 C2C 的林产品电子商务交易。

2. 移动森林旅游服务。依托各级森林公园、湿地公园、沙漠公园、植物园、树木园、野生动物园、林业观光园等生态旅游地，与移动互联技术相结合，开拓更广阔的森林旅游服务平台，利用智能移动终端提供各类森林旅游掌上服务，满足公众对森林旅游的多样化需求。

3. 移动社区服务。依托移动通信网络，按照"平台上移、服务下延、公益服务、市场运营"的基本思路，实现林业社区餐饮、住宿、交通等资源的高度整合、统一接入、实时互动、协同合作，促使社区内部资源高效流通，满足移动端用户对林业社区资源信息的实时掌握和利用。

4. 移动文化服务。借助移动互联应用的多元化、人性化、智慧化、交互性和便利性等特点，开发林业移动应用系统，通过微视频、趣味动漫、H5 页面和虚拟现实等多种形式以及"三微一端"等多种渠道，展现丰富的林业文化内容，形成全方位的林业文化传播体系，增强林业文化的社会影响力。

第四节　中国林业大数据

一、大数据概述

（一）基本特征

大数据是一个抽象的概念，除去数据量庞大，大数据还有一些其他的特征，这些特征决定了大数据有别于传统数据，与"海量数据"和"非常大的数据"这些概念有所不同。后者只强调数据的量，而大数据不仅用来描述大量的数据，还更进一步指出数据的复杂形式、数据的快速时间特性以及对数据的分析、处理等专业化处理，最终获得有价值信息的能力。

当前，较为统一的认识是大数据通常具有典型的"4V"（Volume、Variety、Velocity、Veracity）特征，即数据量大、种类多、处理速度快和数据真实性高。

1. 数据量大。数据量大是大数据的基本属性。社交网络（微博、Twitter、Facebook）、移动网络、各种智能终端等，都成为大数据的来源。互联网络的广泛应用，使用网络的人、企业、机构增多，数据获取、分享变得相对容易，用户有意的分享和无意的点击、浏览都可以快速地提供大量数据；随着各种传感器数据获取能力的大幅提高，使得人们获取的数据越来越接近原始事物本身，描述同一事物的数据量激增。近年来，图像、视频等二维数据大规模涌现，而随着三维扫描设备以及 Kinect 等动作捕捉设备的普及，数据越来越接近真实的世界，数据的描述能力不断增强，而数据量本身必将以几何级数增长。此外，数据量大还体现在人们处理数据的方法和理念发生了根本的改变，迫切需要智能的算法、强大的数据处理平台和新的数据处理技术来统计、分析、预测和实时处理如此大规模的数据。

2. 数据种类多。随着传感器种类的增多以及智能设备、社交网络等的流行，数据类型也变得更加复杂，不仅包括传统的关系数据类型，也包括以网页、视频、音频、E-mail、文档等形式存在的未加工的、半结构化的和非结构化的数据。数据类型繁多、复杂多变是大数据的重要特性。以往的数据尽管数量庞大，但通常是事先定义好的结构化数据。非结构化数据没有统一的结构属性，难以用表结构来表示，在记录数据数值的同时还需要存储数据的结构，增加了数据存储、处理的难度。目前，非结构化数据量已占到数据总量的 75% 以上，且非结构化数据的增长速度比结构化数据快 10~50 倍。在数据激增的同时，新的数据类型层出不穷，已经很难用一种或几种规定的模式来表征日趋复杂、多样的数据形式，这样的数据已经不能用传统的数据库表格来整齐地排列、表示。大数据正是在这样的背景下产生的，大数据与传统数据处理最大的不同就是重点关注非结构化信息，强调小众化、体验化的特性使得传统的数据处理方式面临巨大的挑战。

3. 数据变化、处理速度快。考虑到"超大规模数据"和"海量数据"也有规模大的特点，强调数据是快速动态变化的，形成流式数据是大数据的重要特征，数据流动的速度快到难以用传统的系统去处理。快速增长的数据量要求数据处理的速度也要相应提升，才能使得大量的数据得到有效利用，否则不断激增的数据不但不能为解决问题带来优势，反而成了快速解决问题的负担。同时，数据不是静止不动的，而是在互联网络中不断流动，且通常这样的数据的价值是随着时间的推移而迅速降低的，如果数据尚未得到有效的处理，就失去了价值，大量的数据就没有意义。此外，在许多应用中要求能够实时处理新增的大量数据。大数据以数据流的形式产生，快速流动、迅速消失，且数据流量通常不是平稳的，会在某些特定的时段突然激增，数据的涌现特征明显；而用户对于数据的响应时间通常非常敏感。对于大数据应用而言，很多情况下都必须要在 1 秒钟或者瞬间内形成结果，否则处理结果就是过时和无效的。这种情况下，大数据要求快速、持续的实时处理。对不断激增的海量数据的实时处理要求，是大数据与传统海量数据处理技术的关键差别之一。

4. 数据真实性高。数据的重要性就在于对决策的支持，数据的规模并不能决定其能否为决策提供帮助，数据的真实性和质量才是获得真知和思路最重要的因素，是制定成功决策最坚实的基础。追求高数据质量是一项重要的大数据要求和挑战，即使最优秀的数据清理方法也无法消除某些数据固有的不可预测性，例如，人的感情和诚实性、天气形势、经济因素以及未来。在处理这些类型的数据时，数据清理无法修正这种不确定性。然而，尽管存在不确定性，数据仍然包含宝贵的信息。

（二）大数据的业务流程

与传统海量数据的处理流程类似，大数据的处理也包括获取与特定的应用相关的有用数据，并将数据聚合成便于存储、分析、查询的形式；分析数据的相关性，得出相关属性；采用合适的方式将数据分析的结果展示出来等。大数据要解决的核心问题包括以下几点：

1. 数据获取。规模巨大，种类繁多，包含大量信息的数据是大数据的基础，数据本身的优劣对分析结果有很大的影响。如果通过简单的算法处理大量的数据就可以得出相关的结果，则解决问题的困难就转到了如何获取有效的数据。数据的产生技术经历了被动、主动和自动三个阶段，早期的数据是人们为基于分析特定问题的需要，通过采样、抽象等方法记录产生的数据；随着互联网特别是社交网络的发展，越来越多的人在网络上传递发布信息，主动产生数据；而传感器技术的广泛应用使得利用传感器网络可以不用控制全天候的自动获取数据。其中，自动、主动数据的大量涌现，构成了大数据的主要来源。

随着物联网、3S 和移动互联网等信息技术的演进和应用，林业资源数据的来源和种类不断增多，除了传统的遥感、GIS 和数字采集终端等数据源外，传感、多媒体、空间、地理位置服务数据已经成为林业资源数据的新来源。大数据背景下，林业资源数据的空间分布范围更广，时间尺度更为多变，时效性更强，数据量更大，处理速度更快，这些必然导致林业资源数据量大且增长快，数据量呈指数级增长将常态化。

对于林业实际应用来说，并不是数据越多越好，获取大量数据的目的是尽可能正确、详尽地描述事物的属性，对于特定的应用数据必须包含有用的信息，拥有包含足够信息的有效数据才是大数据的关键。有了原始数据，要从数据中抽取有效的信息，将这些数据以某种形式聚集起来，对于结构化数据，此类工作相对简单。而大数据通常处理的是非结构化数据，数据种类繁多，构成复杂，需要根据特定应用的需求，从数据中抽取相关的有效数据，同时尽量摒除可能影响判断的错误数据和无关数据。林业大数据研究需要根据林业资源的类型和来源，选取合理可行的林业数据获取方式。

2. 数据处理。大数据需要充分、及时地从大量复杂的数据中获取有意义的相关性，找出规律。数据处理的实时要求是大数据区别于传统数据处理技术的重要差别之一。一般而言，传统的数据处理应用对时间的要求并不高。而大数据领域相当大的一部分应用需要在 1 秒钟内或瞬间内得到结果，否则相关的处理结果就是过时的、无效的。先存储后处理的批处理模式通常不能满足需求，需要对数据进行流处理。由于这些数据的价值会随着时间的推移不断减少，实时性成了此类数据处理的关键。而数据规模巨大、种类繁多、结构复杂，使得大数据的实时处理极富挑战性。数据的实时处理要求实时获取数据，实时分析数据，实时绘制数据，任何一个环节慢都会影响系统的实时性。当前，互联网络以及各种传感器快速普及，实时获取数据难度不大，实时分析大规模复杂数据是林业大数据领域亟待解决的核心问题。

3. 数据分析。大量的数据本身并没有实际意义，只有针对特定的业务应用分析这些数据，使之转化成有用的结果，海量的数据才能发挥作用。数据是广泛可用的，所缺乏的是从数据中提取知识的能力。当前，对非结构化数据的分析仍缺乏快速、高效的手段，一方面是数据不断快速地产生、更新，一方面是大量的非结构化数据难以得到有效的分析。林业大数据的发展取决于从大量未开发的林业数据中提取价值。值被隐藏起来的数据量和价值被真正挖掘出来的数据量之间的差距巨大，产生了大数据鸿沟，对多种数据类型构成的异构数据集进行交叉分析的技术，是大数据的核心技术之一。此外，大数据的一类重要应用是利用海量的数据，通过运算分析事物的相关性，进而预测事物的发展。与只记录过去、关注状态、简单生成报表的传统数据不同，林业大数据不是静止不动的，而是不断地更新、流动，不只记录过去，更反映未来发展的趋势。过去，较少的数据量限制了发现问题的能力，而现在，随着林业数据的不断积累，通过简单的统计学方法就可能找到数据的相关性，找到事物发生的规律，指导人们的决策。

4. 数据展示。数据展示是将数据经过分析得到的结果以可见或可读形式输出，以方便用户获取相关信息。对于传统的结构化数据，可以采用数据值直接显示、数据表显示、各种统计图形显示等形式来表示数据，而大数据处理的非结构化数据，种类繁多，关系复杂，传统的显示方法通常难以表现，大量的数据表、繁乱的关系图可能使用户感到迷茫，甚至可能误导用户。利用计算机图形学和图像处理的可视计算技术成为大数据显示的重要手段之一，将数据转换成图形或图像，用三维形体来表示复杂的信息，直接对具有形体的信息进行操作，更加直观，方便用户分析结果。

5. 数据应用。大数据分析成果的应用服务具有多层次、受众广泛、应用多样化等特点，既包括全球、区域、国家、省、市、县、林场等不同层次，又有管理者、科学家、生产经营者、公众等不同受众，需要形式多样的应用服务方式，以利用大数据技术与知识服务模式来推动国家治理、政府治理与社会治理。因此，采取"互联网＋"的理念，充分利用云计算、移动互联网等信息技术，探索出适合我国林业大数据应用特点的服务模式，使用户以最便捷的方式获得林业大数据的服务，使林业大数据应用完美无缝地融合到林业业务中，构建一个以大数据知识服务为支撑、纵横协调、多元统一的现代林业管理新模式。

二、中国林业大数据发展思路

（一）基本思路

深入贯彻党中央、国务院关于信息化的系列决策部署，按照林业现代化建设总体要求，以解放和发展林业生产力为核心，以加快转变林业发展方式为主线，以深化改革和扩大开放为动力，着力推动林业信息资源的开放利用，提高社会服务能力，构建信息化发展长效机制，构筑人才支撑体系，推动林业生产要素的网络化共享、集约化整合、协作化开发和高效化利用，为林业现代化建设作出新贡献。

（二）基本原则

1. 坚持统分结合。在坚持"统一规划、统一标准、统一制式、统一平台、统一管理"基本原则的基础上，进一步明确国家林业局与各级林业主管部门的职责分工，充分发挥各层级、各方面的积极性和创造力，共同推进林业大数据建设。

2. 坚持以用促建。正确处理建设与应用的关系，加强林业大数据建设，深化林业大数据应用深度和广度，促进信息共享和业务协同，不断提升大数据服务水平,提升政府行为透明度和公信力。

3. 坚持协同共享。推动大数据与云计算、物联网、移动互联网等新一代信息技术融合发展,探索形成大数据与林业主体业务协同发展的新业态、新模式,大力推进林业数据资源协同共享。丰富面向公众开放和共享数据服务,提高政府服务和监管水平。

4. 坚持融合创新。营造和完善大数据技术和林业发展所需的政策环境、融资环境、创业环境以及公共服务体系,推动大数据技术与林业业务深度融合,突破大数据关键技术瓶颈,不断探索林业大数据创新发展理念和模式,实现林业大数据规模、质量和应用水平的同步提升。

5. 坚持安全有序。完善林业大数据标准规范和法律法规,增强安全意识,强化安全管理和防护,保障网络安全。建立科学有效的监管方式,促进有序发展,保护公平竞争,防止形成行业垄断和市场壁垒。

(三)发展目标

林业大数据是生态变迁的"收集器",是生态发展的"显示器",是生态治理的"指南针",是经济发展的"变速箱",可以为国家发展提供相匹配的动力转化和准确的咬合选择。应用大数据理念,对林业数据资源进行采集、处理、整合、分析,形成林业大数据发展体系和大数据感知、管理、分析与应用服务的新一代信息技术架构,解决数据融合发展、互动以及协调机制的难题,力争在2020年之前实现以下目标:

1. 实现林业数据资源整合共享。大数据背景下,林业资源数据的空间分布范围更广,时间尺度更为多变,时效性更强,数据量更大,处理速度更快,对海量林业数据资源进行采集、处理、整合、分析,将林业资源"聚沙成塔",形成林业大数据,为林业治理、生态文明建设等应用提供有力的数据支持,促进林业数据的开放共享。

2. 提高林业精准决策能力。充分利用大数据技术,通过重点工程实现林业业务创新应用模式设计,提高林业部门对生态治理的监测预警能力,简化生态治理过程中的行政流程,促进生态治理效果的动态跟踪和快速反馈,沉淀以大数据为支撑的综合评估、应急防治、全面监管等决策支持能力。

3. 实现生态智慧共治。充分运用大系统共治的建设思路,按照生态监测、生态修复治理、生态民生服务和生态应急处置等主题将数据汇聚,依据相关规则、原理、模型、算法进行知识化处理,开展林业大数据慧治设计,形成林业大数据慧治信息产品,为生态治理工程提供准确数据支撑,发展生态精准治理新格局。

4. 推动林业产业转型升级。通过林业大数据建设，能够提高林业产业发展预测、预警能力，实现对重点林产品的监测分析，林业行业重点企业和市场的动态监控，林产品市场产、销、存的预警、预报等功能，为制定林业产业发展和林业经济运行提供决策依据。

5. 形成林业信息技术自主创新体系。通过推动林业大数据发展研究，加强林业信息技术创新基地与创新体系能力建设，落实林业发展规划，组织实施林业信息化科技工程，依托国家和地方科技力量，形成一批国家和区域林业信息技术科学中心或科技创新基地，加快技术创新的条件设施建设，形成全国林业信息技术创新体系。

三、中国林业大数据重点任务

（一）中国林业大数据信息采集体系

林业大数据监测采集体系是生态变迁的"信息收集器"。通过自动监测与人工检测、连续监测与周期监测、常规监测与特定监测等多种并行方式，对林业生态系统、林业社会系统、林业经济系统的现状、发展与演化信息进行收集。采集来自林业生态系统和林业生产过程的一手数据，采集来自各类数据库和网站的林业数据、使用过程的信息数据。

林业大数据监测体系是更加多元化的数据采集方式，针对多样化、多态化、多渠道的林业生态信息、林业社会信息和林业经济信息，进行全面、全量、全态、全时空的采集、分类和存储，并为后期的评价、保护与决策等环节的顺利实施奠定基础。林业大数据监测采集体系以积累海量数据为主要目标，它将森林、湿地、荒漠和生物多样性等林业资源主体及其与之休戚相关的自然环境均纳入监测体系，并对林业的各种生产、经营、消费、娱乐等活动进行信息采集，实现林业生态、经济、社会数据的全面收集。林业信息资源主要指森林资源、湿地资源、荒漠资源、野生动植物资源等自然资源以及紧密附着在这些资源上生成的诸多林产品。林业信息资源形成周期长，在一定时期内是有限的，在经历了蒙昧时代的资源无限观和工业时代的资源有限观之后，人们面对林业资源的开发利用时将更加智能。

林业数据采集分两部分，一部分是在线监测实时数据，通过流计算方法和功能采集获取；另一部分是非实时数据，即批量数据，通过约定的接口方式获得。而结构化数据的整理入库，需要根据系统的实际数据库类型制订数据整合入库方法。一般可以有两种方法：第一种方法是先将原数据库中内容导出为通用格式，如 Excel 表，再将通用格式数据导入到数据库中。第二种方法是采用专业的数据整理工具进行数据整合入库。为了完成数据整合过程，需要针对数据库的数据结构、数据内容执行详细的数据整合方案，其中主要用到的是数据的 ETL 过程。

数据采集管理利用 ETL 工具实现，ETL 是数据的提取、转换和加载数据处理工具，利用 ETL 工具实现各业务的异构数据库系统格式的数据整合和集成，并针对具体的每个分系统编写具体的数据转换代码，来一起完成从原始数据采集、错误数据清理、异构数据整合、数据结构转换、数据转储和数据定期刷新的全部过程。通过从上述分析的多个数据源提取业务数据，清理数据，然后集成这些数据，并将它们装入林业大数据中心数据库中，为数据分析做好准备。

（二）中国林业大数据应用体系

林业大数据集合高分辨率遥感影像、历年全国森林资源清查数据、历年全国荒漠化和沙化土地监测数据、历年全国湿地资源调查结果、基础地理信息等多源数据，利用大数据技术进行分析破解生态文明建设难题。按照林业大数据发展思路、发展目标、推进策略，根据林业生产、管理、服务需求和国内外大数据技术的发展趋势，结合林业大数据发展基础和条件，研究提出林业大数据四大应用体系，包括生态安全监测评价体系、生态红线动态保护体系、"三个系统一个多样性"动态决策体系和林业应急服务体系。四大应用体系利用大数据挖掘技术实现从大量的、不完全的、有噪声的、模糊的、随机的实际林业应用数据中，提取隐含在其中的、人们事先不知道的、又是潜在有用的信息和知识的过程。

大数据挖掘涉及的技术方法很多，有多种分类法。根据挖掘任务可分为数据总结、分类、聚类、关联规则发现、序列模式发现、依赖模型发现、异常和趋势发现等；根据挖掘对象可分为关系数据库、面向对象数据库、空间数据库、时态数据库、文本数据源、多媒体数据库、异质数据库以及互联网；根据挖掘方法可分为机器学习方法、统计方法、神经网络方法和数据库方法。林业大数据四大应用体系将综合运用以上的数据挖掘方法，着重突破数据可视化分析、数据挖掘算法、预测性分析、数据质量和数据管理等方面的运用。

1. 生态安全监测评价体系。生态安全监测评价体系是生态发展的"本质显示器"，它通过对陆地生态系统进行分区，划分出不同生态系统的脆弱区域，并对其进行动态监控，掌握其生态安全状态与主要威胁因素，并利用大数据分析技术分析其发展趋势，提出对策建议。

生态安全监测评价体系以生态脆弱区为重点监控对象，通过对生态脆弱区本体与环境的动态监测，掌握其发展变迁规律，为突发安全事件的预测预报提供科学依据。由生态安全分区、重点生态区监控、生态环境评估和生态环境预测预报形成一个完整的生态安全监测体系。

2. 生态红线动态保护体系。生态红线，是生态环境安全的底线，它是指在自然生态服务功能、环境质量安全、自然资源利用等方面，需要实行严格保护的空间边界与管理限值，以维护国家和区域生态安全及经济社会可持续发展，保障人民群众健康。生态红线划定是指森林、湿地、沙区植被、物种等生态要素经过科学测算，能发挥其相应生态经济功效的最低限额，是维护生态安全，实现林业可持续发展的基础保障。

生态红线动态保护体系的数据采集及处理与生态安全监测评价体系相似，即要改变采集数据的态度，采集大量而杂乱无章的数据，采集的数据经过辨析、抽取、清洗等操作形成有效数据，利用大数据技术的分类、决策树技术等分析方法对生态红线落定、生态红线动平衡、生态红线管控提供有效的技术手段。

3. "三个系统一个多样性"动态决策体系。森林生态系统、湿地生态系统、荒漠生态系统、生物多样性是林业的重要内容，为实现林业的可持续发展，制定相应的发展目标与发展规划是一种常规的做法，但生态系统总是受到各种自然或人为因素的影响，当生态系统发生剧烈变化时，就需要对先前的规划作出调整。"三个系统一个多样性"动态决策体系针对林业的各种变迁，评估其资源、环境、功能等方面的变化，并提出相应的调整方案与措施，对实现林业可持续发展具有重要意义。体系分为林业发展规划、生态变迁评估和动态决策体系。

4. 林业应急服务体系。林业应急服务体系针对森林火灾、林业有害生物等各种林业突发事件，从指挥调度、应急管理、灾后评估等方面入手，实现对突发事件的快速应急指挥，利用大数据技术提高灾害应急快速反应能力和综合防控能力，减少灾害给国家和人民群众带来的损失，以保障国家和人民群众的生命和财产安全。

林业应急服务体系主要包括森林防火、林业有害生物防治、野生动物疫源疫病监测管理、沙尘暴防治和重大生态破坏事件应急管理。林业应急响应在宏观方面分为决策指挥、现场应对和外界援助三个层面，这之间以海量数据信息、高效计算能力和数据传输能力为基础，利用大数据技术实现信息有效沟通和机器预测预判，进而帮助指挥部门协调各方，进行现场处置和救援，与外界通过信息沟通提供援助，实现多元化协作的应急处置。在微观层面，林业部门需要在应急处置和业务连续性之间保持平衡。大数据基础上的决策支持系统将成为强大的信息管理系统，能够做到实时报告，而且操作简易，是能够同时集合多项关键指标的高效指挥决策辅助系统。在大数据决策支持系统支撑下，交通、医护、消防等管理部门，需要及时沟通，为突发事件的处置提供充足的物力资源、及时的导航信息等。

（三）中国林业数据开放共享服务体系

林业数据开放共享服务体系是林业与其他行业、林业与社会公众沟通的桥梁，是林业信息向社会发布的门户，对提高公众生态保护意识，实现"生态兴国"具有重要意义。构建林业数据开放共享服务体系，提供面向不同对象的林业相关信息，拓展林业受众，可以建立林业行业形象，促进行业间交流，形成稳定的咨询数据库，增加公众参与积极性，增加林业政务透明度，是推进我国林业发展的必要手段。

林业数据开放共享服务体系由政务数据发布和公众数据发布两个系统组成。政务数据发布主要包括政策法规、通知公告、年报公报、申请信息等政务信息的发布，公众数据发布主要包括林业行业动态、林业科技信息、林业产业信息、生态文化信息和林业生态服务信息等。

林业数据开放共享服务对象广泛，包括林业管理决策者、林业业务人员、林业经营管理单位、社会公众和其他政府部门。依据林业数据开放共享对象的不同，林业数据开放共享服务体系的服务形态可以多种多样，包括提供给政务管理、公众和林农的文本、影像、图表等都是林业数据开放共享的常用形态。林业数据开放共享服务体系的渠道广泛，主要包括互联网、政务网和涉密网。

（四）中国林业大数据技术体系

中国林业大数据技术体系按照统一标准、共建共享、互联互通的思路，以高端、集约、安全为目标，充分利用云计算、物联网、移动互联网、大数据等信息资源开发利用技术，实现全国林业信息资源透彻感知、互联互通、充分共享及深度计算，为林业大数据在全国范围内的发展应用打下坚实基础。

中国林业大数据技术体系采用的关键技术主要包括：并行计算技术、

流式计算技术、遥感技术、可视化技术、数据挖掘技术、分布式技术等。根据数据的生成方式和结构特点不同,将数据分析划分为7个关键技术领域,即结构化数据分析、物联感知数据分析、文本分析、Web分析、多媒体分析、社交网络分析与移动分析。网络部署设计从林业大数据项目的实际应用角度出发,以Hadoop大数据平台部署为核心,通过Hadoop体系的分布式文件系统(HDFS)、NoSQL数据库、MySQL数据库实现结构化数据、半结构化数据、非结构化数据的海量存储。林业大数据建设依托国家电子政务外网进行网络部署,以国家林业局为主中心,以各省级林业厅局为分中心部署数据采集、业务应用系统、数据共享及业务协同的服务器,并通过国家电子政务外网在纵向和横向上实现部门机构间的信息共享,面向公众提供社会服务。根据业务需要和业务管理特点,采用分布式存储方式,各级同步保留本地数据。

依托国家电子政务外网纵向上实现国家林业局与各省、市、县级林业部门的互联互通,横向上与生态相关部门(国土、环保、气象、农业等)进行数据交换共享与业务协同。同时,基于数据开放共享和安全机制,为社会公众提供数据服务,提高政府与公众的互动能力及政府信息公开的透明度。

林业大数据技术架构设计采用分层思路对建设任务进行分解,基于大数据存储系统和分布式计算框架之上的林业大数据中心,可以支持大规模异构数据采集、存储和分析,包括资源采集、大数据存储、数据挖掘分析、数据分析展现等内容。采用大数据与云计算技术,林业大数据建设将在云平台上搭建大数据框架,包括基础设施、数据采集、林业大数据平台以及分析处理与应用展示。

林业大数据建设的应用架构设计,主要包括林业大数据监测采集系统、生态安全监测评价系统、生态红线动态保护系统、"三个系统一个多样性"动态决策系统、林业应急服务系统以及林业数据开放共享服务系统。

第五节 智慧技术及其应用

一、人工智能

(一)主要应用

1. 问题求解。问题求解即解决管理活动中由于意外引起的非预期效应或与预期效应之间的偏差。能够求解难题的下棋(如国际象棋)程序的出现，是人工智能发展的一大成就。在下棋程序中应用的推理，如向前看几步，把困难的问题分成一些较容易的子问题等技术，逐渐发展成为搜索和问题归约这类人工智能的基本技术。搜索策略可分为无信息导引的盲目搜索和利用经验知识导引的启发式搜索，它决定着问题求解的推理步骤中，使用知识的优先关系。另一种问题求解程序，是把各种数学公式符号汇编在一起，其性能已达到非常高的水平，并正在被许多科学家和工程师所应用，甚至有些程序还能够用经验来改善其性能。例如，1993年美国发布的一个叫作MACSYMA的软件，它能够进行较复杂的数学公式符号运算。

2. 专家系统。专家系统(ES)是人工智能研究领域中另一重要分支，探讨一般的思维方法转入到运用专门知识求解专门问题，实现人工智能从理论研究向实际应用的重大突破。专家系统可看作一类具有专门知识的计算机智能程序系统，它能运用特定领域中专家提供的专门知识和经验，并采用人工智能中的推理技术来求解和模拟通常由专家才能解决的各种复杂问题。在近年来的专家系统或"知识工程"的研究中，已经出现了成功和有效应用人工智能技术的趋势，代表性的是用户与专家系统进行"咨询对话"，如同其与专家面对面对话一样：解释问题并建议进行某些试验，向专家系统询问以期得到有关解答等。当前的实验系统，在化学和地质数据分析、计算机系统结构、建筑工程以及医疗诊断等咨询任务方面，已达到很高的水平。一个基本的专家系统主要由知识库、数据库、推理机、解释机制、知识获取和用户界面六部分组成。

3. 机器翻译。机器翻译是利用计算机把一种自然语言转变成另一种自然语言的过程，用以完成这一过程的软件系统叫作机器翻译系统。目前，国内的机器翻译软件不下百种，大致可分为三大类：词典翻译类、汉化翻译类和专业翻译类。词典类翻译软件代表"金山词霸"，堪称是多快好省的电子词典，它可以迅速查询英文单词或词组的词义，并提供单词的发音。汉化翻译软件的典型代表"东方快车2000"，首先提出了"智能汉化"的概念，使翻译软件的辅助翻译作用更加明显。以"译星""雅信译霸"为代表的专业翻译系统，是面对专业或行业用户的翻译软件，但其专业翻译的质量与人们的实用性还有不少差距。在人类对"人脑是如何进行语言的模糊识别和判断"还未研究清楚等情况下，机器翻译要想达到100%的准确率是不可能的。

4. 模式识别。模式识别是指用计算机代替人类或帮助人类感知模式。

其主要的研究对象是计算机模式识别系统,也就是让计算机系统能够模拟人类通过感觉器官对外界产生的各种感知能力。较早的模式识别研究集中在对文字和二维图像的识别方面,并取得了不少成果。目前研究的热点是活动目标(如飞行器)的识别和分析,它是景物分析走向实用化研究的一个标志。各种语音识别装置相继出现,性能良好的能够识别单词的声音识别系统已进入实用阶段,一个重要的例子就是七国语言(英、日、意、韩、法、德、中)口语自动翻译系统。其中,中文部分的实验平台设立在中国科学院自动化所的模式识别国家重点实验室,这是口语翻译研究跨入世界领先水平的标志。该系统实现后,人们出国预定旅馆、购买机票、在餐馆对话和兑换外币时,只要利用电话网络和国际互联网,就可用手机、电话等与"老外"通话。

5. 机器人。斯皮尔伯格执导的《AI》里面给我们展示了一个人工智能世界,因为机器人已经有了人类的情感,与人类已经没有多少区别。然而现实中的机器人差得太远,但是各种各样的机器人确实成为人工智能发展的重大方向。1968 年至 1972 年间,美国斯坦福研究所研制了移动式机器人 Shakey,这是首台采用了人工智能学的移动机器人。Shakey 具备一定人工智能,能够自主进行感知、环境建模、行为规划并执行任务(如寻找木箱并将其推到指定位置)。随后智能机器人在日本、美国等迅猛地发展了起来。

(二)前景及展望

人工智能的诞生与发展是 20 世纪最伟大的科学成就之一,也是 21 世纪引领未来发展的主导学科之一。人工智能的发展方向,是力求使智能系统会分析、自适应,并作出自己的决策。就目前人工智能的研究和发展来看,主要包括两个重点发展方向:一是深入研究人类解决、分析、思考问题的技巧、策略等,建立切实可行的人工智能体系结构;二是研究适合智能控制系统的信号处理器、传感器和智能开发工具软件,使人工智能得到广泛的应用。

人工智能是一项跨学科应用研究,需要多学科提供基础支持,它将随着神经网络、大数据等的研究发展而不断发展。如今,人工智能相关领域的研究成果已被广泛应用于国民生活、工业生产、国防建设等各个领域。在信息网络和知识经济时代,人工智能技术正受到越来越广泛的重视,人工智能将迈入一个快速发展的时代,其功能、应用都将得到空前的发展,将更大程度上改变我们的生活、改变我们的世界。

(三)人工智能在林业行业的应用

人工智能在林业生产方面的应用主要是专家系统。专家系统是人工智能的一个分支，主要目的是要使计算机在各个领域中起人类专家的作用。专家系统由知识库(知识集合)、数据库(反映系统的内外状态)以及推理判断程序(规定选用知识的策略与方式)等部分为核心，一般由知识库、数据库、推理机、解释部分、知识获取部分五部分组成。专家系统的工作方式可简单地归结为：运用知识，进行推理。

林业专家系统是运用人工智能知识工程的知识表示、推理、知识获取等技术，总结和汇集林业领域的知识和技术，林业专家长期积累的大量宝贵经验，以及通过试验获得的各种资料数据及数学模型等，开发的各种林业"电脑专家"计算机软件系统。由于具有智能分析推理能力，独立的知识库增加和修改知识十分方便，开发工具使用户不必了解计算机程序语言，并有解释说明功能等优势，是通常的计算机程序系统难以比拟的。林业专家系统近20年来在世界各国迅速发展。基于林业生产的实际状况，林业专家系统的开发和应用具有以下特点：

1. 系统数据动态化。林业生产系统是由生态系统、经济系统和技术系统在特定的空间和时间上(四维特性)组合而成的复杂大系统，它是一个多因素、多层次、多目标、关系纵横交叉的复合系统。这一系统的复杂性、动态性、模糊性和不可确定性是其他专家系统无法比拟的。由于林产品生产的这一特性就要求专家系统中的基础数据不但是海量的，而且必须是动态的。如知识库、数据库、模型库必须要不断有新的知识、新数据、新技术来更新扩充支撑。

2. 系统功能集成化。林业生产影响因素繁多，时空差异和变异性大，生产稳定性和可控性差，随时可能遭受气候、气象、病虫害的侵袭，因此需要多领域专家系统共同合作。可集成系统模拟、地理信息系统、全球定位系统、决策支持系统等技术，以更有效地研究气候变化对林业的影响及林业环境保护等问题。

3. 系统技术综合化。现有的专家系统在建模中多利用简单的数学回归模型，这种模型一般只考虑部分因素，林业生态研究需要解决的问题往往是多个因素的共同作用，因此建模时应考虑多因素的影响。目前，人工神经网络、模糊数学、随机模拟等多种技术的研究日趋成熟，将这些技术用于专家系统必然会增加其处理功能。尤其是在解决一些复杂问题时，人类专家有时很难准确表达自己的想法，或者很难找出其规律，利用这些技术可以帮助知识工程师解决问题。

4. 系统应用网络化。网络技术无疑可以弥补我国林业的分散与闭塞的弱势。光纤化和宽带化的国家网络建设，为林业专家系统应用网络化提供了良好的硬件条件。因此，未来林业专家系统在设计阶段首先要考虑网络化、数据共享问题。能够成功地在网上运行的系统才真正具有强大的生命力和实用性，符合林业生产与管理的要求。

二、VR 和 AR

(一) VR

1. VR 简介。VR 是 Virtual Reality 的简称，字面解释为虚拟现实，是指借助计算机系统以及传感器技术生成一个三维环境，创作出一种崭新的人机交互状态，通过调动用户的所有感官（视觉、听觉、触觉、嗅觉等），带来更加真实的、身临其境的体验。VR 在 20 世纪 60 年代被首次提出，其核心是创造的内容虚拟逼真，让人参与其中，产生沉浸感，达到一种进入其他时空的感觉。随着计算机技术，特别是计算机图形学和人机交互技术的发展，人们在模拟现实世界道路上达到了新境界。VR 可谓是创造了一个 100% 真实的封闭虚拟平台，比如 VR 头盔，通过切断你的视觉输入现实世界的路径，将你带入创造的虚拟的三维空间，打造"完全在场"的错觉。

VR 要达到的目标是以计算机技术为核心，结合相关科学技术，生成与一定范围真实世界在视、听、触感等方面高度近似的数字化环境，用户借助必要的装备与数字化环境中的对象进行交互作用，相互影响，从而产生亲临相应真实环境的感受和体验。例如，人们可以在虚拟战场环境中进行军事训练，在虚拟人体上进行手术训练和手术规划，可乘虚拟光速航天器在虚拟太空漫游。3I（Immersion，Interaction，Imagination），即沉浸感、交互性和构想性，是 VR 的基本特征。

2. 国外发展。VR 技术萌芽于美国早期的飞行模拟器、立体电影、头盔式立体显示等，20 世纪 60 年代初出现了 VR 概念。从 20 世纪 70 年代起，美国 NSF（美国国家科学基金会）、DARPA（美国国防部先进研究项目局）等部门对虚拟现实的相关研究进行了持续资助，并在军事、航空航天等领域开展了应用。美国工程院于 2008 年将虚拟现实列为 21 世纪人类面临的 14 个重大工程挑战问题之一。日本政府 2007 年发布《日本创新战略 2025》，规划了重点发展的 18 个科技方向，虚拟现实是其中之一。

3. 国内发展。20 世纪 90 年代初，我国的一些大学和科研院所，如北京航空航天大学、浙江大学、北京理工大学、北京大学、清华大学、中国科学院等在科技部、国家自然科学基金委员会及相关部门的资助下先后开启了对 VR 技术的研究。

2006 年,《国家中长期科学和技术发展规划纲要(2006—2020 年)》将 VR 列为信息技术领域优先支持的三项前沿技术之一。科技部在"十一五""十二五"分别设置了虚拟现实技术专题和虚拟现实与数字媒体主题。通过国家 863、973 计划项目对虚拟现实研究给予经费支持,并在军事、航空等领域进行了应用。2007 年,科技部在北京航空航天大学建立了专门从事 VR 研究的"虚拟现实技术与系统国家重点实验室"。国家自然科学基金委员会于 2011 年批准了由北京航空航天大学牵头,联合协和医院等多家单位共同承担的重大基金项目"可交互数字人体器官与虚拟手术研究"。2015 年,国家标准委员会正式设立了虚拟现实/增强现实方面的标准化分委员会。科技部"十三五"规划在"云计算与大数据"重点研发任务中,也设置了自然交互与虚拟现实的研究方向,拟对虚拟现实研究继续给予支持。

经过 20 多年的发展,我国已经形成了一些从事 VR 理论和技术研究的基地,拥有了一批从事 VR 研发的科技人才队伍,特别是涌现出一批 VR 研发产业的上市公司,如易尚展示、歌尔声学、川大智胜等。我国的 VR 科研水平逐步逼近美国等发达国家,并取得了一些典型应用成果。

(二) AR

1. AR 简介。AR 是增强现实(Augmented Reality)的简称,是在 VR 的基础上发展起来的新技术,也被称为混合现实。AR 是通过计算机系统提供的信息增加用户对现实世界感知的技术,将虚拟的信息应用到真实世界,并将计算机生成的虚拟物体、场景或系统提示信息叠加到真实场景中,从而实现对现实的增强。

更通俗一点的说法是,它是一种全新的人机交互技术,利用摄像头、传感器、实时计算和匹配技术,将真实的环境和虚拟的物体实时地叠加到同一个画面或空间而同时存在。用户可以通过虚拟现实系统感受到在客观物理世界中所经历的"身临其境"的逼真性,还能突破空间、时间以及其他客观限制,感受到在真实世界中无法亲身经历的体验。

AR 由 1990 年提出,是一种将真实世界信息和虚拟世界信息"无缝"集成的新技术,是把原本在现实世界的一定时间、空间范围内很难体验到的实体信息(视觉信息、声音、味道、触觉等),通过计算机等科学技术,模拟仿真后再叠加,将虚拟的信息应用到真实世界,被人类感官所感知,从而达到超越现实的感官体验。真实的环境和虚拟的物体实时地叠加到了同一个画面或空间同时存在。

2. 应用领域。前不久,一只以类似 3D 全息投影形式呈现的小北极熊火遍了全网,在这只萌熊背后,酷炫的 AR 技术也再次被热议,该技术其实很早就在国外被广泛运用,而国内,2008 年就将其运用于儿童教育、游戏和营销等领域。类似于小熊的 AR 技术的应用都符合一个基本的套路,就是通过先进的 AR 技术让平面图片或卡牌"立体动起来"。用户只需要下载相应的专用软件,使用移动设备扫描 AR 卡,即可出现角色的立体图像。AR 技术可广泛应用到军事、医疗、建筑、教育、工程、影视、娱乐等领域。最早,它被应用于在教育领域,跟传统纸质图书不同的是,用户通过手机或者平板电脑下载软件,就可以体验更具真实感的立体三维动画和互动科学游戏,这样不仅增强使用的趣味性和交互性,还能给儿童带来全新阅读体验。

业界预测,2017 年全球 AR 销量将达到 12 亿美元,而到了 2020 年,全球 AR 市场将增长到 900 亿美元。其中一半来自 AR 硬件销量,剩下的来自零售、企业和游戏领域。美国 60%～70% 的消费者尝到了 AR 给工作带来的帮助,69% 的消费者认为 AR 技术帮助他们学习到了新技能。

(三)VR 与 AR 的应用

1. 知识学习。是指学生利用虚拟现实系统学习各种知识。它的应用有两个方面:一是为学生提供生动、逼真的感性学习材料,帮助学生解决学习中的知识难点。例如,可以利用 VR 技术,向学生展示生态系统的变化及其对周边环境的影响,解决教学难点。二是使抽象的概念、理论直观化、形象化,方便学生对抽象概念的理解。

2. 探索学习。是指通过 VR 技术对学生在学习过程中所提出的各种假设进行模拟,直接观察到这一假设所产生的结果或效果。这有利于激发学生的创造性思维,培养学生的创新能力。例如,利用 VR 技术,学生可以进行温室效应的探索学习,从而分析城市建设对周边环境以及园林绿地和水体对城市小气候的影响。

3. 实验实训。是指利用 VR 技术建立数字森林,进而方便地创建各种虚拟实验室,方便师生实验实训。VR 的沉浸性和交互性,使学生能够在虚拟的学习环境中扮演一个角色,全身心地投入到学习环境中去。例如,在虚拟的园林起重机训练系统中,学员可以反复操作仿真控制设备,练习在各种环境下操作园林起重机的驾驶、起吊和准确落点等,达到熟练掌握相关技能的目的。而虚拟修剪系统也可以低成本地模拟修剪,掌握各类植物修剪的关键,并可直观地评价修剪后的效果。

4. 研究创新。VR 的魅力不仅仅在于实时、交互式三维,还在于它在此基础上提供了其他传统表现方式无法比拟的、崭新的信息交流界面。其优越性突出表现在两个方面:一是科学准确。由于 VR 系统是综合性极强的高新信息技术,它功能强大的应用程序接口可导入有关复杂系统模型进行分析,因而可为研究者提供全局、客观的见解,使信息分析更加科学化、真实化、准确化。二是系统化。通过"资料互联"环境,将 VR 系统中的模型跟其他数码媒介信息诸如文字、音响、画面、平面图、立体模型和3D 动画等进行资料互联,使得 VR 中的某一特定画面能够包含关键性信息,使参与者或观众能得到相关系统信息,便于进一步的研究和探讨。

5. 林业博物馆。林业博物馆可以应用 VR 技术、AR 技术,全景展现林业博物馆的全部信息,极大丰富用户的感官体验。参观者带上头戴式头盔显示器进入林业博物馆,可在展厅任意漫游,通过虚拟互动技术,与展品实时互动,近距离全方位参观展品模型、展板、展台以及主题橱窗。林业 VR 博物馆突破传统林业博物馆在展馆建设、展品保存、访问用户等方面的局限,打破了时间、空间的限制,为参观者带来酷炫的知识获取体验。通过技术力量的革新,不断提升信息传播效率,让林业文化得以快速共享,广泛传播。

林业 VR 博物馆可以建设各种林业展厅,如湿地文化展区、湿地与人类、中国湿地、湿地与中国可持续发展、中国湿地保护行动等展厅。在实际生活中建设湿地博物馆对场馆环境要求非常高,而且后期维护的任务也很艰巨。而 VR 博物馆只需前期进行实地拍摄并制作后,即可逼真地展现出实体博物馆可以展现出的所有效果,参观者甚至可以进入湿地,清晰地观赏每一株植物,获得与众不同的体验。

三、可穿戴设备

(一)基本概念

业界对于可穿戴设备并没有严谨、统一的定义。可穿戴设备形态可以有很多种,可以是手表,也可以是眼镜,电脑形态位列其中。维基百科对穿戴式设备解释为可穿戴于身上出外进行活动的微型电子设备,它由轻巧的装置构成,利用手表类小机械电子零件组成,达成像头戴式显示器(HMD)一般,使得其更具便携性。也就是说,设备需要满足佩戴(与传统配饰相融合)的形态、具备独立的计算能力以及拥有专用的应用程序和功能,才能够划归至可穿戴设备行列,三者缺一不可。

(二)最新应用

1. 糖尿病监测智能袜。健康公司 Siren Care 推出了一款利用温度传感器监测足部炎症反应的智能袜子,来帮助糖尿病患者尽早发现足部问题。1 型和 2 型的糖尿病患者都有足部肿胀的发病倾向,加上其他并发的足部疾病,此类病人很可能因为没有及时治疗而引发严重的足部伤害,甚至需要截肢。而 Siren Care 则通过在袜子上内置温度传感器,来解决这个难题。如果患者足部某一区域的温度异常升高,那么该袜子就会判断是否发生了局部炎症反应。这种智能袜单次使用可以维持 6 个月的续航,这得益于其自动休眠机制,当你穿上袜子时,它才会进行工作,否则它将会进入休眠模式。它也具有防水性能,可支持机洗。智能纺织物技术还可以内置更多的传感器与电极,包括湿度、压力、光传感器,以及 LED、RFID、MCU(微程序控制器)等设备。

2. 手表监测夹片。日内瓦的钟表匠康斯登发明了一种智能手表监测夹片,能通过手机 APP 告诉用户手表的性能表现。精度是手表健康的一个重要指标,因为手表的摆轮会随着微应力的作用而磨损,进而影响计时精度。而且,手表内部的润滑剂也会随着时间的推移而被氧化,需要定期更换。因此,高端手表就和汽车一样,需要定期检查,时间精度的测量就显得尤为重要。手表摆轮的震动会发出一定频率的声响,如果摆轮的角度发生偏移,那么其频率也会随之改变。康斯登通过这个原理,制造了一个内置高精度的麦克风的夹子,夹在手表后就能捕获这种频率的变化。所有监测的数据会以音频波形图的形式直观地向用户显示,而且这些数据还能被储存在云端达数月甚至数年之久,方便用户知道手表是否需要维修。

3. 微软全息传送。微软研发的 Holoportation 虚拟成像传输技术是全息和混合现实技术的结合,能够将一个人的形象以全息、3D 的方式实时传输到另一个地方。如小明在 A 地,Holoportation 技术可以实时将他的形象传输到 B 地。但它不是像全息技术那样投影到空气中,而是需要使用微软 Hololens 等设备来观看 3D 图像。Holoportation 的应用范围很广,即使是在一辆有强 WiFi 覆盖的车内也能够使用,因为它只需要 30~50Mbps 带宽。通过提供真正的、3D 实时全息图像,让远程沟通更加私人化。

4. 仿生可穿戴设备。美国斯坦福大学研究人员研制出一种可用于制作晶体管的可自愈弹性聚合物,实现了复杂有机电子表面模仿人类皮肤,是仿生学发展的一座里程碑，为新一代可穿戴设备开辟了新道路。研究人员通过将刚性半导体聚合物与柔性材料结合，制作出了像人体皮肤一样可以拉伸、形成褶皱、自我愈合的半导体，能够用于可穿戴设备、电子皮肤乃至柔性机器人。这种新的聚合物在拉伸到原来尺寸的两倍以后，仍然保持原有的导电性能，与非晶硅的导电性能一致。

5. 石墨烯智能服装。石墨烯因其发现者在2010年获得诺贝尔奖，才被公众广泛熟知。它是从石墨材料中剥离出来、由碳原子组成的只有一层原子厚度的二维晶体。材料非常轻薄，只有0.3纳米，坚硬程度却是钢铁的200倍，还具备导热导电、结实和透明的特点，外号是"黑金"和"新材料之王"。将石墨烯与纺织物结合起来，用物理和化学方式改变石墨烯内部结构，配比分散液，用浆料和纤维进行织布。外观上，石墨烯布料更加柔软可弯曲，性能上可水洗，最重要的是它利用超强的导电导热性能作为智能服装的发热材料，并可为人体提供红外理疗功能。石墨烯服装还很"聪明"。把石墨烯压力传感器和心率传感器应用到服饰中，可以采集人体的心率、血氧等健康数据，衣服和手机之间通过蓝牙连接，通过对这些数据进行分析，消费者无需佩戴其他智能穿戴产品，就能掌握自身的健康状态。

（三）可穿戴设备在林业行业的应用

可穿戴设备可广泛用于野生动物的保护，不仅能够监测某个动物的位置、生活状态，还能了解它们的生活习性，甚至预测它们的生存和繁衍情况。

1. 候鸟环志。给候鸟佩戴环志以研究其迁徙规律、生活习性等的应用已比较成熟且广泛。通常给鸟类身体上捆绑一个ID环和地理定位器，用来追踪它们的迁移信息，并随时了解它们的身体状况，研究其生活习性。

2. 动物项圈。与候鸟环志类似，研究人员给斑马、猎豹、大象等大型哺乳动物佩戴追踪项圈，对其迁移习性和生存状况做系统研究。这些项圈配置了GPS追踪器，再借助卫星，即时向科学家发送动物的地理位置信息。此外，这些项圈还配置了温度和运动传感器。

3. 内置芯片。科学家在蛇类等动物体内"植入"无线标签和微型芯片，进行动态研究。这种传感器在植入前，需要做一些特殊处理，以确保在动物体内不会自动对其做"排斥"。例如，将芯片植入到牛的瘤胃（反刍动物的第一胃）中，用来测量牛饮水量、体温变化，以及预测疾病等。

4. 智慧旅游。森林公园和自然保护区可以利用可穿戴设备手环将旅游服务与手环捆绑在一起。手环内置蓝牙和 RF 技术,通过链接手机显示目前所在位置以及详细介绍。游客利用可穿戴设备,即可获得主要动植物的详细信息,通过听讲解、实地观察来获取知识信息。迪士尼乐园为了提升游客的游园体验,开发了一款名为 MagicBand 的智能手环。MagicBand 采用了最新的嵌入式无线射频与蓝牙技术,操作简洁,佩戴上魔力腕带便可以通过彩色的橡胶查看到具体的景点。此外,这款智能手环还能够缓解焦虑感,提升游园乐趣。这款智能手环还可以用来保留游客在迪士尼乐园的行程,并且可以快速通过入口,甚至还可以当作迪士尼酒店的房门钥匙。更为重要的是,MagicBand 可以记录游客的个人偏好,甚至希望在未来还能够模仿迪士尼动画片中的人物与游客进行对话,尽可能地增添行程中的乐趣。此外,当游客在迪士尼乐园内的餐厅用餐时,可以直接通过 MagicBand 内记录的饮食偏好自动点餐,让游客可以方便快捷地享受 VIP 服务。

四、无人机

(一)概述

无人机是一种由无线电遥控设备或自身程序控制装置操纵的无人驾驶飞行器。它最早出现于 20 世纪 20 年代,当时作为训练用的靶机使用。随着计算机技术、自动控制技术、数字通信技术、数码相机技术、3S 技术等的发展,目前,无人机上加载 GPS、数码相机等设备后,广泛应用在航空摄影测量、地球物理勘探、灾情监测、土地利用调查、海岸缉私、毒品种植调查等民用领域,发挥着重要作用。

无人机摄影测量技术,以获取高分辨率数字影像为应用目标,以自动驾驶飞机为飞行平台,以高分辨率数码相机为传感器,通过 3S 技术在系统中的集成应用,最终获取小面积、真彩色、大比例尺、现时性强的航测遥感数据。无人机航空摄影测量系统具有"三高一低"的重要特性(高机动性、高分辨率、高度集成、低成本),机动性强,作业简便,可以在云层下实施航拍,可快速获取成果数据。

用于航空摄影的无人机系统组成主要包括:机身、机翼、起飞降落架;发动机及螺旋桨;油箱;机上飞行控制系统;通信天线(地面);机载 GPS 及天线;地面控制导航和监控系统(笔记本电脑+软件系统);人工控制飞行遥控器;数码相机;地面供电设备;降落伞(装在无人机上应急用)。

无人机摄影平台的控制软件包括航线规划软件、质量控制软件。航线规划软件的作用是根据测区范围、航向旁向重叠要求等参数自动完成航线规划方案，实现无人机摄影平台的自主飞行与实时控制；质量控制软件的作用是现场完成对航摄质量的控制，对不合格的航片进行现场补飞，保证航摄质量现场通过验收。

（二）发展现状

随着近年来各类型无人机产品的"井喷式"出现，其应用范围正从航拍迅速向快递等领域扩围，在公安反恐、群体性安保、边防巡逻、消防、空中侦查、森林防火、海事、房地产、地质测绘等领域得到了极大的应用和推广。业内对无人机的发展前景十分看好，预计到2025年，内地无人机市场总规模将达到750亿元人民币，航拍、农林、安防等将成为无人机应用的热门领域。

我国无人机产业处于国际领先水平，无论是在技术上，还是在销量上，都略胜一筹，并且不断占据市场主导地位，我国也成为民用消费型无人机领域成长最为快速的市场。依赖于我国在民用小型无人机硬件上的成本优势和技术上的先发优势，以大疆创新、零度智控、亿航科技等国产无人机厂商为代表的国内消费级无人机企业近年来不断向外扩张，在企业规模与技术创新上已远超国外企业。

借助于国内完善的电子元器件供应链，国内无人机企业能够以较低的成本生产和销售产品。国内诸如大疆、零度智控等这样的企业大都发源于高校及军事院所，在技术上具有较多的储备。加上国内企业相关软件和算法技术的储备，企业获得了先发优势，在技术上领先国外企业，迅速在全球无人机市场占据先发优势。

当前无人机在我国虽然火热，但同时面临技术障碍难突破、政策标准不完善、存在安全隐患等挑战。2016年以来，伴随着无人机技术逐渐成熟和行业门槛的降低，更多厂商不断涌入，不仅加剧了市场竞争，同时也加强了产品的丰富性，无人机应用场景正在不断丰富。

（三）无人机在林业行业的应用

1. 林业巡查。无人机巡查系统指利用无人机搭载可见光、红外等检测设备，完成林木巡查任务的作业系统。除正常巡查和特殊巡查，还可将无人机应用在灾后巡查。当灾害导致道路受阻、人员无法巡查时，飞行器无人机可以发挥替代作用，且视角更广，能避免"盲点"提高了灾害应急的速度和效率，比人工巡查效率高出40倍。林业资源调查和规划中，在一些地理条件复杂、人力无法涉及的区域，也可以运用无人机替代人力进行调查作业。无人机的测绘系统有很多优点,包括实时性、成本低、响应快、灵活度高等特点。和普通的航空遥感与卫星遥感相比,优势更加明显,它可以在低空取得光学图像、地形图像,是其他测绘和监测方式不能取代的。

2. 森林防火。我国森林资源较为贫乏,如何解决森林防火的问题,成为林业工作的重中之重。目前,国外森林防火中应用了较多的新技术和新设备,国内在此方面的应用需求也日益增加,对森林保护的投入逐渐加大,先后运用卫星进行资源普查、森林火场监视,而使用无人机系统对森林火情监测则还是初始阶段。无人机中低空监测系统具有机动快速、使用成本低、维护操作简单等技术特点,具有对地快速实时巡察监测能力,是一种新型的中低空实时电视成像和红外成像快速获取系统。其在对车、人无法到达地带的资源环境监测、森林火灾监测及救援指挥等方面具有其独特的优势。无人机重点解决在地面巡护无法顾及的偏远地区发生林火的早期发现及对重大森林火灾现场的各种动态信息的准确把握和及时了解,也可以解决飞机巡护无法夜航、烟雾造成能见度降低无法飞行等问题。同时,无人机系统也可用于人工增雨,其使用简便,机动性好,便于投放,又没有人员安全的风险,因此特别适合森林防火作业中的人工增雨。

3. 林业有害生物防治。湖南省森防总站与中航集团共同研发"固定翼无人机林业有害生物航空勾绘系统",成功用于松材线虫病等林业有害生物防治。与传统林业航空电子勾绘相比,该系统具备多项创新优势。一是飞行成本低,每公顷飞行仅需1.5元。二是安全性能高,即使飞机失事也不会造成飞行员与森林次生灾难。三是精准度高,能实时传输枯立木位置坐标及影像。四是设备操作简便、易上手,普通技术人员培训15~30天即可操作飞行。五是对起降点无太高要求,不需机场等大型基础设施。六是兼容性好,信息收集、处理和分析的能力强。

4. 野生动物保护。无人机是GPS、地理信息系统、数字图像传输技术、红外热成像和航空飞行等技术综合应用于野生动物监测、科研、动物生态环境保护的高新技术产品。该系统避免了原始人工巡查的局限,大大减少了监测巡护设备的成本。在监控保护野生动物的同时,还可以对林业资源、生态环境、森林防火、森林病虫害防治等进行有效监控。在取证调查、预警震慑、协同跟踪等方面都收到很好的效果。在机体上安装3~4个摄像子系统,对目标区域进行各个角度、高密度的拍摄是野生动物监测无人机的标准系统配置。在野生动物重点活动区域进行无人机高密度的扫描拍摄,准确掌握野生动物的资源现状、野生动物数量和栖息地状况。另外,在无人机上同时搭载 DV 和红外探测设备,实现昼间录像和夜间拍摄的功能。无人机的飞行高度和拍摄角度均由地面软件站直观控制,它不仅适用于以濒危物种监测为主要目标的物种监测,同时也是野生动物的栖息环境、饲养状况、贸易状况等进行监测的"千里眼",兼有探测自然灾害状况、取证乱捕乱猎、野生动物保护区的放牧、挖药、盗猎管理等功能。

利用无人机进行野生动物保护监测具有诸多优势,包括:免去了安装摄像头监视系统的麻烦,使用便捷,成本较低,补充摄像监控的扫描盲区;可以捕捉细微多角度的画面,为动物学家提供最真实的一手资料;可大范围巡查,信息反馈迅速及时,快速转移;避免人工巡查局限,减少巡护成本。西北濒危动物研究所利用无人机完成了"青藏铁路野生动物通道对藏羚羊等高原有蹄类动物有效性监测研究"项目,在自然环境极为艰苦和监测设备有限的条件下取得了图片和影视资料,全面反映了青藏铁路野生动物通道的利用情况及沿线野生动物的栖息状况。

延伸阅读

1. 涂子沛. 大数据. 南宁:广西师范大学出版社,2013.
2. 吴军. 智能时代. 北京:中信出版社,2016.
3. 李世东. 中国林业大数据. 北京:中国林业出版社,2016.
4. 李世东. 中国林业物联网. 北京:中国林业出版社,2017.
5. 李世东. 中国林业移动互联网. 北京:中国林业出版社,2017.
6. 杨青峰. 信息化 2.0 +:云计算时代的信息化体系. 北京:电子工业出版社,2013.

第四章

网站建设

第一节 政府网站概述

政府网站是政府信息化和电子政务发展到一定时期的必然产物,是政府信息发布的重要平台,提供在线服务的主要窗口,进行互动交流的重要渠道,推进数据开放的主要途径,传播特色文化的权威载体。发展政府网站,牢固树立以社会和公众为中心的理念,有利于促进政府及其部门依法行政,提高社会管理和公共服务水平,保障公众知情权、参与权和监督权,把政府网站真正办成政务公开的重要窗口和建设服务政府、效能政府的重要平台。

一、基本概念

(一)基本内涵

政府网站是指各级人民政府及其部门在互联网上建立的履行职能、面向社会提供服务的官方网站,是信息化条件下政府密切联系人民群众的重要桥梁,也是网络时代政府履行职责的重要平台。依托政府网站,政府可以超越时空界限,全方位地向公众提供规范统一、公开透明的政府管理和服务。

相对于实体政府而言,政府网站是开放的虚拟政府。政府网站的建设与发展以政府信息公开、政府组织与流程的重组和再造为基础和前提,其核心内涵就是运用网络信息技术打破政府部门之间的实体组织界限,消除政府和公众之间的时空距离,实现政府的高效公开运作。一方面,通过政府网站,服务对象可直接获取所需信息、服务;另一方面,通过网站,政府可与各类社会主体可进行直接的沟通交流,并根据公众的具体内容需求与形式需求，提供相关服务。

(二)建设主体

履行国家行政职能的机关是政府网站的建设主体。因此，国家行政机关、由国家法律授权或行政机关委托行使行政管理职能的各类组织都是政府网站的建设主体。

(三)服务对象

政府网站是政府基于互联网提供各类服务的窗口，服务对象均可通过访问政府网站获取相关服务。通常来说，政府网站的服务对象包括一般公众、企事业单位和各类社会组织、政府机关与国际机构及其工作人员。

(四)种类划分

根据不同的标准，政府网站有不同的分类。根据建设主体之间的所属关系，政府网站可分为门户网站、部门网站；根据其主要功能，政府网站可分为政府信息公开型网站、政务服务型网站、特色专业型网站；根据政府行政层级，政府网站分为中央政府门户网站及其所属部门网站；省级政府门户网站及其所属部门网站，地(市)级政府门户网站及其所属部门网站，县(市)级政府门户网站及其所属部门网站。目前比较常用、公众也比较容易理解的分类方式是根据建设主体之间的所属关系进行的政府网站分类。

(五)门户网站

政府门户网站通常是由一级政府或行业主管部门建立起来的跨部门、跨地区的综合政务平台，具备一级域名。政府门户网站一般除了提供本级政府或行业的信息发布、在线服务、互动交流和文化展示外，还连接内设机构、所属单位或行业各级主管部门网站。政府门户网站主要有行业垂直和横向区域两种类型。

行业垂直类政府门户网站是指某一行业由国务院部门垂直管理或者业务指导，由国务院主管部门建设该行业政府门户网站，提供政务服务。同时，提供所属部门(下级政府)或下属机构的名称与网址，门户网站并不直接处理各部门或下属机构的业务，而是一个连接所有部门网站或下属机构网站前台的搜索引擎，使公众能迅速便捷地找到所需网站。

横向区域类政府门户网站是指某一级人民政府网站(县级以上)，不仅提供所属部门或下属机构的名称与网址，同时还具有业务处理功能。这种模式中又有两种表现形式：其一，只受理需要所属部门或下属机构联合办理的业务，其他各部门的业务要到各部门网站中自行办理。其二，通过门户网站直接进入业务办理程序,公众不必知道需与哪个部门或机构打交道,这是目前政府门户网站较为理想的工作状态,也是政府"一站式"服务的虚拟形式。

(六)部门网站

相对于政府门户网站而言,部门网站是政府所属部门或下级政府建立或拥有的网站,一般拥有基于主站一级域名的二级域名,少数有一级域名。部门网站(子站)的基本特点是重点提供与本部门或本级政府有关的信息,仅处理部门或本级政府职权范围内的业务,最终实现政府业务"一站式"服务。同时,与上级门户网站链接关系有两种:一种是直接在上级门户网站统一平台建设的,直接以二级域名链接,此类网站为部门网站(子站)主要存在形式;另一种是单独建设网站,拥有独立域名,直接链接在门户网站上,但是按照政府网站集约性建设要求,这种链接呈现出逐渐减少态势。

二、主要功能

政府网站的功能主要有信息公开、在线办事、互动交流、数据开放、文化传播等,其中"信息公开、在线办事和互动交流"是我国政府网站服务功能构成的基本要素。这三大功能既是一切政府网站工作的出发点和落脚点,也是我国政府网站建设的基本要求和评价政府绩效的理论基础。

(一)信息公开功能

政府掌握着大量的有价值的信息资源,也承担着信息资源的宏观管理职能和具体服务任务,有责任、有义务实时发布必要信息,以满足社会公众的知情权,更好地为社会公众服务。有鉴于此,信息发布功能以政府主动公开信息为主要模式,相应设置本地概况、机构职责、法律法规、政务动态、政务公开、政府建设、专题专栏、政策解读、公益信息等栏目。这些栏目可进一步细化,如政务公开可划分为政府信息公开目录、政府信息公开指南、政府文件、政府公报、政府会议、政府公告、领导指示、统计信息、政府采购、依申请公开等子栏目。

(二)在线办事功能

在线办事是门户网站最重要的功能,也是推行电子政务的根本目的所在。在传统的政府治理模式下,社会公众对政府提供的公共服务常常处于一种被动状态,根本没有选择余地,而门户网站建设可从根本上扭转这种局面。政府门户网站面向公众开展在线办事,经历了从初级、中级再到高级三个阶段。这与政府职能转变的程度、各职能部门信息化的水平、门户网站办事平台的能力等息息相关。在初级阶段，政府机关一般从办事指南入手，将办事内容、依据、要求、流程以及需要注意的问题等对外发布。在中级阶段，政府机关一般是将用户需要填写的表格放到网上，用户将表格下载后填写好，再带着打印好的表格到有关部门办理。在高级阶段，用户进入门户网站后，可以直接在网上填写表格，提出申请，提交相关材料并上传到指定地址，相关部门在规定期限内办理结果将按照用户选择的方式在网上公布或以电子邮件形式回复给用户。由于用户提交的数据直接以数字形式进入政府机关的办公网络，所以，数据可为政府多个部门和工作人员所共享。如果所办理事项涉及多个政府部门，且工作不存在因果关系，还可并行处理。这样既缩短了办事时限，也可减少部门间扯皮现象发生，有助于政府的廉政建设。只有真正实现了在线办事的政府才能称得上是实现了电子政务，也只有提供了在线办事功能的门户网站才能算得上实现了政府与公众的实时互动。

（三）互动交流功能

门户网站不仅是反映社情民意的平台，也是公众建言献策的窗口和民主参政的渠道。政府应将互动交流功能作为网站建设的重点内容予以强化，可以相应设置网上信访、首长信箱、网上听证、网上举报、网上调查、建议提案、民意征集、政务论坛等专题栏目，以充分发挥网络的潜力和优势，强化网上监督功能，进一步扩大网上公众参与的范围，推进社会民主化进程。这样既有利于公众监督政府行为，又有利于培养公众的主人翁意识和参与热情，能帮助政府提高工作的科学性。同时，对于公众通过政府网站参与的任何形式的活动，政府都应建立相应的工作机制，及时作出回应或解答，以促进公民参与功能的健康发展。

（四）数据开放功能

国务院印发《促进大数据发展行动纲要》中明确提出，在开放前提下加强安全和隐私保护，在数据开放的思路上增量先行，要求在2018年年底前建成国家统一的数据开放平台。政府网站作为各级政府的网上门户，也是数据开放平台。各级政府及其部门基于自身业务职能和数据特点，按照主题、格式、区域等维度，在依法加强安全保障和隐私保护的前提下，稳步推进公共数据资源开放，向社会公众提供数据服务。

（五）文化传播功能

文化的传承不仅要公众参与，更多的时候需要政府引导和传播。政府网站作为官方门户，除了具备基本的"信息发布、在线办事、互动交流"功能以外，还应作为展示该国、区域或者行业特色典型文化的窗口。网络传播聚合了报纸、电视、广播等传统大众媒体的所有传播功能，并基于强大的数字化技术实现了很多传统媒体所无法完成的传播功能，政府网站应利用这种天然优势，传递文化信息，传播特色文化，传承文化精神。文化展示内容应当选取最具代表性的内容优先展示，如人文、风俗、特色文化、文艺作品等，让公众能够在最短时间内简要了解到当地的特色文化。

三、主要特点

政府网站是各级政府及其所属机构电子政务建设的重要组成部分，是体现政府形象、实现政府职能转变的有效途径。与综合网站、企事业单位的网站相比，主要有以下几个方面的特点。

（一）突出职能属性

1. 政府网站是政务公开的平台。政府网站作为政府在互联网上的门户，其基本功能就是围绕政府的职能与职责，进行信息公开、办事公开、决策与互动公开。因此，公开透明地履行其职责是政府网站的主体内容。政府网站被称为"不下班的政府"或者 24 小时的在线政府。政府网站的信息公开内容基本上以职能范围为界，这一特征在政府部门网站建设方面尤为明显。

2. 在线办理是政府网站的建设内容与发展重点。实现政府管理与服务上网，发展网上办事，是政府网站建设与发展的重点。政府网站建设的最高境界就是建立无缝隙的"一站式"虚拟政府，这也是政府网站最初建立的动机与发展的推动力量。政府网站不仅仅是政府的"宣传栏"或"网上名片"，而且是政府办事的重要平台。

（二）突出政府门户特征

1. 网站基本功能构建体现政府网站特征。一是网站域名。政府网站域名与其他商业网站不同，采用"gov.cn"的形式。二是页面分区。有别于其他网站，政府网站一般都会设置信息公开、在线服务、互动交流等板块，便于公众获取相关服务。如中国林业网设置了走进林业、信息发布、在线服务、互动交流 4 个板块。

2. 页面设计充分体现政府网站特点。一是平实可靠。政府网站不像商务网站或者媒体门户网站那么绚丽，设计以简洁大方为主，突出政府的亲和力和权威性。二是实用有效。政府网站不像商务网站或者媒体门户网站形式那么多变，注重安全保障和高效服务。

（三）突出服务对象

1. 关注对象的服务需求。一是建立多样化的公众与服务对象信息互动渠道。各国政府网站建设都比较注重互动方式建设，我国大多数政府网站不仅提供了联系电话、邮箱等政府部门的联系方式，还有领导信箱、网上论坛、网上调查等多种互动交流的渠道。二是在丰富网站内容的基础上，设置服务对象最想了解的事项专区或热点专区。三是将公众关注的内容放置在页面最醒目位置。

2. 关注政府网站与实体政府的一致性。一是信息组织尊重公众的思维逻辑，我国大部门政府网站采取的都是首先按主题或业务分类展示信息的信息组织模式。二是导航清晰且尽量避免信息展示路径过长。三是更为重视标识体系建设，强调语词、图标等标识与公众认知体系的一致性，避免信息误读和无效。四是提供多种便捷的搜索手段，提高网站的自助服务程度。

第二节　主站建设

中国林业网（国家林业局政府网，www.forestry.gov.cn）着力构建智能化、一体化、服务化的智慧林业网站，采用国际主流设计风格，融入林业特色，将全球林业"一网打尽"，积极整合现有各级、各类资源，构建统一、开放、完整的中国林业网统一数据资源，提升各部门协同能力，提高为民办事的效率，大幅降低政府管理成本，增强决策效率和服务水平，取得了一项项重大突破和重要成就。

一、页面设计

中国林业网顺应时代发展潮流，借鉴发达国家和国内领先政府网站建设经验，采用扁平化设计理念，界面简约清新、图文动静结合，利用横版替代垂直滚动的竖版设计，通过标签式切换功能，实现了"一屏视全站"的效果，更加直观大气，使浏览者具有流畅的视觉体验（图4-1）。

（一）页面风格

中国林业网主站页面大体可以分为页眉、主体功能区、页脚三个部分。

1. 页眉。包括设为首页、加入收藏、个人文档、邮箱登录、移动办

图 4-1 中国林业网主站首页

公、编委会、时间日期、中文繁体、English、无障碍通道、智能服务平台等栏目。同时，中国林业网、国家生态网的 logo 作为网站名称和标识置放页眉显著位置。右侧则放置中国林业网搜索平台入口和林业新媒体栏目。

2. 主体功能区。分为首页、四大板块、纵向站群、横向站群、特色站群。

3. 页脚。包括联系我们、意见建议、网站地图、旧站回顾、访问量统计、点击量排行以及举报方式等栏目，介绍中国林业网主站的管理部门信息、网站整体架构等信息。同时，单位地址、主办信息、京 ICP 备案号、视听节目许可证号、政府网站标识等内容也在这里。

（二）版式风格

中国林业网页面宽度采用主流显示器的分辨率设计，页面长度以一屏为主，按照"国"字形结构设计，体现出"一屏视全站"的效果。中国林业网整体版式风格以简洁、大方为主，网站整体采用导航切换方式，充分利用页面空间，彻底告别以往的又长又复杂的设计风格。

（三）色彩风格

中国林业网主站整体色彩风格以通用的"蓝白灰"为主色调，加上林业特有的绿色，形成中国林业网的整体用色风格。网站一、二级栏目以蓝色为主，首页站群等以绿色为主，部分特色栏目用红色、黄色等显示。

二、板块设计

按照国务院办公厅关于网站建设的文件精神，结合林业行业特点，中国林业网建设了走进林业、信息发布、在线服务、互动交流和专题文化五大板块，以文字、图片、视频三种形式展示网站丰富的内容，便于公众随时了解掌握中国林业整体概况，实现"四位一体"完美结合。在突出林业特色栏目的同时，建设了在线访谈、在线直播、热点专题等新颖的互动性、集中性专业栏目，对重要事件和重要活动做全方位报道。

（一）走进林业

为体现林业特色，让公众更全面、更深入、更直观地了解中国林业，中国林业网在政府网站传统的"信息发布、在线发布、互动交流"三大板块的基础上，特别建设了"走进林业"板块。该板块根据中国林业网用户访问行为分析结果，将用户关注度高的栏目，如领导专区、机构简介、林业概况在显著位置优先显示。同时，将林业展厅置于页面右侧，结合重要文件、政策法规等栏目内容，全面、全景、全角度展示林业行业。

（二）信息发布

中国林业网信息发布主要集中分为三部分。第一部分是在中国林业网首页信息发布区，包括图片信息、最新资讯、公告图解、信息快报、社会关注5个栏目。第二部分是信息发布专区，将林业行业的重要政府文件和各重要业务信息集中进行展示。第三部分设置了政府信息公开专栏。根据互联网用户访问数据分析结果，按照用户访问热度和网站信息种类，信息发布专区重新进行页面布局，旨在让公众更方便、更快捷地获取到所需信息。

（三）在线服务

《国务院办公厅关于进一步加强政府信息公开回应社会关切提升政府公信力的意见》明确指出，要完善政府网站服务功能，及时调整和更新网上服务事项，确保公众能够及时获得便利的在线服务。中国林业网在线服务板块结合林业行业特点，打造全周期在线服务模式，结合热点办事、快速通道、在线办事等，为公众提供全面、及时、高效的在线服务。在线服务板块主要分为全周期服务、热点办事、在线办事等栏目。

（四）互动交流

《国务院办公厅关于进一步加强政府信息公开回应社会关切提升政府公信力的意见》明确指出，拓展政府网站互动功能，围绕政府重点工作和公众关注热点，通过公众问答、网上调查等方式，接受公众建言献策和情况反映，征集公众意见建议。中国林业网按照国务院办公厅要求，互动交流板块建设了在线访谈、在线直播、常见问题解答、建言献策、在线调查、咨询留言和我要咨询7个栏目，主动回应公众关切，热心解答公众难题，积极公开业务内容。

（五）专题文化

中国林业网除了提供信息公开、在线服务、互动交流等传统功能外，全新增加了专题文化板块，主要包括热点专题、生态文化、重要节日、绿色标识、形象展示、历史上的今天和图书期刊7个栏目。热点专题栏目是中国林业网精品栏目，栏目内容包括重要会议、重大事件以及重要活动三部分，将林业主要业务、会议、活动都以专题形式展示。生态文化专题则是围绕"弘扬生态文化"的目标，发布生态文化各类动态信息，展示网上生态文化活动，结合重要节日、绿色标识等，为公众营造出浓厚的网络生态文化氛围。

第三节　子站建设

鉴于林业各级子站建设情况不规范，信息和服务内容的组织形式千差万别，大量网站独立建设、单独运行，不仅造成了资源浪费，而且增加了维护成本，增大了公众的使用难度，更影响了政府网站形象的实际情况，按照集约化建设理念，中国林业网构建了"纵向到底、横向到边、特色突出"的站群体系，将全国甚至全球林业"一网打尽"。纵向建设了国外、国家、省级、市级、县级、乡镇林业等各层级网站，横向覆盖了国有林区、国有林场、种苗基地、森林公园、湿地公园、沙漠公园、自然保护区和主要树种、珍稀动物、重点花卉等林业各领域网站，特色突出了美丽中国网、中国植树网、中国信息林、网络图书馆、博物馆、博览会、数据库、图片库、视频库等网站。截至2016年9月，中国林业网子站已达4000个，位居国内前列，大大提升了林业互联网影响力。

一、纵向站群体系

中国林业网纵向站群由世界林业、国家林业、省级林业、市级林业、县级林业和乡镇林业6个站群组成，从外到内，自上向下，将林业行业全部打通，形成了林业信息发布、提供在线服务、进行互动交流的综合平台，让公众足不出户就可以了解最新、最贴近的信息内容。

(一)世界林业站群

2012年10月，世界林业站群建设工作正式启动。通过对不同国家的林业网站建设模式、内容风格、特色特点进行深入分析，建设统一平台的世界林业站群，便于林业专业人士以及普通用户及时了解国外林业发展现状、趋势等，学习国外林业发达国家的先进经验。截至2016年12月，已建成上线100个子站。各国家林业子站设置国家概况、热点资讯、政策法规、生态系统、生物多样性、生态建设、林业产业、科技教育、国际合作、相关机构、森林旅游、精美相册和精彩视频13个栏目，全面介绍各国林业发展概况，供用户了解、学习和使用。

(二)省级林业站群

在中国林业网形成站群体系之前，各省林业网站都各自为政，国家林业局政府网与各省子站、各省子站之间缺乏联系、沟通，信息不能共享，无法形成网站共同发声的合力。为促进全行业信息资源共享、开发和利用，实现互联互通，省级林业站群整合了全国42个省级林业主管部门子站，包括31个省(自治区、直辖市)、5个森工(林业)集团、新疆生产建设兵团和5个计划单列市林业子站，完成了由国家到省级的林业站群体系。

(三)市级林业站群

随着林业业务的发展，人们对林业信息越来越关注，公众参与度越来越高，从而对林业的综合要求也越来越高，建设覆盖全国的林业网站群迫在眉睫。2013年7月，顺应时代发展和公众对各级林业信息的需求，在国家、省级林业站群的基础上，进行了全国市、县林业局网站建设，实现全国林业网站全覆盖，加强了基层林业信息发布和信息服务能力。市级林业站群设置了林业资讯、政策法规、生态建设、资源保护、林业产业、林业科技、党建工作、互动交流、林业图片等多个栏目，目前已建成179个市级子站。

(四)县级林业站群

中国林业网县级林业站群设置了林业资讯、政策法规、生态建设、资源保护、林业产业、林业科技、党建工作、互动交流、林业图片和林业视频等多个栏目，目前已建成827个县级子站。

(五)乡镇林业站群

中国林业网乡镇林业网站群正式上线，标志着中国林业网站群建设继世界林业、国家林业、省级林业、市级林业、县级林业网站群之后，连通了服务基层最后一公里，林业信息化服务基层能力进一步提升。乡镇林业网站包括工作动态、工作站介绍、森林保护、病虫害防治、技术推广、林业改革、林业产业、调查统计等栏目，丰富了林业站公共服务的形式和内容，为基层群众及时获取到林业动态和相关政策信息提供了信息窗口，也为扩大林业宣传的覆盖面和影响力搭建了网络平台，目前已建成65个乡镇林业子站。

二、横向站群体系

随着林业信息化的深入推进，各森林公园、自然保护区、国有林场、种苗基地等林业单位的网站建设需求愈加强烈。建立统一管理、统一部署、统一标准、统一规范的专业网站群，是节约资源、降低成本的有效方法，有助于统一信息发布、互动交流和开展服务。基于此，国家林业局建设了横向专业站群，实现站群核心应用一体化。横向站群使用统一的数据管理平台，核心功能统一开发和设定，各子站自主管理和维护，子站个性化功能个性化开发。目前，按照林业主题业务范围和实体单位，建设了国有林区网站群、国有林场网站群、种苗基地网站群、森林公园网站群、湿地公园网站群、沙漠公园网站群、自然保护区网站群、主要树种网站群、珍稀动物网站群和重点花卉网站群。这些网站，在统一技术架构基础上分级管理、分级维护，信息可以实现基于特定权限共享呈送的网站集合。网站群系统技术标准统一，能够互联互通，实行集群化管理，形成相对一致的网站运行和服务规范。

（一）国有林区站群

国有林区是我国重要的生态安全屏障和森林资源培育战略基地，是维护国家生态安全最重要的基础，在经济社会发展和生态文明建设中发挥着不可替代的重要作用，为国家经济建设作出了重大贡献。为积极探索国有林区改革路径，进一步增强国有林区的生态功能和发展活力，中国林业网建设了国有林区站群，通过信息化手段推进国有林区改革。国有林区站群设置了林业资讯、政策法规、生态建设、资源保护、林业产业、林业科技、党建工作、互动交流、林业图片和林业视频等多个栏目，目前已建成44个国有林区子站。

（二）国有林场站群

中国林业网国有林场站群设置了林场简介、信息动态、公示公告、下属机构、图片展示、特色产品、产业动态、森林经营、周边景点、周边饭店等栏目，目前已开通福建省尤溪国有林场、山东省寿光市国有机械林场、湖北省荆门市彭场林场、湖南省炎陵青石冈国有林场、广西国有高峰林场等1025个国有林场网站。

（三）种苗基地站群

中国林业网种苗基地站群设置了基地简介、最新要闻、生产概况、基地风采、良种介绍、供求信息、技术支撑、计划总结、资料共享、基地风采等栏目，目前已开通福建省洋口林场国家杉木良种基地、江西省吉安市青原区白云山林场国家杉木湿地松良种基地、中国林科院亚热带林业实验中心油茶良种基地、湖北省恩施市铜盆水林场国家杉木良种基地、宁夏林木良种繁育中心国家杨树良种基地等354个种苗基地网站。

（四）森林公园站群

中国林业网森林公园站群设置了公园简介、热点信息、场景式服务、特色景观、生态文化、旅游产品、特色商品、图片列表、风光掠影、风景视频、科研科普等栏目，目前已开通莲花山国家森林公园、兴凯湖省级森林公园、神农架国家森林公园、桃花源国家森林公园、哈里哈图国家森林公园等344个森林公园网站。

（五）湿地公园站群

中国林业网湿地公园站群设置了公园简介、热点信息、场景式服务、特色景观、生态文化、旅游产品、特色商品、图片列表、风光掠影、风景视频、科研科普等栏目，目前已开通虎林国家湿地公园、始丰溪国家湿地公园、潋门湾国家湿地公园、东江源国家湿地公园、九龙湾国家湿地公园、唐河国家湿地公园、金沙湖国家湿地公园、远安沮国家湿地公园、普者黑国家湿地公园等88个湿地公园网站。

（六）沙漠公园站群

为进一步推进集群式网站群体系，统一网站技术平台，服务林业基层工作，扩充中国林业网的服务范围，2015年6月中国林业网建设了沙漠公园站群，旨在弘扬大漠文化，向公众展示沙漠公园之美，推动防沙治沙工作。沙漠公园站群设置了公园简介、热点信息、场景式服务、特色景观、生态文化、旅游产品、特色商品、图片列表、风光掠影、风景视频、科研科普等栏目。目前已建成奇台硅化木沙漠公园和沙雅国家沙漠公园2个网站。

（七）自然保护区站群

中国林业网自然保护区站群设置了保护区概况、工作动态、自然资源、自然保护、公众教育、生态旅游、保护区风光等栏目,目前已开通北京百花山国家级自然保护区、吉林黄泥河自然保护区、浙江凤阳山自然保护区、湖南莽山国家级自然保护区、广西猫儿山国家级自然保护区等 287 个自然保护区网站。

(八)主要树种站群

中国林业网主要树种站群设置了概览、资讯、培育、利用、文化、旅游、科技教育、政策法规、国际合作、机构队伍、相册、视频等栏目,展示了主要树种的特色和优势,用户通过访问本站群可以获得林业主要树种的相关信息和服务。目前,已开通中国松树网、杉树网、柏树网、杨树网、柳树网、榆树网、槐树网、泡桐网、银杏网、竹子网、桉树网、樟树网、核桃网、板栗网、枣树网、油茶网、沙棘网、桃树网、楠木网、枫树网等 100 个子站。

(九)珍稀动物站群

中国林业网珍稀动物站群是普及珍稀动物知识的窗口,设置了我是谁、我的家园、我的近况、我的成长、请保护我、我的故事、海外关系、科技教育、政策法规、爱心机构、我的相册、我的视频等栏目,公众可以通过本站群查看和学习国家珍稀动物的相关知识和信息,包括国内珍稀动物的有关新闻、资料、论文、科研成果、文件、标准、法律法规等,起到对珍稀动物知识的普及教育作用。目前,已开通中国猴类网、熊类网、大熊猫网、狮子网、豹子网、老虎网、大象网、麋鹿网、鹿类网、藏羚羊网、黑鹳网、朱鹮网、天鹅网、孔雀网、丹顶鹤网、龟类网、扬子鳄网、鱼类网、中华鲟网、蝴蝶网、野马网、中华秋沙鸭网、鹰类网、褐马鸡网、红胸角雉网等 100 个子站。

(十)重点花卉站群

中国林业网重点花卉站群是普及花卉知识的窗口,设置了概况、资讯、科技、产业、文化、旅游和普及教育、政策法规、国际合作、机构队伍、相册和视频等栏目,公众可以通过本站群了解和学习相关花卉知识,包括栽培、繁殖、产业、文化等,从而加深对各种花卉的了解。目前,已开通牡丹、月季、杜鹃、菊花、荷花、梅花、茶花、兰花、桂花、水仙、石竹、玉兰、海棠、百合和芍药等 100 个花卉网站。

三、特色站群体系

中国林业网特色站群包括美国中国网、中国植树网、中国信息林网、中国林业数字图书馆、中国林业网络博物馆、中国林业网络博览会、中国林业数据库、中国林业图片库、中国林业网络电视等子站。

(一)美丽中国网

为弘扬生态文化,推进生态文明,建设美丽中国,中国林业网发挥网站群优势,充分整合现有森林公园、自然保护区、珍稀动物等专题站群内容,组织建设了美丽中国网(http://beautifulchina.forestry.gov.cn),展示了我国壮美秀丽的自然风光,引人入胜的人文景观,悠扬深邃的文化遗产,种类丰富的动植物资源,构成了一幅"美丽中国"的精彩图画。美丽中国网旨在为公众提供尊重自然、热爱自然、保护自然的平台,运用互联网思维,建设公众参与的开放平台,充分发挥每个人的力量,结合微博、微信、微视等新媒体,通过广泛途径收集美丽中国的信息,打造"权威、全面、特色"的美丽中国网。

(二)中国植树网

中国植树网(http://etree.forestry.gov.cn)适应信息时代的要求,利用现代信息技术,将网上捐款与网下植树有机结合起来,实现了虚拟与现实世界的完美连接,为社会各界和广大公众参与植树造林、绿化祖国提供了一个更加方便快捷的渠道。中国植树网开设首页、植树、资讯、科普、排行榜、植树流程6个一级栏目,公众可以获取与植树造林有关的最新资讯、科学知识、实用技术、政策法规、产业信息等;可以选择植树项目、植树地点、植树树种及数量,进行网上捐款和查询捐款使用情况等;可以进行互动交流,分享植树造林心得体会,发表现代林业建设意见和建议等。网站的开通对我国应对气候变化、保障生态安全、发展现代林业、建设生态文明具有积极意义。

(三)中国信息林网

中国信息林网(http://smartforest.forestry.gov.cn)以展示中国信息林建设成就为主要宗旨,同时报道国内外林业信息化发展情况、相关法律法规等方面资讯。主要包括资讯报道、信息林概况、生长培育、生态环境、信息林博览、周边环境、创新应用、林业科技、政策法规、大事记等栏目,内容丰富,信息翔实。网站可以实时查看中国信息林的生态环境实时数据和监控视频,集中展示了利用物联网技术打造的首片中国信息林的生长状况,轻点鼠标足不出户就能看到信息林状况,为加快林业实现信息化、网络化、智能化,具有积极的示范意义。

(四)中国林业数字图书馆

中国林业数字图书馆依托林业行业图书信息资源，建立传递快捷、管理高效、服务多元、面向全行业的数字图书馆系统。该系统包括行业数字图书馆资源子系统和行业数字图书馆管理子系统，主要涉及林业电子图书资源和林业电子图书的存储、交换、流通等方面的内容。中国林业数字图书馆通过知识概念引导的方式，突破信息存储和地域限制，将林业行业相关的数字化信息进行网络传输，达到资源共享，实现任何时间、任何地点的使用，为林业行业和社会公众提供便捷的文化服务。

(五)中国林业网络博物馆

为了给公众提供更多的关于林业的展览服务，中国林业网络博物馆通过虚拟现实技术和网上展览技术融合，构造栩栩如生的三维网上博物馆，将逼真的现场效果推送至每一位参观者。中国林业网络博物馆包括森林馆、花卉馆、野生动物馆、野生植物馆、湿地馆和荒漠化馆，充分展示林业生态文化产品，参观者可在展厅任意漫游，与展品实时互动，了解展品的生产加工过程，了解林业资源对低碳经济的重要作用，仿佛置身于真实的森林资源世界。中国林业网络博物馆的建立，为企业、个人和用户提供了一座沟通与交流的桥梁。

(六)中国林业网络博览会

中国林业网络博览会基于产品管理系统运行，实现新闻资讯、供应商、产品、工程项目、客户5类信息的浏览检索，提供整合的B2B站内即时通信系统，实现网站用户和客服人员或者供应商之间的即时沟通，实现在线洽谈和交易。中国林业网络博览会设置了行业资讯、供求信息、产品、公司、招投标、展会、技术、人才和会员等栏目，作为及时、全面发布林业行业供求信息、项目整合、技术进步和新产品开发的专业平台，是目前服务于林业终端用户及相关产业、报道国内外最新动态的专业性权威行业网站，读者覆盖林业相关用户的中高管理层、技术人员以及生产厂商的中高管理层，其专业性和权威性得到了业内认可。

(七)中国林业数据库

中国林业数据库从林业基础数据信息入手，以内容管理为基础，以多样信息的采集、存储、分析、定义、目录展示为过程，对国家林业局的历年统计数据、林业科学数据、林业区划数据等进行整合，通过高效便捷的检索手段为国家林业局用户提供统一的林业信息数据目录展示服务，为林业决策提供决策支持和应用支撑。中国林业数据库主要包括历年统计数据、历年统计分析报告、林业科学数据库数据、林业区划数据库数据、四大资源清查数据库数据、各司局共享数据、政策法规数据、林业标准数据、中国生态状况报告、林业信息化发展报告、林业重大问题调研报告、林业重点工程及社会经济效益报告和林业工作手册等。

（八）中国林业图片库

中国林业图片库是一个自然风光宝库，包含森林万象、植物千姿、动物百态、秀美山川、大漠风情、绿色产业、务林人风采等20多个栏目，将森林的风采、林业的建设成果、先进集体和人物、各种展示盛会、各种动植物和花卉、文化活动、产业发展等以图片展示的形式直观地展现在网络平台，供用户欣赏。

（九）中国林业网络电视

中国林业网络电视依托中国林业网平台，收集整理有关生态文明的专题片，制作各种形式的宣传生态文明的视频，借助全新的电视观看方法，实现按需观看、随看随停、个性化互动的便捷方式，加大对生态文化的传播力度。中国林业网络电视包括资讯频道、在线访谈、地方风采、专题报道、生态文化、远程教育、绿色时空、林改频道、科普长廊、央视集锦、展播频道、大地寻梦12个频道，全方位、多层次利用流媒体展示全国生态文化建设情况。

第四节　新媒体建设

21世纪，信息技术快速发展，网络日益成为公众意见表达的重要渠道，网络舆情所呈现出来的巨大影响力，既给我国民主政治建设提供了机遇和动力，也给政府舆情引导带来了新的挑战。"人人都有麦克风，人人都是自媒体"，人人都有信息传播渠道。2016年6月，中国互联网信息中心（CNNIC）发布《第38次中国互联网络发展状况统计报告》。报告显示，截至2016年6月，我国网民规模达7.10亿，手机网民规模达到6.56亿，网民手机上网使用率为92.5%，大大超过台式电脑（64.6%）和笔记本电脑（38.5%）。现在，全国7亿多网民、400多万家网站、近千万个微信公众号活跃在网络中，每天产生300多亿条信息。因此，建设政府新媒体对于做好新时期的在线服务和舆情工作都将发挥关键作用。中国林业网充分运用新媒体技术，实现主动推送服务，进一步增强与用户互动的功能。"林业新媒体"涵盖了中国林业网官方微博、微信、微视、移动客户端，方便公众随时随地了解林业行业信息、享受在线服务，成为基于新媒体的政务信息发布和互动交流新渠道。

一、微博

微博自诞生以来，就以其平民化、口语化、个性化的优势迎来"井喷式"发展，迅速形成一股新媒体力量。2011年是政务微博发展元年，微博由此成为政府与网民沟通的新平台、新渠道。经过几年的发展，我国政务微博稳步推进，在覆盖面、微博质量、管理水平、综合影响力等方面呈现出不断提升的趋势，作为推动社会管理创新的有效方式，越来越受到政府的支持及公众的认可。据《第36次中国互联网络发展状况统计报告》显示，截至2016年6月，我国微博客用户规模2.42亿，开通政务微博并认证的政府机构和党政人员数量超过20万，政务微博在传播主流声音和提供权威、准确的政务信息方面发挥着越来越重要的作用。

中国林业微博是推进信息化建设的又一重要成果，旨在汇聚林业智慧，传播林业信息，推动生态民生。自建立以来，秉持"及时性、真实性、权威性"的原则，广泛倾听民声民意，及时回应社会关切，打造了具有巨大行业影响力的微博群体。目前，新浪、人民、新华、腾讯四大主流门户均已开通"中国林业发布"官方微博，并已策划多期微访谈、微直播、微话题活动，发布微博28 000多条，粉丝数达70多万人，社会影响力与日俱增。

二、微信

微信是一款集文字、语音、图片、视频等沟通方式的移动互联网交互通信工具。从2011年1月21日诞生至今，在最初的即时通信软件的基础上增加了诸多的拓展功能，且许多功能都以插件的形式存在，用户可以选择是否使用。截至2016年7月，已经拥有4亿用户，月活跃账户数达到2.47亿，公众号200万个。微信公众平台于2012年8月23日正式上线，已成为微信的主要服务之一。近八成微信用户关注了公众账号。企业和媒体的公众账号是用户主要关注的对象，它们的占比达到73.4%。用户关注微信公众账号的主要目的是为了获取资讯、方便生活和学习知识。其中，获取资讯为微信公众账号最主要的用途，比例高达41.1%。

中国林业网于2014年5月和10月，相继开通了"中国林业网"官方微信订阅号和公众号，订阅号主要发布林业重要信息，服务号主要提供政策和查询服务。权威发布林业重大决策部署和重要政策文件,重点工作进展、重要会议及活动等政务信息。截至 2016 年 6 月,粉丝数达 29 000 多人,发布图文消息 1800 多条,"权威发布""林业知识"等特色栏目点击量超过 10 000 人次,有效地扩大了林业的社会影响,让更多的人了解林业、关注林业、参与林业。

三、微视

微视是腾讯旗下短视频分享社区。作为一款基于通讯录的跨终端跨平台的视频软件,其微视用户可通过 QQ 号、腾讯微博、微信以及腾讯邮箱账号登录,可以将拍摄的短视频同步分享到微信好友、朋友圈、QQ 空间、腾讯微博。

2014 年 11 月,中国林业网微视账号正式开通,借助腾讯微视平台,将林业行业重要事件、重大会议以微视频的形式向公众发布,同时展现我国美丽的森林、湿地、荒漠生态系统和丰富的生物多样性资源,希望借助这一平台,为公众提供更加丰富的林业信息,定期发布林业视频,新发布的一系列反应基层国有林场和国有林区的视频内容,得到公众好评。

四、移动客户端

政务移动客户端(APP)是基于手机、pad 等移动终端开发的政府信息服务软件。相对于微博、微信,移动客户端更注重于提供各类在线服务和各类在线功能。通过下载访问政务 APP,公众可以查询政府公开信息,了解办事流程,在线提交办事请求,追踪办件状态,随时随地便享"智慧政务"。

2013 年 8 月,中国林业网移动客户端正式上线,2014 年 10 月中国林业网移动客户端 2.0 升级完成,扩大了中国林业网服务范围和对象,提供了基于地理位置的在线服务,使公众可以更方便地通过移动互联网获取林业政务的应用服务,成为移动电子政务时代推行政府信息公开、服务社会公众、展示林业形象的新渠道。

第五节　内容维护

一、职责分工

国家林业局信息化管理办公室，负责中国林业网主站运行维护、信息内容策划和发布工作；负责国家林业局重大活动、重要工作等的信息发布和专题制作工作；负责国家林业局在线访谈和在线直播的录制和发布工作；配合国家林业局各单位做好在线服务、意见征集和留言回复工作。

国家林业局各单位，负责本单位子站及中国林业网主站相关栏目信息内容维护工作，并及时向国家林业局信息办报送信息；根据业务分工，负责主站、子站及微博、微信平台有关在线服务、留言回复、意见回复等在线咨询服务工作；通过撰写文章、在线访谈等形式，对本单位发布的重大政策和重要规划进行解读；负责网络社会关切问题的回应，及时、正确引导网络舆情。国家林业局各单位子站信息员，承担与国家林业局信息办日常联络和信息报送工作，并按照中国林业网内容维护职责分工将中国林业网主站各栏目信息内容建设责任落实到人。

各省级林业主管部门，负责本辖区内林业信息收集、整理和上报工作；参与中国林业网在线服务和互动交流栏目的内容维护和信息服务工作。各市县级林业主管部门负责子站日常内容维护工作，负责向上级单位报送信息。各专题子站管理部门负责子站日常内容维护工作，负责向上级单位报送信息。

二、维护要求

准确发布政务信息、及时公开政策文件、全面提供在线服务、快速回应公众关切，是提升政府网站公信力和权威性的重要保障。近年来，国务院办公厅印发的一系列文件，都对政府网站内容建设提出了具体要求，对各类信息和事务的更新和办理时间做了明确规定。中国林业网主站和各站群通过明确职责分工，加强信息维护，完善信息审核，保证了中国林业网建设保障工作的顺利推进。

第六节 信息采编

一、信息概述

(一)基本内涵

政府网站信息是指由政府机关采集,并通过政府网站发布的行业职能、经济、社会管理以及公共服务相关的活动情况或数据方面的信息,其主要任务是反映政务工作本身的进展情况、政策解读情况、回应关切情况、数据开放情况、舆论引导情况等,既为社会各界提供信息服务,也使社会公众对政府部门当前的工作有所了解,中国林业网的信息也是如此。

(二)基本分类

随着政府网站的不断发展,为满足社会公众日益增长的需求,政府网站信息已由最初的文字信息逐渐增加到图片信息、视频信息、图解信息等形式。根据中国林业网所展示出来的各类信息,大体可以分为以下 4 种形式。

1. 文字信息。最为常见的网站信息形式,通过文字来表达政府信息内容,篇幅不受限制,既可以是 200 字左右的短信息,也可以是上万字的论文,一般分为 .txt,.doc,.docx 等形式。

2. 图片信息。通过以单张或一组图片来展示,可以是会场照片、调研抓拍,也可以是记录照片、人像摄影等,可以更直观传递政府事物信息。一般分为 .gif,.jpg,.png 等形式。

3. 视频信息。通过一段视频来记录发生的政府事件或经过编辑后的专题信息,视频信息包含信息量更大,但制作起来较为复杂。一般分为 .rmvb,.mov,.mpeg,.mp4 等形式。

4. 图解信息。用图形来分析和讲解,对重要会议、重要政策、重要讲话等,通过一组图形,让公众能够更快速直观了解核心内容。

(三)基本要求

政府网站信息工作是一项严肃的工作,具有很强的政治性、政策性和全局性,总的来说,基本要求可以用 6 个字概括:新、实、准、快、精、全。

1. 新。即信息所反映的情况必须是最近发生的。一般来说,网站信息报送时间限定在近 3 天以内发生的,部分特别重要但是不能及时发布的信息可以酌情延长至 1 周左右。

2. 实。一是反映的事件必须真实；二是事件发生的程度，在语言表述上必须实事求是，不能有任何虚构的事实和夸大或缩小的情况发生。

3. 准。采集的网站政府信息力求准确无误，如反馈各类政务活动的信息，包括时间、地点、人物、事情经过，特别是涉及领导职务一定要准确。

4. 快。网站信息采编人员发现有价值的信息素材就要立即进行采集，并进行综合、加工，快速进行报送。

5. 精。在保证信息质量的前提下，通过信息写作人员的加工、整理，使其质量和形势升华达到要求。一是要根据决策需求和重点工作，在吃透情况的基础上，拿出有分析、有观点、有建议的信息；二是要从一般反映事物表面现象的低层次信息中，归纳并整理出深层次信息，实现信息从低层次到高层次的升华和增值。

6. 全。政府网站信息除了要重视信息自身内容外，基本要素也要完善，包括信息来源、作者等要素。

(四) 做好政府网站信息工作应该具备的理念

1. 政府信息无小事的理念。政府网站是政府部门在互联网上履行职能、面向社会公众提供在线服务的官方网站，政府网站信息必须体现出及时性、准确性和权威性，稍有差错，都可能会影响政府部门的公信力和权威。

2. 主动融入部门中心工作的理念。一是需要及时了解和掌握相关核心业务工作，将工作中需要让公众了解的内容或者事项及时编辑发布。二是要发动各单位各部门力量，及时反映各自相关政务事项，保障网站信息全、快、准。

3. 质量为本的理念。应该牢固树立"质量为本"的理念，从政府网站信息采集、编辑、审核等环节入手，对网站信息的要素、格式等内容严格把关，提升网站信息建设水平。

二、信息采集

网站信息采集是信息工作的第一道"工序"，也是一项基础性的工作。信息采集工作直接影响和决定着整个信息工作的质量和效益。重视信息采集工作是提高信息写作质量的关键。

按照中国林业网的不同板块和不同栏目划分，各类信息主要来源有以下几类：

（一）党中央、国务院的信息

党中央、国务院在中国政府网发布的各类政策文件、重要会议动态等。这类信息是对各项工作的部署和要求，具有很强的针对性和时效性，常常对工作产生重要影响，必须注意采集。

（二）主流媒体及其他部委信息

人民网、新华网、中新网、光明网等主流媒体发布各类林业信息，各部委、各省级政府部门发布的涉林政府信息。

（三）各地各单位上报信息

中国林业网采用信息报送机制，各地各单位都是通过报送邮箱，将各自的重要会议召开情况、重要工作推进程度、重要活动举办情况等重要信息报送至工作人员。

（四）其他重要信息

为让社会公众通过中国林业网及时了解各类信息，从政治、经济、文化等方面，采集重要信息，并在网站展示。

在收集信息时，一是要注意信息是否涉密，一定要避免发生泄密。二是要符合国家有关法律法规和方针政策，把握好内容的基调、倾向、角度，突出重点，放大亮点。三是要注意信息是否适合在网上发布，是否会产生不良影响，谨慎掌握敏感问题的分寸，确保信息内容真实、客观、准确、及时。

对于内部信息和下级信息，中国林业网已经形成了一套报送采集机制，在报送信息时，应注意以下事项：将每条信息单独保存为纯文本格式（.txt）作为邮件附件，如一次报送多条信息，用压缩软件打包后作为邮件附件；将信息标题作为文件名（××省××县……）；每个纯文本文件中都要包括标题、单位、正文；如有图片，图片文件名应与所对应的纯文本文件名一致，并调整图片大小，宽度不超过700像素；注意信息时效性，杜绝出现月报或者半月报的情况；在信息结尾写明作者（要落实到个人）。

三、信息编写

（一）基本原则

一是符合格式要求的原则；二是符合法规和政策规定的原则；三是符合真实性原则；四是简洁精炼的原则；五是领导审核把关的原则；六是注意保密的原则。

(二)基本要求

在编写网站信息时,对于文字、图片、视频类信息,在内容上要把握以下总体要求:

1. 文字信息。一是网站信息反映的事情要集中,论述的观点要集中,组织的材料要集中。同时还要注意观点要新、内容要新、角度要新。二是信息编写要注意导语、背景、主体、结尾要全面。同时,采用正三角性原则,按重要性顺序采写,这条对网站信息来说尤其重要。三是网站信息内容都比较严肃,要求语言必须同其他公文一样端庄、郑重、平实。信息内容必须写得一清二楚,十分准确,要做到用词准确、词句简练、得体通顺,让人不折不扣地了解信息的本意。四是对事实的陈述要清楚明白,不能模棱两可或拖泥带水,要杜绝不核实事实就轻易下笔和含糊其辞的做法。要选用适当和适量的材料叙述事实、说明观点、摆出问题、提出建议。

2. 图片信息。一是内容真实。政府网站的图片信息往往是放在比较显眼或者重要的位置,容易受到关注,因此真实性是最重要的。任何较为明显的 PS 等行为,都容易弄巧成拙,直接影响政府网站公信力。二是明确重点。图片信息一定要找准需要反映的内容,如人物图片,如果是单人照,正面一般比侧面要好一些。如果照片中不止一人,则需要将重点反映的人物放在中央或者显著位置。三是大小得当。由于是在网站发布,因此过大或者过小的图片信息都是不合格的,过大会导致打开较慢或者打不开,过小会使图片无法看清,影响阅读。

3. 视频信息。一是内容清晰。一般来说,视频信息分为标清和高清两种。由于种种限制,标清还比较多。但有时因为后期制作等原因,往往导致视频质量较差,直接影响观看。二是定位准确。好的政府网站视频信息,应该能快速反映出主要内容和次要内容的区别。三是音效合适。目前多数视频信息都是经过编辑,有些配音和背景声音都处理得很合适。但也有一些存在声音忽高忽低、背景声音嘈杂等情况,直接影响到信息本来的质量。

4. 图解解读。一是内容准确。图解是为了让公众能够对一项政策、一个文件或者一个会议的重要内容有所了解,因此一定要做到内容准确,能够正确反映出重点内容。二是简单易懂。制作图解就是为了让公众能够快速了解,因此一定要内容形象易懂,方便公众理解。三是篇幅合适。高质量的图解应该讲篇幅控制在合理范围,太长可能没人会看,太短可能无法表达出完整内容。

四、审核发布

政府网站信息审核发布是保证网站信息质量的重要环节，是信息正式发布前的最后一道防线。按照"谁主管谁负责""谁审核谁负责""谁发布谁负责"的原则，严格执行审核程序，特别是要做好信息公开前的保密审查工作，防止失泄密问题发生，杜绝出现政治错误及内容差错。结合中国林业网信息审核发布工作实际，要注意以下一些具体问题。

（一）关于领导活动的信息

首先，审核领导的职务、姓名时，一定检查是否完整并且是否准确无误，要避免使用"视察""亲临""重要讲话"等字样。在审核信息时，要注意信息应以工作内容为主，提出的要求、建议和对某项工作的评价要避免口语化。涉及中央领导同志的信息要更加注意，一般应以新华社、人民日报的报道为准。

发布领导讲话要经过相关人员、部门审核，确认是否可以发布，不能仅根据现场记录或录音整理后就直接发布。一定要使用规范的语言，不能口语化。

（二）关于重要会议的信息

审核重要会议信息时，要注意召开会议的单位或部门，会议的时间、地点、参加人员，会议的议程和主要议题是信息的重点。例如，召开会议贯彻落实上级会议精神的信息，一般包括以下内容：会议召开的时间、地点，贯彻的具体精神，参加会议的领导、人员，会议的主要安排、内容，贯彻具体采取的措施。会议作出的决定和采取的措施是报道会议信息的重点，对只笼统地写与会人员提高了认识、决心做好工作这类信息应提出要求修改。

（三）关于出台规定或者部署某项工作的信息

为了规范或开展某项工作，各单位会制定一些规章制度，或下发通知要求开展某项工作。审核这类信息时，要注意信息不能简单地把规章制度或者通知的正文部分照搬过来。信息稿是使领导和社会公众对某项工作有所了解，审核时要注意将命令式的语气转变成报道的口气。

（四）关于突发事件类的信息

信息审核时一定要确定是否可以向社会公开，如果是可以公开的，要注意反映事件的真实面貌，不能夸大或缩小，更不能弄虚作假，以免造成不良的社会影响。同时,重大事件还应该及时请示上级领导,避免出现舆情问题。

(五)严格执行领导审核、签发的制度

按照审核流程,所有政府网站信息都要在采编完成后,根据信息内容,上报主管领导审阅,在领导审核、签发后才能向上一级单位报送。

(六)信息安全要求

网站信息审核、发布严格把握"涉密信息不上网,上网信息不涉密"的原则,层层把关,凡未经审核的信息严禁上网发布。如信息是转载内容,应遵守国家和省、市的有关规定。被转载的网站应是国家、省、市的政府网站,以此保证所转载信息的真实性、权威性。门户网站应依据《中华人民共和国保守国家秘密法》《互联网信息服务管理办法》和《互联网电子公告服务管理规定》等有关保密的法律、法规,建立健全网站信息安全管理制度,坚决杜绝有害信息的扩散,严禁涉密信息上网,防止泄露国家秘密。发布的信息不得含有下列内容:一是违反宪法所确定的基本原则;二是危害国家安全,泄露国家秘密,煽动颠覆国家政权,破坏国家统一;三是损害国家的荣誉和利益;四是煽动民族仇恨、民族歧视,破坏民族团结;五是破坏国家宗教政策,宣扬邪教,宣扬封建迷信;六是散布谣言,编造和传播假新闻,扰乱社会秩序,破坏社会稳定;七是散布淫秽、色情、赌博、暴力、恐怖或者教唆犯罪;八是侮辱或者诽谤他人,侵害他人合法权益;九是法律、法规禁止的其他内容。

第七节 网站管理

一、管理办法

为进一步加强和规范中国林业网建设与管理工作,明确中国林业网建设与管理的职责和任务分工,构建中国林业网长效管理机制,根据国家有关法律、法规、相关规定和意见,结合中国林业行业实际,2010 年 7 月 8 日国家林业局印发了《中国林业网管理办法》。

二、管理文件

为进一步加强中国林业网信息内容建设,提升中国林业网在线服务平台,扩展网络互动交流渠道,国家林业局 2014 年 2 月 25 日印发了《关于加强网站建设和管理工作的通知》。

三、域名命名

为进一步推进中国林业网站群建设，规范中国林业网站群域名管理，按照国家有关规定和《中国林业网管理办法》等有关制度，2015年6月19日全国林业信息化领导小组办公室印发了《中国林业网站群域名命名规则》。

第八节 绩效评估

一、基本含义

在管理学中，"绩效"定义为从过程、产品和服务中得到的输出结果，并将该输出结果与目标、标准、过去结果、其他组织的情况进行比较，从而对该输出结果进行评估。绩效评估则是识别、观察、测量和评估绩效的过程。政府网站绩效评估是在一定的理论指导下，有目的、有计划、有组织地运用特定方法、手段、系统，对政府网站建设状况加以分析、综合，作出描述和解释，阐明其发展规律的认识活动。

二、评估思路

全国林业网站绩效评估重点围绕《国务院办公厅关于开展第一次全国政府网站普查的通知》（国办发〔2015〕15号）、《国务院办公厅关于印发2015年政府信息公开工作要点的通知》（国办发〔2015〕22号）、《国务院办公厅关于加强政府网站信息内容建设的意见》（国办发〔2014〕57号）等文件精神，以消除政府网站"僵尸""睡眠"等现象为基础，进一步推进行政权力清单及财政资金等信息公开工作。同时，按照第四届全国林业信息化工作会议、国家林业局信息化领导小组会议精神，掌握全国林业网站建设现状和水平，进一步查找不足、总结经验、树立典型，加快推进全国林业网站健康良性发展。

三、评估范围

全国林业网站绩效评估范围包括中国林业网国家、省级、市级、县级林业站群，国有林区、国有林场、种苗基地、森林公园、湿地公园、沙漠公园、自然保护区站群子站。初评是对上述林业网站进行普查打分，依照政府网站普查要求，得出合格网站，从中选取优秀网站进入复评，进行综合评估。

四、评估方法

人工测评法：根据专家制订的指标体系，评估人员模拟网站用户登录，根据网站内容采集相关数据。采用分组交叉评估模式，按功能模块对网站同一时段采样。

同一指标平行测试：每项指标由同一个人负责，并在同一个时间段内完成数据的采集工作，确保每项指标评估标准和评分尺度、数据采集时间相同。

用户体验法：由评估人员登录网站，对相关功能进行实际体验。

调查法：设计调查问卷，获取组织领导、人员保障、网站访问量、安全管理等数据。

自动监测法：主要考察网站的稳定性、访问速度、PR 值等技术指标。

五、评估程序

整个评估工作从每年 10 月开始，年底结束，采用阶梯性评估，分为两个阶段：依据国务院办公厅关于政府网站普查等相关要求，对中国林业网所有子站进行初次评测，在达到国家普查要求的合格网站中选取优秀网站进入综合评估阶段，以确保评测更加客观、真实、公正，评估结果更具权威性。

普查摸底初评：采用国家政府网站普查指标体系的要求和打分标准，对全国林业各网站进行检查，评出合格达标网站。在合格达标网站中选取优秀网站进入绩效评估综合评估阶段。

综合评估指标设计：参照往年评估结果和普查合格网站的建设情况，制订综合评估指标体系并征求意见，修订指标体系并发布。

问卷调研：对进入综合评估的各单位下发调查问卷，并做好各单位调查问卷的回收和数据统计分析工作。

综合评估打分：依据指标体系，对综合评估名单中各单位评估打分，依据调研统计结果，添加相应指标数据，形成得分明细表。

综合评估报告撰写：对得分明细表进行汇总分析，撰写评估总报告。

六、评估指标

普查摸底初评指标体系:包括单项否决、网站可用性、信息更新情况、互动回应情况、服务实用情况。

综合评估指标体系:借鉴国内外评估经验,结合当前政府网站发展要求和信息内容建设重点工作,依据《国务院办公厅关于开展第一次全国政府网站普查的通知》(国办发〔2015〕15号)、《国务院办公厅关于加强政府网站信息内容建设的意见》(国办发〔2014〕57号)等重要文件,对全国林业网站绩效评估现有指标体系进行进一步完善和提升,形成当年全国林业网站综合评估标准。

七、林业网站历年评估结果分析

为贯彻落实中央政策文件精神,推动全国林业系统信息化建设和电子政务发展,促进政府网站形成"以评促建"的发展机制,自2010年起,国家林业局信息化管理办公室连续组织开展年度全国林业系统网站群绩效评估工作。通过评估,有效提升了网站群整体服务水平,为网站管理决策工作提供客观参考。经过对6年来的评估结果进行分析,主要特点如下。

(一)评估范围不断扩大

随着全国林业政府网站规模的不断扩大,需要不断加强对各林业子站的监管,评估范围也逐步加大。2010年至2012年评估范围以省级林业行政部门、司局和直属单位两大类别为主。自2013年将市级、县级林业行政部门及专题子站等纳入到评估范围,评估数量也逐步增多。至2015年,评估数量达到294个。此外,2011年和2012年是国家林业局组织机构调整的年份,司局和直属单位数量也根据实际组织机构情况做调整(图4-2)。

(二)整体水平呈上升趋势

五类林业网站进步最明显的为司局和直属单位子站,在国家林业局信息化管理办公室的指导下,该类网站正向平台集成、管理集约的方向发展,信息发布、业务协同能力不断提升。其次进步较快的为省级林业主管部门网站,平均分由51.02上升至67.82,各主管部门对网站建设的重视程度不断加强,信息发布进一步规范,办事服务平台进一步完善。此外,县级林业主管部门网站也有一定的进步,但整体发展水平还比较低。市级林业主管部门网站和专题子站平均分变化不大,各单位在运维机制等方面需进一步加强(图4-3)。

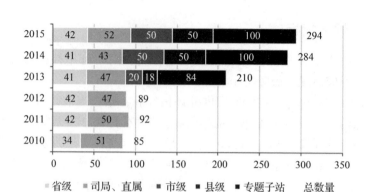

图4-2 中国林业网评测各年度评估范围

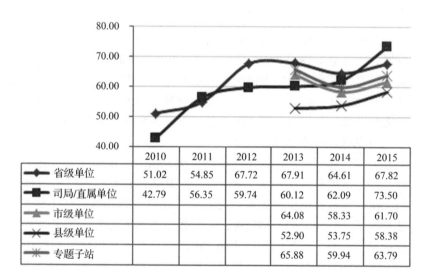

图4-3 中国林业网整体发展水平年度对比图

(三)差异化正逐步缩小

对各年度的评估数据进行分析,从几何平均数和中数等参数可看出,在每年度评估指标体系逐步升级的情况下,各类网站在2010年至2015年间保持稳步提升,仅市级林业主管部门网站和专题子站两类有小幅降低。

从离散系数的变化情况来看,通过这几年的发展,各类的离散系数正逐步缩小,尤其表现突出的为省级林业主管部门、司局和直属单位子站两类;其他三类网站差异化水平变化不大。

从极差数值的变化情况来看，司局和直属单位子站、专题子站的极差数值逐步减小；而省、市、县三级地方林业主管部门网站的值正在增大，表明三级地方林业主管部门的两极分化现象正在加剧，这与各单位对网站建设的重视程度密不可分，落后的单位需引起足够重视，努力提升政府网站建设水平，跟上电子政务发展的步伐。

(四)不均衡现象得到改善

对司局和直属单位子站、省级林业主管部门网站的发展阶段做年度对比分析。各网站已走出起步阶段，少量网站处于建设阶段；多数网站处于发展阶段和优秀阶段，这两个阶段的网站特征表现为有内容、有服务、有互动、有维护，在此期间，各网站得到长足发展，但提供信息和服务的深度、广度、便捷度尚存在不足；此外，信息办、湖南省等个别站点已步入卓越阶段，这类网站重视网站的服务能力的提升、服务创新、管理运维等方面，引领行业的发展(图4-4、图4-5)。

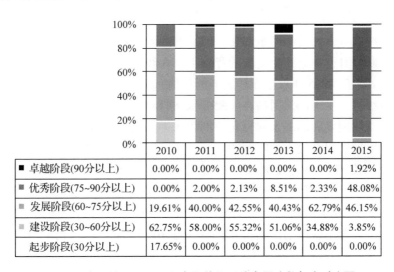

	2010	2011	2012	2013	2014	2015
■ 卓越阶段(90分以上)	0.00%	0.00%	0.00%	0.00%	0.00%	1.92%
■ 优秀阶段(75~90分以上)	0.00%	2.00%	2.13%	8.51%	2.33%	48.08%
■ 发展阶段(60~75分以上)	19.61%	40.00%	42.55%	40.43%	62.79%	46.15%
■ 建设阶段(30~60分以上)	62.75%	58.00%	55.32%	51.06%	34.88%	3.85%
■ 起步阶段(30分以上)	17.65%	0.00%	0.00%	0.00%	0.00%	0.00%

图4-4　中国林业网司局和直属单位子站发展阶段年度对比图

(五)网站各项指标进步明显

通过对司局和直属单位子站、省级林业主管部门网站的功能指标做年度对比分析。信息公开方面进步明显，司局和直属单位子站由48.12%上升至68.72%，省级林业主管部门网站由48.96%上升至75.97%，公开工作在全面性上已经突破壁垒，但在深度和广度方面尚存在不足。

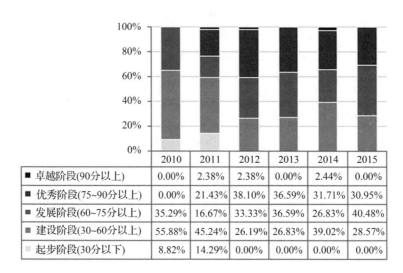

图 4-5 中国林业网省级林业主管部门网站发展阶段年度对比图

在线服务方面持续稳步发展，但提升幅度较小。司局和直属单位在线服务不断提升，在集约化发展的背景下，在线服务逐步整合至国家林业局门户网站，于2015年取消在线服务的评估，重点考查对门户网站的保障支撑。省级林业主管部门网站在线服务水平持续提升，但提升幅度较小，不能跟上互联网发展的需求和公众的期望水平，对在线服务的科学性、便捷性、全面性还存在较大的问题。

互动交流方面有较大幅度的提升。司局和直属单位由47.7%升至61.95%，同样在集约化发展的背景下，互动交流逐步整合至国家林业局门户网站，于2014年取消互动交流的评估，重点考查对门户网站的保障支撑。省级林业主管部门网站由47.7%升至61.95%，在线咨询、调查征集等渠道建设的有效性得到保障，但互动质量不高。

在网站管理上，省级林业主管部门网站进步不明显，各单位对网站的管理意识还需进一步提升，尤其对网站安全缺乏安全意识和应对机制（图4-6、图4-7）。

（六）基本服务效果明显改善

对省级林业主管部门网站重点指标进行分析，公开目录、主动公开、办事表格等服务得到提升，各网站已基本搭建信息公开目录，部门未建设目录的网站设有信息公开相关栏目发布政府信息。在国家政策要求的促进

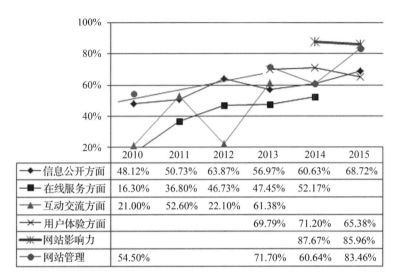

图 4-6　司局和直属单位网站功能指标年度对比分析图

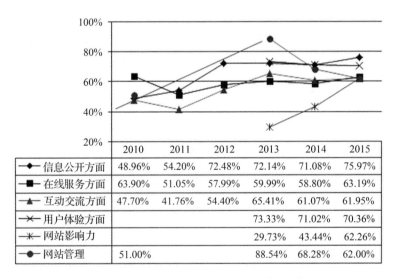

图 4-7　省级林业网站功能指标年度对比分析图

下，主动公开工作进步明显，在全面性、有效性方面得到突破。办事表格下载服务由 62.46% 上升至 81.10%，在全面性和便捷性方面得到提升，但在服务人性化方面存在欠缺。

在网站建设要求不断提升的情况下，依申请公开、互动反馈、安全管理等方面进步较慢。各单位网站对在线依申请公开服务的重视程度不够，甚至少数单位未设立依申请公开渠道，申请流程不明确。在互动渠道逐步完善的情况下，各单位未形成互动回应机制，对信件回复的及时性和有效性得不到有效保障。在安全管理方面，近年来，国家对网站安全建设高度重视，但网站管理者对网站安全的意识还不够，在措施保障、应对机制等方面存在不足，对安全隐患的防患能力薄弱（图4-8）。

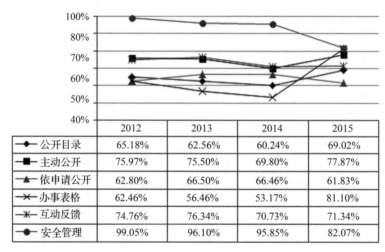

图4-8　网站建设重点指标年度对比分析图

（七）重点政府信息公开效果凸显

自2012年起，国务院办公厅每年发布政府信息公开工作要点的通知，对本年度的信息公开工作重点做具体要求。其中，行政审批办事指南、财政信息等成为每年度的工作重点；自2014年起，有关政策对权力运行清单提出具体要求。通过分析可以看出，办事指南稳步提升，各网站基本保障了指南的全面性和准确性，但在规范性和及时性方面尚存在不足。财政信息的公开在2014年是关键期，本年度大部门单位发布比较全面、权威的财政信息。而权力运行清单在2015年暴发式的予以发布，但在规范性和及时性方面尚存在不足（图4-9）。

（八）部分网站进步明显

对司局和直属单位、省级林业主管部门网站年度排名进行分析，退耕办、公安局、信息办、工作总站、造林司5家司局和直属单位子站，湖南、

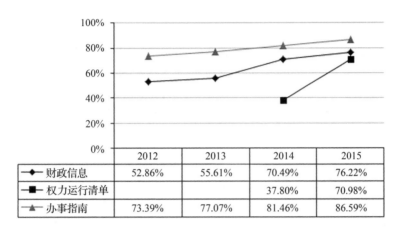

图 4-9　主动公开重点工作年度对比分析图

北京、福建、浙江、广东、上海 6 家省级林业主管部门网站能够保持领先地位，一直保持前 10 名。6 年期间，三北局、林科院、科技司、乌鲁木齐专员办、天保办、竹藤中心、中绿基、世行中心、昆明院 9 家司局和直属单位，甘肃、青岛、深圳、宁波、湖北、海南、新疆兵团、湖南 8 家省级林业主管部门网站进步较快。其中，三北局、林科院、科技司、乌鲁木齐专员办、甘肃省等单位进步最快，进步名次在 20 名以上，基本跨越式发展。进步较快的网站分别通过网站改版、制度建设、部门协调等各种手段使网站的服务水平明显改观，使全国林业系统网站群站建设水平整体提升。

（九）专题子站发展速度不均

全国林业系统专题子站评估涵盖国有林区、国有林场、种苗基地、森林公园、湿地公园、自然保护区、重点花卉 7 类，其中自然保护区、国有林场、森林公园、种苗基地 4 类自 2013 年每年均有评估。对这 4 类进行年度对比分析发现，种苗基地、自然保护区有小幅提升，森林公园、国有林场则表现不稳定。2015 年度，专题子站最高分（82）与最低分（46）相差 36 分，差距较大。其中，种苗基地和自然保护区的平均分较高，但自然保护区表现同样不够稳定，在 2014 年出现下滑现象。自然保护区、国有林场、森林公园等单位表现不稳定的原因重点在于，各子站未形成有效的信息发布机制，不能保证信息发布的更新及时性和有效性。各单位对专题子站运维应当建立长效的运维机制，保障信息的有效、定期更新，使站点充满活力。

延伸阅读

1. 于施洋，王建冬．政府网站分析与优化．北京：社会科学文献出版社，2014．
2. 李世东．政府网站建设．北京：中国林业出版社，2017．
3. 李世东．中国林业网．北京：中国林业出版社，2015．
4. 李世东．中国林业信息化绩效评估．北京：中国林业出版社，2014．

第五章

应用系统

第一节 综合应用系统

一、综合办公系统

综合办公系统是林业基础信息平台上的一项重点应用，通过全面整合办公信息资源和业务数据资源，规范国家林业局办公业务流程，从而全面服务于国家林业局行政办公和行政管理，实现国家林业局内部协同办公和信息共享，提高国家林业局工作人员的办公、办事效率，同时为国家林业局领导决策提供强有力的支持。

综合办公系统是面向国家林业系统用户提供网络化、电子化、规范化、流程化的集中式协同办公和信息资源共享服务平台，实现办公规范化、工作自动化、监督透明化，全面提升国家林业系统用户的办公水平和办公效率。林业综合办公系统正式上线运行，全国林业系统进入无纸化办公时代。从 2010 年 6 月 1 日起，林业系统进入无纸化办公阶段。这是林业信息化建设的一件大事，在林业信息化发展史上具有里程碑意义。局大院内全体职工、院外直属单位及 36 个省级林业部门都可登录内网系统进行工作、学习和交流，标志着林业系统由数千年的纸与笔时代进入了光与电时代。国家林业局每份文件的运转周期，从原来的 3 个星期缩短为 1 个星期，工作效率大大提高。国家林业局综合办公系统的功能模块按业务需求分为领导办公、公文办理、会议办理、事务办理和综合管理五大板块。

1. 领导办公。针对局领导在工作中的特殊需求，设立的领导办公应用专栏。领导办公包括日程安排、指示批示、领导讲话、重要活动、领导会见、领导办公文档等模块。

2. 公文办理。公文办理是综合办公的核心部分，实现了国家林业局机关公文办理和管理电子化，实现了发文管理、收文管理、签报管理、建议提案的自动化，可灵活设定公文流程，自动进行跟踪、催办、查办，并可归类存档，最终实现"文档一体化"，规范公文办理流程，提高协同办理能力和日常办公工作效率。公文办理包含了综合办公系统的核心业务——发文管理、收文管理、签报管理、建议提案、查询统计、公文授权、公文维护等模块。

3. 会议办理。提供对会议整个流程的管理，从申报会议计划开始，经过审批，然后向参会人员发会议通知，进行会务准备，会议结束以后，形成会议纪要，进行一整套的自动化管理。将日常烦琐的会议工作井井有条地结合在一起，实现对国家林业局会议整个流程的网上管理。会议办理包含全国性会议和内部会议等模块。

4. 事务办理。为国家林业局办公用户事务办理提供服务，针对国家林业局用户在日常事务中的需求提供功能全面的日常办公环境。事务办理包含国际合作、人事管理、信息简报、督察督办、后勤服务、财务报销、意见征询、值班管理等模块。

5. 综合管理。综合管理为国家林业局办公用户提供辅助办公的应用服务。综合管理包含通知、留言条、办公助理、个人通讯录、大事记等模块。

二、移动办公系统

移动办公系统突破传统的公文办文方式，在保证网络安全的前提下，利用互联网实现公文的移动办理，利用移动专线实现公文的手机移动办理。办公人员可在局机关外访问移动办公应用系统，随时随地进行文件的审阅办理，摆脱时间和空间对办公人员的约束，信息处理更自由，在不降低安全防范标准的前提下，提高了办公效率。

三、档案管理系统

国家林业局电子档案管理系统是用于处理局机关的电子档案实时归档（OA系统生成的文件）和历史档案资源集中利用的平台。融合于内网平台，在林业系统内实现档案信息的资源共享，使档案信息资源更好地为林业信息化和现代化服务。系统提供角色的管理、权限流程的管理和系统日志等特色功能，确保系统和档案信息的安全。

四、内部邮件系统

内部邮件系统是所有内网门户使用人员提供的一个通信服务电子处理系统。它提供电子邮件服务，使得大家都可享受免费邮件功能，加速国家林业局内部的信息传递。作为门户网站的一项服务体现，内部邮件系统可以提供更多的业务支持和增加用户群，对于吸引用户和网站的发展都有很大益处。电子邮件系统架构采用集中部署方式，系统可以实现基本的邮件收发：SMTP、WWW 发邮件，POP3 等收取邮件，WWW、客户端程序读邮件。

五、即时通信系统

即时通信系统，对国家林业局内部人员提供顺畅的沟通工具。畅顺的沟通对生产效率、管理质量起到至关重要的作用。在异步通信已无法满足办公需求的形势下，好的即时沟通平台，能够帮助实现高效沟通。国家林业局内部人员可以轻松地通过服务器所配置的组织架构查找需要进行通信的人员，并采用丰富的沟通方式进行实时沟通。文本消息、文件传输、直接语音会话或者视频的形式满足不同办公环境下的沟通需求。即时通信系统可提高工作效率，减少内部通信费用，进行更加高效的沟通。

六、文档交换系统

内外网文档交换系统解决了因内、外网隔离而产生的两个网络之间文档安全交换的问题。该系统依托国家林业局基础平台的数据交换系统和网闸设备，实现在两个网络间文档的交换，为内、外网办公提供有效的帮助。系统提供文件、图片等媒体资料在内、外网之间资源交换。使两个网络之间进行文件传递，为内、外网办公人员提供有效的资源共享。

第二节　业务应用系统

一、森林旅游安全监管与服务物联网应用

（一）项目背景

井冈山森林旅游安全监管与服务物联网系统由"天、地、人、林四网和智慧森林一平台"构成。天网、地网、人网、林网共同构成一体化感知

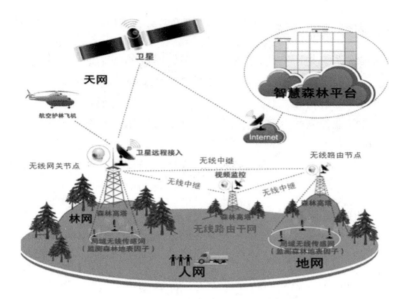

图 5-1　井冈山森林旅游安全监管与服务物联网总体框架

体系，并与"智慧森林平台"对接，形成"四网一平台"整体解决方案（图5-1）。

（二）建设内容

1. 天网系统。建设内容包括建立遥感影像数据库；建立基础地理信息数据库；在此基础上，构建井冈山景区三维 GIS 应用平台。

2. 地网系统。建设内容包括部署无线局域网（WiFi 网络）；在林下枯枝落叶层部署低功耗温湿度无线传感器节点；部署微型气象监测仪；改造现有水文监测系统；部署旅游视频观景系统；部署林火视频监控点。

3. 人网系统。建设内容包括为景区工作人员及游客配备智能定位胸卡；为保护区工作人员配备移动多功能智能手持终端等。

4. 林网系统。建设内容包括在笔架山、茨坪等主要森林生态旅游景区、景点部署森林坐标设备。

5. 智慧森林平台。建设内容为设计和开发森林旅游管理系统、森林旅游服务系统、森林资源监管系统、林火监测预警与辅助决策系统、生态调查监测管理系统、综合指挥调度系统、运维管理系统等业务系统，实现以 GIS、定位、视频等基础能力为依托的四网互通的综合平台。

（三）建设成果

1. 实时监控系统。主要包括生态环境监测和旅游人员车辆监测两个方面。在生态环境监测方面，需要利用无线传感、自动气象监测、视频监控等技术，实时掌握景区空气质量、林下环境、气象等关键因子的变化情况。在旅游人员车辆监测方面，需要综合利用视频监控、卫星定位、基站定位、电子围栏等技术，掌握人员车辆的实时活动情况。基于以上信息，提高旅游监管和服务水平。

2. 位置服务系统。借助 GPS、北斗导航系统、超高频智能标签、移动 GIS 等先进技术手段，为出入林区的人员车辆和后台旅游综合监管服务系统提供高效的位置服务，为加强游客管理、合理疏导客流、搜救遇险游客、丰富服务内容等提供技术支撑。

3. 信息传输系统。借助卫星通信网络、广域和宽带无线通信网络、互联网、传感网以及智能分析系统、专家决策系统等，建立覆盖整个旅游区的通信网络，实现信息及时传递、有效共享和快速响应，为保障井冈山景区森林生态旅游安全和可持续发展奠定坚实基础。

4. 智慧森林平台。整合井冈山景区现有旅游监管和服务平台，基于云计算架构，研制可视化的监测和预警系统、丰富的智能数据挖掘和模型分析工具、高效的综合调度和指挥平台，全面提升森林旅游信息采集、管理和智能分析能力，为景区旅游科学决策提供平台支持。

二、森林资源安全监管与服务物联网应用

(一)项目背景

森林资源安全监管与服务应用示范工程主要是在吉林森工集团松江河林业局搭建天网、地网、人网、林网组成的一体化感知体系，对接"智慧森林平台"，提高森林防火预警监测能力和木材生产监管能力。

(二)建设内容

项目主要包括"四网一平台"五部分建设内容，即：天网、地网、人网、林网、智慧森林核心业务平台，以及标准建设。

1. 天网子系统。租用通信卫星信道用于应急通信，通过 GPS/北斗导航等定位系统，实时获取林区内人员的位置信息，为核心业务平台数据分析、联动其他网络提供有效数据依据。

2. 地网子系统。建设 8 座核心智能监测站，在智能监测站部署智能视频监测系统，通过红外、可见光探测以及塔下周界预警相机对监测站周围的林地进行监控。为提高传输联网的冗余性和测试不同设备对不同林区地形的适应性，除了利用传输光纤，还在监测站上部署了高带宽、高灵敏度

的无线网桥，用于备用通信。为保障设备的稳定运行，将太阳能供电和其他供电方式的备电时间都设计为 72 小时；在所有塔站都配套进行了防雷工程建设。探索不同地区、不同地形条件、不同气候条件下的系统实施方案。共新建森林观测塔 3 座，改造观测塔 5 座；在观测塔上部署：智能视频监测系统 8 套、安防监控设备 8 套、补盲相机 8 套、无线网桥 8 套、气象采集设备 2 套（共部署 2 个监测站）。采购部署太阳能供电系统 2 套、直流供电系统 6 套；新建防雷系统 8 处；改造指挥中心 2 座；所有观测塔新建传输线路，6 处观测塔新建供电线路。

3. 人网子系统。配备车载台 10 套、无线对讲机 200 套、移动智能终端——手持智能终端设备 60 台/部（含 GPS/北斗导航）。

4. 林网子系统。选取特选原木为示范工程标签原木，年产量 85 971 根（段）。共采用林木标签 20 000 张、电子货票 1000 张。部署手持终端 74 套（读写电子标签）、固定式阅读器 62 套（蓝牙，读写电子货票）、RFID 固定终端 32 套（群扫）、视频监控相机 32 套、业务终端 32 套。

5. 智慧森林核心业务平台。核心业务平台主要为两大业务，森林防火监控预警和木材管理。规划核心业务平台的体系结构，并实现二级管理。建设基础 GIS 服务、数据交换服务等平台基础服务，开发森林防火监控与应急指挥系统、林木监管系统等业务系统，构建与四网互联互通和业务数据整合的基础环境。共部署 10 台服务器、2 台存储器、4 台小型机、6 台网络设备、4 套网络安全设备，采购基础业务平台软件，研发、测试、部署地理信息、基础数据交换、森林防火火情识别、指挥控制、林木监管、集团监管等业务软件。

（三）建设成果

1. 身份标识系统。充分利用射频识别和移动通信等技术，建立起完善的森林电子标签系统，并与专门设计的采伐证、运输证、检疫证、电子货票等结合，实现对木材生产、运输、贮存、销售等环节的精细管理，大幅度提高执法监管、经营管理和公共服务水平。

2. 位置服务系统。借助 GPS、北斗导航系统、超高频智能标签、移动 GIS 等先进技术手段，建立森林坐标系统，形成森林网格，提高出入林区人员及车辆的野外定位以及面积测算、距离测算等的准确度，提高工作效率和工作质量，确保人员及财产安全。

3. 实时监控系统。部署和升级传感器、视频监控、电子围栏等地面数据自动采集设备，着力解决电力供应、信号传输、设备安全、技术升级等技术难题,并与卫星、航空护林飞机、地面人力等组成立体监测网络,全面及时掌握林区情况。

4. 信息传输系统。借助卫星通信网络、广域和宽带无线通信网络、互联网、传感网以及智能分析系统、专家决策系统等,建立覆盖广大林区的通信网络,实现林区信息的高效传递、有效共享和快速响应,为保障森林资源和群众生命财产安全奠定坚实基础。

5. 智慧森林平台。基于云计算架构,研制可视化的监测和预警系统、丰富的智能数据挖掘和模型分析工具、高效的综合调度和指挥平台,全面提升信息采集、管理和智能分析能力,为林业科学决策提供平台支持。

三、国有林场(林区)智慧监管平台

(一)项目背景

为加快推进国有林场、国有林区改革,促进国有林场、国有林区科学发展,充分发挥国有林场、国有林区在生态建设中的重要作用,2015年2月8日,中共中央、国务院印发了《国有林场改革方案》和《国有林区改革指导意见》(中发[2015]6号)。国有林场(林区)改革是继集体林权改革后,中央对林业改革发展作出的又一项重大战略举措,国有林场(林区)作为我国最重要的生态安全屏障和森林资源基地,其改革发展必将对林业发展和生态文明建设产生更加深远的影响。

2015年3月17日,全国国有林场和国有林区改革工作电视电话会议在北京召开,国务院副总理汪洋要求,要认真贯彻落实党中央、国务院关于深化国有林场和国有林区改革的决策部署,围绕发挥生态功能、维护生态安全的战略定位,加快健全森林资源监管体制,创新资源管护方式,完善支持政策体系,推动林业发展由木材生产为主转向生态修复和建设为主、由利用森林获取经济利益为主转向提供生态服务为主,为促进生态文明建设和经济社会可持续发展提供有力保障。

2016年1月10日,全国林业厅局长会议指出:党中央、国务院印发了《国有林场改革方案》和《国有林区改革指导意见》,国务院专门召开电视电话会议进行部署,国有林场和国有林区改革正式启动,目前已有12个省份制定了国有林场改革实施方案,东北、内蒙古重点国有林区全面停止了天然林商业性采伐,启动了森林资源管理与利用分开试点。

国家林业局2016年的11项重点工作的第一项工作就是全面深化林业改革。一是加快推进国有林区改革。认真细化落实省级改革实施方案,抓好改革试点工作，理顺森林资源管理监督职能。按照"卸包袱、保生存、求发展"的要求，剥离企业承担的社会职能，化解森工企业金融机构债务，推进全面停伐后的产业转型，妥善分流安置企业职工，确保职工基本生活有保障、林区社会和谐稳定。二是全面实施国有林场改革。认真落实省级改革实施方案，编制国有林场森林资源保护培育专项规划，制定国有林场森林资源监管办法，协调落实基础设施建设等支持政策。三是继续深化集体林权制度改革。出台完善集体林权制度的意见，进一步放活经营权。积极培育家庭林场、股份合作林场、专业合作组织等新型经营主体，健全林业社会化服务体系，促进多种形式的适度规模经营。

为了更好地保障国有林场和国有林区改革，落实"互联网＋"林业建设要求，推动信息技术和林业业务深度融合，开展国有林场（林区）智慧监管平台。

（二）建设内容

总体建设任务为"两库一平台"，两库包括国有林场数据库、国有林区（包括重点国有林区）数据库，一平台指国有林场（林区）智慧监管平台，包括国有林场（林区）人员信息智能采集系统、国有林场（林区）一卡通管理系统、国有林场（林区）资源资产智慧监管系统、国有林场（林区）改革监管绩效评价系统。

1. 一期建设内容。包括国有林场（林区）人员信息智能采集系统开发、国有林场（林区）一卡通管理系统、数据库建设和基础运行环境搭建。具体建设内容如下：

开发国有林场（林区）人员信息智能采集系统。具体包括人员信息采集子系统、人员信息大数据分析验证子系统和数据可视化展现子系统。

国有林场（林区）一卡通管理系统。一卡通系统以智能卡为信息载体和交易工具，运用IC卡、计算机、通信和网络等技术，实现试点国有林场、国有林区内身份确认、打卡考勤、消费支付、补助发放、人员信息管理的功能。

数据库建设。包括对国有林场和国有林区两大数据库的规划设计。

搭建基础运行环境。充分利用已有的基础设施，包括服务器、网络设施、数据库和中间件。

2. 二期建设内容。主要完成国有林场（林区）资源资产智慧监管系统和国有林场（林区）一卡通管理系统。具体建设内容如下：

搭建大数据管理平台。采用Hadoop服务器集群的方式搭建大数据管理平台,包括数据存储管理、数据采集调度、数据服务和数据分析四大引擎。

国有林场资源采集子系统。实现国有林场资源数据的采集、数据审核、数据验证、信息查询和统计汇总。采集的渠道有数据填报、遥感数据购买、地理信息数据采集和物联网数据接入,其中遥感监测与物联网监测选取3个国有林场作为试点单位。

国有林区资源采集子系统。实现国有林区(包括重点国有林区)资源数据的采集、数据审核、数据验证、信息查询和统计汇总。采集的渠道与国有林场相同,选取两个国有林业局作为遥感监测与物联网监测试点单位。

国有林场资产采集子系统。实现国有林场资产数据以及综合数据的采集。功能包括信息采集、数据审核、数据验证、信息查询和统计汇总。

国有林区资产采集子系统。对国有林区(包括重点国有林区)资产数据以及综合数据进行采集。系统的功能与国有林场相似,都包括信息采集、数据审核、数据验证、信息查询和统计汇总。

资源大数据智能分析子系统。实现对采集到的国有林场、国有林区资源资产数据进行大数据分析。主要功能包括国有林场"一张图"、国有林区"一张图"(包含重点国有林区"一张图")、资源动态变化监测和资源发展趋势分析。

资产大数据智能分析子系统。实现对采集到的国有林场、国有林区(包括重点国有林区)资产数据进行大数据分析。主要功能包括资产完好率分析、资产效用率分析和资产贡献率分析。

3. 三期建设内容。主要建设国有林场(林区)改革监管绩效评价系统,具体建设内容如下:

国有林场、国有林区(包括重点国有林区)改革效果评价指标体系的设计,包括指标分类和指标体系测算方法。

开发国有林场改革效果评价子系统,实现对国有林场改革效果的评价。

开发国有林区(包括重点国有林区)改革效果评价子系统,实现对国有林区改革效果的评价。

开发国有林场(林区)资产资源离任审计子系统,实现对国有林场、国有林区(包括重点国有林区)领导干部的资源资产离任审计。

(三)建设成果

1. 智能信息采集。紧紧围绕人员信息智能采集,通过互联网、移动互联网和 IC 卡等技术保障采集的人员信息的全面、准确、及时,信息智能采集的范围包括 4855 个国有林场、138 个国有林业局(其中重点国有林区国有林业局 87 家)的人员情况。通过开展国有林场、国有林区"一卡通"试点,探索一卡通在国有林场、国有林区内考勤、交通、餐饮消费、补助发放、景点旅游、统一身份认证等方面的应用,整合各种信息资源,实现一卡在手,林场(林区)遍走。

2. 资源资产智慧监管。围绕国有林场、国有林区(包括重点国有林区)的资源、资产智慧监管,采集国有林场、国有林区资源数据、资产数据和综合数据,编制监测指标体系,确定监测的工具与手段,实现资源资产智慧监管,通过试点探索在线实时监测。

3. 智能绩效评价。围绕国有林场、国有林区(包括重点国有林区)改革效果评价,建立国有林场(林区)改革绩效评价指标体系,并实现机器自动量化评价。开展领导干部资源资产离任审计试点,推动领导干部守纪、守法、守规、尽责,切实履行森林资源资产管理和生态环境保护责任。

四、中国信息林

(一)建设背景

2012 年,国家林业局作为首批 6 个国家物联网应用示范部委之一,开展了长白山智慧森林防火、井冈山智慧景区管理等森林物联网建设应用。为进一步探索林业物联网应用和智慧林业建设,2012 年国家林业局在北京园博园建成中国首片"智慧森林"——中国信息林。利用物联网等现代信息技术,为每棵树木安装一个芯片,配置一个身份证,为整片林木布设无线传感器网络,实现智慧监测、智慧管理、智慧决策。

(二)建设内容

1. 基础网络环境建设。由于园区范围较大,布设了两个数据交换节点,通过千兆光纤互联。同时布设了企业级的无线 AP,将微型气象站和传感器的数据信号实时传给主服务器。再通过互联网,将数据和监控图像信息传送给国家林业局。

2. 传感器和微型气象站建设。整片林木通过无线传感器网络连接在一起,借助网络节点大量实时地收集林内温度、湿度、光照、气体浓度、树木生长及各种灾害指标情况,并传输到管理平台,信息管理系统将根据动态监测到的树木生长变化情况,分析树木生长需要的土壤水分、养分、pH 值等适宜的环境信息。其中布设有一个微型气象站,两个土壤温湿度传感器和一个土壤 pH 值传感器。安装了 11 个摄像头可以及时了解树木实时影像情况。

3. 电子身份证建设。信息林中每棵树都有一个二维码标签，管理人员可通过其记录和查看树木的养护情况，公众也可以通过扫描其获得树木的基本信息，给树木留言，参与"互动"。

4. 配套网站建设。作为国家林业局示范项目，为进一步完善信息林的建设，真正成为现代信息技术在林业行业的展示平台，充分发挥它的引领示范作用，还配套建设了"中国信息林"网站（http：//xxl. forestry. gov. cn），展示中国信息林建设成就，同时报道国内外林业信息化发展情况、相关法律法规等方面资讯。

（三）建设成果

1. 森林物联网应用。将整片林子通过无线传感器网络连接在一起，网络节点大量实时地收集林内温度、湿度、光照、气体浓度、树木生长及各种灾害指标情况，并传输到管理平台。

2. 智慧森林培育。信息管理系统将根据动态监测到的树木生长变化情况，分析树木生长需要的土壤水分、养分、pH 值等适宜的环境信息，采取相应管理措施，实现智慧化森林培育。

3. 智慧林业示范。为实现现代林业科学发展提供有益探索和借鉴。它不仅集中展示了中国林业物联网的应用，也将进一步加快推动营造林实现标准化、数字化和网络化，推动管理实现信息化和现代化。

五、攀枝花苏铁智能生态系统建设

（一）建设背景

四川攀枝花苏铁国家级自然保护区自 2014 年开始大力推行信息化建设，全面开展"智慧保护区"的规划、设计与实施。主要着力于保护区保护管理能力建设与生态资源监测网络建设，本着"先进实用、维护简便、信息共享"的原则，以苏铁林的监测及管理为重点，加强生态环境监测与保护区管理能力，初步建立较完备的信息化和智能化管理体系，提升整个保护区对区内生态环境可监管、可操作的能力。

（二）建设内容

一期建设内容可归纳为："一套档案、四个系统、两个平台"，其中"一套档案"为基于 RFID 技术的珍稀濒危植物户籍电子档案及管理体系；"四个系统"分别为三维可视化综合管理系统，生态监测数据采集、管理与分析系统，野外巡护智能终端采集与应用系统，群落永久性动态大样地建设及监测系统；"两个平台"分别为攀枝花苏铁自然保护区新媒体自然教育平台，攀枝花苏铁自然保护区新媒体互动服务平台。

1. 基于 RFID 技术的攀枝花苏铁自然保护区电子档案及管理体系。基于 RFID（射频识别）技术的攀枝花苏铁电子档案及管理体系利用先进的 RFID 技术，实现苏铁监测、巡护数据的自动读写和智能化管理，从而实现数据的科学分析与处理，在节约人力、提高管理和科研效率的同时，实现信息共享，既能为保护区的科学研究提供数据支撑，也能为社会公众提供信息推介与科普信息服务。

2. 攀枝花苏铁自然保护区三维可视化综合管理系统。攀枝花苏铁自然保护区三维可视化综合管理系统是基于地理信息技术对保护区的生态系统实现数字化管理的平台，系统需要切实反映格里坪核心区、民政核心区、试验区及保护区周边区域的基本情况，以地理坐标及时间为索引，接入保护区人、地、物、事等各类日常数据及各类生态环境数据，结合保护区的基础设施、日常管理、物种调查等信息做到综合管理。

3. 攀枝花苏铁自然保护区生态监测数据采集、管理与分析系统。攀枝花苏铁自然保护区生态监测数据采集、管理与分析系统是针对保护区科研监测信息提供的标准化管理工具，系统结合数据挖掘技术与云计算技术，构建生态资源远程监测云架构，综合特定门类的特定监测方法，提供相应数据模板，如攀枝花苏铁保护区内的人为干扰强度监测，重点点位物候监测、保护区内及周边气象环境监测（包括酸雨、工业粉尘等）、林线监测等，对各门类监测成果进行规范管理、综合展示、分布计算、实时汇总、专项统计，充分挖掘数据价值，切实反映保护成效，为科学保护提供有力的数据支撑和依据。

4. 攀枝花苏铁自然保护区野外巡护智能终端采集与应用系统。为提升保护区巡护监测的综合管理水平，提高保护区野外巡护监测工作的效率。野外巡护智能终端采集应用系统满足保护区监测流程规范化、监测手段多样化、监测数据标准化的要求。野外巡护智能终端采集应用系统支持保护区巡护人员配备移动终端，在巡护过程中随时上报问题，接收、核实、核查任务。系统建立了攀枝花苏铁保护区物种名录信息存储功能，存储各种资料，包括：物种代码、规程、分辨动物和植物所需的本底资料等；物种名录查询模块实现野外常见物种资料查询功能，便于在野外任何采集地点查看现存的物种资料信息，以帮助工作人员提高在野外监测时对物种识别的能力，所采集的数据应能够通过实时回传或离线访问模式汇总到数据监测系统。

5. 攀枝花苏铁自然保护区群落永久性动态大样地建设及监测系统。为提高保护区开展植被监测和科学研究项目的能力与管理人员的工作技能，本次项目在保护区内建设1公顷的永久性攀枝花苏铁自然保护区群落动态大样地，长期监测区域内攀枝花苏铁及其他伴生植物的生长和更新动态。并以大样地为平台，规划设计不同生物类群与环境因子相结合的、长期深入的生态系统监测体系。同时，还将建立起以大样地为平台的活跃的科研合作伙伴网络。大样地生态因子监测系统应实现对大样地生态因子监测的信息化管理。

6. 攀枝花苏铁自然保护区新媒体自然教育平台。面向攀枝花苏铁保护区的公众访客和宣教对象，建设以攀枝花苏铁为代表的珍稀动植物保护的新媒体自然教育平台，平台以iPad平板电脑作为载体进行定制化设计。攀枝花苏铁国家级自然保护区多年来在苏铁保护和监测工作中积累了大量丰富的图片、文字和视频等多种形式的数据资料，通过系统梳理、提炼、设计，形成具有苏铁特色的公众自然教育题材。并依托平板电脑的便携性与人机交互友好性，充分融合多媒体的多样化表现形式，形成集趣味性、科普性、科技性于一体的苏铁新媒体自然教育平台。

7. 攀枝花苏铁自然保护区新媒体互动服务平台。面向国内与国际的苏铁研究保护专业人员及社会各界的爱好者，搭建以信息交流、成果共享、科研协作以及公众参与式科研等在线互动为核心的专业服务平台；面向社会公众及植物爱好者搭建攀枝花苏铁及苏铁自然保护区的自然科学信息发布平台，吸引公众对攀枝花苏铁及相关自然生态保护事业的关注和参与。

六、林业资源综合监管系统

（一）建设目标

按照《全国林业信息化建设纲要（2008—2020年）》要求，以及国家林业局业务系统建设需求，主要有三大建设目标：

一是通过建立国家林业局林业资源综合监管试点，提高国家对林业资源利用的监管能力和宏观决策能力，形成对"三个系统一个多样性"资源的有效管理。

二是进一步扩展林业信息化基础平台支撑能力，实现国家和省级平台的多级交换，以及公共基础信息、林业基础信息、林业专题信息和政务办公信息等多种数据格式的整合与综合利用。

三是建立国家林业局运维服务平台,提供"统一监控、上下联动"的运维服务支撑。运维服务平台采用国家林业局信息化基础平台的综合运维管理系统,对国家和省两级基础平台进行实时监控,首先确保国家林业局信息化基础平台及其上运行的业务系统安全稳定的运行,依据统一的运维流程和规范指导维护工作,形成"统一规范、统一流程、统一监控、分级处理"的运维体系。

(二)建设内容

1. 建设了国家级和试点省辽宁省林业资源综合监管服务系统。在试点省范围内形成对"三个系统一个多样性"资源的有效管理。面向国家林业局相关专业司局,提供对林业资源的综合监管工具;面向国家林业局领导和决策者,提供对林业资源的综合查询和统计分析。

2. 扩建国家林业局信息化基础平台。实现国家和省级系统的多级交换,公共基础信息、林业基础信息、林业专题信息以及政务办公信息等多种数据格式的整合与综合利用,同时提高林业系统应用软件的复用度,提高开发效率,有效整合应用资源。

3. 建立国家林业局运维服务平台。确保国家林业局信息化基础平台及其上运行的业务系统安全、稳定运行,同时依据统一的运维流程和规范指导省级系统的维护工作,提供"统一监控、上下联动"的运维服务支撑。

七、森林资源监管系统

(一)数据库建设

森林资源数据库建设、森林资源分布数据库建设、森林资源统计与报表数据库建设、森林资源监管业务支撑数据库建设以及省级森林资源前置数据库建设。

(二)服务建设

服务建设主要包括三部分:省级服务包括数据同步服务、森林资源监管业务支撑服务、森林资源数据服务;国家服务(主要针对一类数据)包括数据同步服务、监管业务支撑服务、森林资源数据服务;森林资源监管服务包括数据统计与分析服务、网络地图与空间查询分析服务、森林资源数据聚合服务等组成。

(三)系统安全与管理建设

提供一个通用的集用户管理授权服务、日志服务、安全管理服务为一体的模块。

森林资源监管子系统主要实现基于基础地理信息、森林资源信息、森林资源统计与报表信息的森林资源综合查询、统计分析。

八、湿地资源监管系统

(一)数据库建设

湿地资源数据库建设、湿地资源分布数据库建设、湿地资源统计与报表数据库建设、湿地资源监管业务支撑数据库建设以及省级湿地资源前置数据库建设。

(二)服务建设

服务建设主要包括三部分：省级服务包括数据同步服务、湿地资源监管业务支撑服务、湿地资源数据服务；国家服务(主要针对一类数据)包括数据同步服务、监管业务支撑服务、湿地资源数据服务；湿地资源监管服务包括数据统计与分析服务、网络地图与空间查询分析服务、湿地资源数据聚合服务等组成。

(三)系统安全与管理建设

提供一个可复用的通用的集用户管理授权服务、日志服务、安全管理服务为一体的模块。湿地资源监管子系统主要实现基于基础地理信息、湿地资源信息、湿地资源统计与报表信息的湿地资源综合查询、统计分析。

九、荒漠化资源监管系统

(一)数据库建设

荒漠化沙化土地资源分布数据库建设、荒漠化沙化土地资源统计与报表数据库建设、荒漠化沙化土地资源监管业务支撑数据库建设以及省级荒漠化沙化土地资源前置数据库建设。

(二)服务建设

服务建设主要包括三部分：省级服务包括数据同步服务、荒漠化沙化土地资源监管业务支撑服务、荒漠化沙化土地资源数据服务；国家服务(主要针对一类数据)包括数据同步服务、监管业务支撑服务、森林资源数据服务；荒漠化沙化土地资源监管服务包括数据统计与分析服务、网络地图与空间查询分析服务、荒漠化沙化土地资源数据聚合服务等组成。

(三)系统安全与管理建设

提供一个可复用的通用的集用户管理授权服务、日志服务、安全管理服务为一体的模块。

荒漠化沙化土地资源监管子系统主要实现基于基础地理信息、荒漠化沙化资源信息、荒漠化沙化土地资源统计与报表信息的荒漠化沙化土地资源综合查询、统计分析。

十、生物多样性资源监管系统

(一)数据库建设

生物多样性资源数据库建设、生物多样性资源分布数据库建设、生物多样性资源统计与报表数据库建设、生物多样性资源监管业务支撑数据库建设以及省级生物多样性资源前置数据库建设。

(二)服务建设

服务建设主要包括三部分：省级服务包括数据同步服务、生物多样性资源监管业务支撑服务、生物多样性资源数据服务；国家服务(主要针对一类数据)包括数据同步服务、监管业务支撑服务、生物多样性资源数据服务；生物多样性资源监管服务包括数据统计与分析服务、网络地图与空间查询分析服务、生物多样性资源数据聚合服务等组成。

(三)系统安全与管理建设

提供一个可复用的通用的集用户管理授权服务、日志服务、安全管理服务为一体的模块。

生物多样性资源监管子系统主要实现基于基础地理信息、生物多样性资源信息、生物多样性资源统计与报表信息的生物多样性资源综合查询、统计分析。

第三节　服务应用系统

一、国家林业局领导决策服务系统

(一)建设目标

建设国家林业局领导决策服务数据库、模型库和知识库等，以人与计算机交互方式进行决策管理，通过分析问题、建立模型、模拟决策过程和方案的环境，调用各种林业数据资源和分析工具等方式，为国家林业局领导提供有效决策服务手段，全面提升决策质量和服务水平，为建设林业现代化作出新贡献。

(二)建设内容

全面整合归集领导决策所需的业务数据、管理数据、政务数据、互联网数据等,建立辅助局领导日常办文、办会、办事等工作的管理系统,建立综合全面的领导决策服务应用,可视化展现局领导关注的业务内容,切实为局领导决策提供支撑。主要包括文件服务、会议服务、业务服务、事务服务、地方林业、世界林业、热点专题、综合服务、后台管理9个模块。

1. 文件服务。文件服务模块的主要数据来源是纸质文件、有关部委网站发布文件、中国林业网发布文件、国家林业局内网发布文件、国家林业局档案管理系统等。文件服务包括中央领导指示、综合法律法规、林业法律法规、中央林业文件、有关部委文件、国家林业局文件、地方林业文件、林业标准规范、国际公约文件9个模块。

2. 会议服务。会议服务模块的主要数据来源包括纸质材料、有关部委及相关网站发布材料、中国林业网发布材料、国家林业局内网发布材料等。会议服务包括中央会议、部委会议、林业会议、地方会议、国际会议、会议规章制度6个模块。

3. 业务服务。业务服务模块以林业核心业务为纲领,梳理整合各类林业专题业务数据,主要数据来源包括中国林业数据开放共享平台、《中国主要树种造林技术》《林业区划》、8次连清数据等。业务服务包括森林资源、湿地资源、荒漠化资源、生物多样性、造林绿化、林业重点工程、森林防火与森林公安、病虫害防治、林业产业、林业改革10个模块。

4. 事务服务。事务服务模块的主要数据来源包括《中国林业统计年鉴》、中国林业网等。事务服务包括计划财务、科学技术、国际合作、机构队伍、党务工作、信息化建设、离退干部、机关服务、督查督办、舆情监控10个模块。

5. 地方林业。地方林业模块的主要数据来源包括《中国林业发展报告》、中国林业网各省(自治区、直辖市)林业主管部门子站等。地方林业包括各省省情、各省林业概况、各省林业项目、各省历年林业工作计划和总结报告、各省亮点5个模块。

6. 世界林业。世界林业模块的主要数据来源各国林业部门网站等。世界林业包括各国国情、各国林业概况、各国科技教育、各国政策法规、世界重点国家林业数据库5个模块。

7. 热点专题。热点专题模块的主要数据来源包括纸质文件、有关部委网站发布文件、中国林业网发布文件、主流媒体网站新闻消息等。热点专题包括生态文明建设、生态红线保护行动、国家公园、国有林场（林区）改革、全民义务植树专题5个模块。

8. 综合服务。综合服务模块的主要数据来源是互联网。综合服务包括各国风土人情、各省风土人情、生活百科、生活服务、互联网生活5个模块。

9. 后台管理。后台管理模块用于系统的整体运行维护。后台管理包括用户管理、数据管理、专题制作、模型管理、日志管理、信息管理、收藏管理7个模块。

二、网上行政审批平台

（一）建设思路

以行政审批需求为核心，面向社会组织和公众，整合各方资源，构建统一平台，技术适度超前，模块灵活增减，保障安全高效，减少维护成本，努力提高政府工作效率和为民服务水平，为加快林业现代化作出新贡献。

平台提供统一的外网受理入口，建立起国家林业局与企业和社会公众之间的网上办事通道；内网审核与办公系统紧密结合，外网申报、受理的行政审批事项交换到内网后，直接导入办公系统进行内部审核、监察管理，审核完成后交换到外网信息公示。

（二）总体设计

1. 总体框架。按照《全国林业信息化建设纲要》《全国林业信息化建设技术指南》《中国智慧林业发展指导意见》等要求，结合国家林业局网上行政审批平台建设内容，进行总体框架设计。

2. 总体流程。国家林业局网上行政审批平台实现国家林业局25项行政审批事项（正式事项25项，根据实际情况事项或有增加）全流程网上办理。审批涉及的用户主要包括申报用户、受理用户、审核用户、监察用户、移动审批用户和系统管理用户。行政审批事项审批的总体流程：外网受理→内网办理→外网公开，同时提供在线申报、监察管理、移动审批、系统管理、数据交换等服务。

（三）建设内容

1. 系统建设内容。国家林业局网上行政审批平台分为在线申报子系统、业务受理子系统、内部审核子系统、信息公示子系统、移动审批子系统、监察管理子系统、统一的系统管理、数据交换子系统。

2. 数据库建设内容。针对行政审批事项的全过程，行政审批数据库内容主要分为：用户信息库、申报材料库、审批信息库、公示信息库、标准编码库、安全设计库。

三、生态旅游平台("明天去哪儿")

(一)建设目标

项目运用互联网思维作为总体思路，通过广泛收集林业和互联网相关的生态旅游数据信息，对大数据应用于林业领域进行有效的探索和尝试，运用大数据关键技术，解决现有林业信息数据的挖掘、处理及分析，构建生态旅游智慧化预测平台，建立林业大数据应用示范试点，为用户提供一站式生态旅游配套服务，也为后继林业大数据的深入拓展及广泛应用积累建设经验，奠定基础。

(二)建设内容

1. 平台数据采集处理。"明天去哪儿"生态旅游平台使用的数据源主要有景区数据、天气数据、交通数据、酒店数据、互联网数据和异常数据。

搜集的原始数据质量经常良莠不齐，需要从数据来源的权威度、数据内容的可信特征、时效性等几个方面来计算数据的可靠度，筛选和鉴别那些不可靠的数据，对有效数据进行加载、规划、元数据抽取、噪声清洗、数据归一化等处理，最后应用于"明天去哪儿"示范平台。

以自然语言的形式存在的数据，需要先从中理解出用户的准确意图。使用基于本体知识库的方法，可以从各种规范及不规范的自然语言描述中识别出用户的准确意图。具体包括上下文相关处理、歧义分析、多意图的复合查询处理、不完整概念补全、同义/全简称转换、发音/字形拼写纠错等。

通过分析收集的游客数据，利用协同过滤、内容相似计算、图片相似计算等算法，通过综合分析海量用户的各种历史数据，计算出每个用户对每个景区的偏好。通过统计分析历年林区景区游客人数的统计，发现其与天气、季节、节假日、生态种类等关联关系，基于机器学习、人工智能等方式统计分析林业景区系统中节点与链接的关系，根据用户的偏好，为用户推荐合适的生态旅游景区。

2. 可视化呈现。系统界面包括前端界面、后台业务逻辑和景区预测分析指数。用户打开页面后，在地图上展示本周推荐的最佳的生态旅游景点和路线。用户可选择本季度、本月最佳旅游路线，也可根据需要输入时间，系统自动显示最佳路线。点击线路，平台显示景点主题指数、天气预报、酒店信息、航空火车等衣食住行信息，供用户选择。用户使用服务结束，可以根据体验对此次服务进行评价，其结果会输入到大数据分析模型，优化平台的服务。

后台业务逻辑使用并行分析和挖掘技术，通过对采集到的海量数据智能化分析与挖掘，为客户提供真正有价值的数据资源。运用大数据准确分析不同客源地游客的需求，针对不同需求进行精准营销，吸引更多游客旅游。使用成熟的 Web 服务技术，构建可视化的业务服务内容，为前端界面提供数据资源。

景区预测分析指数包括景区旅游主体指数、景区节日拥堵指数等。主要包括对林业大数据分析后，与游客兴趣密切相关的归一化数据指标。

3. 景区旅游主题指数。由于我国林业相关的生态旅游景区数量繁多，各类森林旅游景区总数达到 8000 处，构建起以森林公园为主体，湿地公园、自然保护区旅游小区、森林植物园（树木园）、林业观光园等各具特色的旅游资源。每种旅游资源都各具特色。从游客角度来看，这些具有不同特色的林业生态景区形成了不同旅游主题：登山、采摘、独行、避暑、活动等。通过景区的相关数据（历史人流、天气、特色景色时间分布等）挖掘，为游客提供相关的旅游指数，方便旅客选择。

平台的各项指数要充分考虑感性与理性、自然与人文、正常与异常的数据联系，将收集到的上述各种数据，经过平台的大数据算法进行分析和预测，才能充分体现用户的需求，提供良好的用户体验。

4. 景区节日拥挤指数。通过景区的相关数据（实时流量、天气、活动等）挖掘，为游客提供相关的旅游景区拥挤指数，方便旅客选择目的地。

5. 景区关联信息挖掘。由于丰富的生态旅游资源周围常常相对应着人文生态资源、丰富地域特色文化、特产，在对游客引导的同时，将景区周围相关的信息挖掘后推送给游客，将更丰富游客的旅程安排。景区关联信息包括：景区内概况和路线规划、景区外景点智能推送和路径规划、增值服务智能推送等。

6. 异常信息应急处理。异常信息包括自然灾害、黄金周等节假日、传染疾病、犯罪率等数据。其获得途径一般通过互联网搜索获得。通过综合分析这些数据发生时对生态旅游的影响，以及异常信息与正常信息之间的关联关系，发现异常信息影响平台的方式，制定应急处理流程。

四、生态采摘平台("果子熟了")

(一)建设思路

生态采摘是旅游业和林业之间交叉线的产业，是生态旅游中的一种特色服务，是观光旅游的变体。它主要利用林业生产的场地、产品、设备、作业及成果为企业获取收益。观光采摘生态园区的建设和发展反映了工业化、城市化和林业现代化高度发展以后，人类对新时期林业发展的一种探索。通过深度挖掘采摘园特色与当地文化关系和历史文脉的关系；采摘园特色与环境设施的关系；采摘园特色与休闲旅游业发展等方面的关系，把林业景观、林业展示、林果加工与旅游者的广泛参与、体验融为一体，为游客提供以观光采摘为主，兼有塘边垂钓、山林野炊、园艺习作，让游客充分享受田园乐趣，领略浓郁的乡土风情，别具一格的民间文化和地方习俗。生态园不仅在保持和改善生态平衡、净化空气、涵养水源、调节气候等方面有着巨大作用，而且具有协调人与自然体系的功能。

当前中国林业信息化由数字林业跨入了智慧林业的新阶段，将大数据分析应用于生态采摘平台建设之中，为用户提供分析和预测服务，为企业提供决策支持功能，使得林业信息资源得以充分开发利用，实现投入少、消耗少、效益大的最优化战略。

(二)建设内容

1. 数据采集。"果子熟了"平台采集的数据包括林业数据、公共数据和互联网数据。

林业数据的数据源主要有生态园数据、林果数据。生态园数据分为静态数据、动态数据和辅助数据。园区静态数据包括名称、位置、自然景观描述、人文历史特色、果木种类、果木历史成熟信息、果木历史采摘记录等。园区动态数据包括实时人流量、园区活动、实时图片、实时视频、果实颜色等。生态园辅助数据包括工作人员对果木成熟的经验、天气影响因素、园区管理数据等。林果数据包括国内所有果木名称、介绍、相关资讯、林果文化、病虫防治、林果成熟过程等。

公共数据包括气象数据、地理信息等。气象数据主要包括温度、湿度、风力、空气质量、灾害预警信息等，可分为历史天气数据、实时天气数据和天气预报，主要用于推测最优采摘时间。地理信息数据包括园区经纬度信息、园区地图、游客位置等数据。

互联网数据包括用户数据和网络搜索数据。用户数据包括用户输入的关键字、用户浏览记录、用户位置、用户评价、历史采摘记录等。网络搜索数据包括采摘攻略、图片、评价、突发事件等数据。

2. 用户需求预测。林业果实采摘生态园数量繁多，从游客角度来看，这些具有不同特色的林业生态园区形成了用户不同的旅游需求。"果子熟了"应用平台应能够根据用户登录平台后的选择，用户浏览的历史数据，结合林业大数据，为用户推荐适合用户采摘的果实，当前最近的生态园，提供配套的交通、酒店等行程路线规划。用户可根据系统的交互界面，选择自己的旅游线路。

3. 果实成熟度预测。"果子熟了"应用示范平台可根据历史成熟信息、果实颜色、果实口感、相同林果不同产区的果实信息等数据，为用户和企业提供果实成熟预测分析模型，为游客提供全国范围内当前最佳采摘的林果报告。平台每天形成果实成熟时间预测报告和用户需求分析报告结合在一起，可帮助企业为生态园安排最佳的人力、物力，增加企业的果实销售额，提高用户的采摘体验，降低林果过期腐烂造成的经济损失。

4. 综合关联分析。综合评价分析主要通过深入挖掘与林业果实相关联的因素（用户需求、用户行为、天气、病虫害等）来分析"果子熟了"应用示范采集数据存在的规律和趋势。主要从以下几个方面进行分析：

(1)天气变化与林果成熟的关联关系。通过分析历年的各种气候变化与果实最佳成熟时间，通过横向和纵向比较相同果实不同区域的最佳成熟度结果，辅助以生态园员工的经验总结，总结其存在的内在联系。

(2)用户数据与林果成熟的关联关系。通过互联网收集用户数据对改善大数据分析预测模型、提高服务质量具有重大的作用。用户数据包括用户位置、用户服务时间、用户评价、图片、用户流量等信息。通过分析生态园果实成熟度与用户数据的关联关系，及时纠正果实成熟度预测分析报告存在的误差，为生态园果实采摘提供最佳决策模型。

(3)病虫害发生次数与产量的分布。根据历年的病虫害次数统计，从时间分布上分析，分析出我国病虫害年际变化曲线、波动趋势。从空间分布上分析，分析出病虫害次数分布的区域规律。

(4)采摘行为分析。通过对生态园采集的用户采摘行为的数据进行分析，发现用户采摘林果数量、时间、空间之间的关联关系。可用于帮助企业明确用户对不同种类果实的需求，指导企业合理分配果实采摘与初加工的分配比例，增加企业的利润。

(5)采摘认知分析。通过分析互联网数据，可以发现用户对生态园采摘的认知程度,可帮助企业及时增加广告等方式,打开林果销量,预防果实卖不出去导致经济损失。

五、中国林业网络博览会

(一)建设思路

中国林业网络博览会作为及时、全面发布林业行业供求信息、项目整合、技术进步和新产品开发的专业平台(博览会),是目前服务于林业终端用户及相关产业、报道国内外最新动态的专业性权威行业网站,用户覆盖林业相关用户的中高管理层、技术人员以及生产厂商的中高管理层,其专业性和权威性得到了业内的一致认可。

(二)建设内容

1. 内容管理系统。内容管理系统提供对网站所有发布内容的集中管理,包括首页、栏目设定、新闻采编等;其中,通过新闻采集系统,可以实现对指定的各个相关网站内容的实时监控和内容自动采集。

2. B2B 电子商务系统。基于林业行业资源的在线电子商务系统,提供各个用户关注的相关信息发布浏览检索服务,包括供应商数据库、产品数据库、买方数据库等;通过在线短消息系统提供产品的询盘/复盘功能。

3. 网络博览会系统。网络博览会系统通过制作展览的相关三维数据,实现在线的展览漫游和交互,将行业林业展览打造为永不落幕的网络博览会,构建厂家的网络品牌展示中心,用户可以看见企业的展位和展品,也可以交互地试用展品,或者浏览产品的更详细资料。

4. 产品展示位置管理系统。产品展示位置是本系统在各个页面适当位置提供的企业产品展示区域,可以按需要、按时间放置相关企业的产品图片、文字等,用户点击后可进入该企业或者产品的详细介绍页面。产品展示管理系统处理本网站所有产品展示区域中图片、文字放置的发布管理,以及产品展示效果监控等。

5. 站内搜索引擎。站内搜索引擎提供本网站所有信息的综合检索,为用户查找信息提供最直接、最便利的操作方式。

6. 会员管理系统。会员管理系统提供用户注册、登录、资料维护等功能;全站统一用户架构,单点登录,对会员、高级会员进行相关管理;用户根据注册情况分为一般用户、高级会员。一般用户可以分为企业用户和个人用户。会员后台管理分为基本信息管理、信息发布管理、产品展示申请、商业信息管理、企业展台。根据会员的级别的不同可以拥有的功能也不同。

六、在线访谈在线直播系统

（一）建设目标

充分利用网络的广泛性、不受地域限制、传播实时性等特征，宣传林业，倡导全社会参与林业、重视林业，提高林业影响力和地位。

（二）建设内容

1. 在线访谈。可聘请领导、专家定期介绍林业发展情况，解读林业法律法规、国家林业产业政策等，包括主持人提问和网友提问等形式。在线访谈一般在国家林业局在线访谈中心进行，也可事前在线访谈主题公告，访谈时现场有专设人员审核、整理网上或电话、短信提问，交给主持人，主持人根据情况请主讲人讲解和回答问题，专业速录员使用速录机记录现场谈话内容，并通过互联网或国家林业局内网传到综合互动服务器，再由专职人员同步审核、修改，及时发布到互联网上。此外，对于在国家林业局内或在有条件的地方进行的访谈，还可以进行网上视频直播。

2. 在线直播。可同步播出林业会议、重大活动、新闻发布会等正在进行的事情。网上直播有事前直播公告，会议、活动现场由专业人员使用专业设备进行速录，速录数据通过互联网或国家林业局内网传到综合互动服务器，由专职人员同步审核、修改，及时发布到互联网上。此过程对活动地点要求低，只要能上网或无线上网就能完成直播过程，传播实时性非常好。

七、交互式多媒体系统

（一）建设目标

交互式多媒体系统又称多点触控系统，以新型的触控交互形式展现林业发展历程，集交互展示与3D技术于一身，使得展示更加直观酷炫。

（二）建设内容

系统主要包括：林业大事记、大楼导航、林业数据展示、林业网络博物馆、林业博览会、主题展览、电子杂志展示系统、公告信息等内容。

1. 林业大事记。以时间轴的形式展现林业发展和规划。
2. 大楼导航。展示国家林业局大楼布局和各办公室具体信息。
3. 林业数据展示、林业网络博物馆、林业博览会和主题展览。均采用3D加触控的形式，交互性更强。

4. 电子杂志展示系统。触控手翻书观看林业内部期刊。
5. 公告信息。在无人操作时以屏保的方式展示国家林业局公告。

八、空间信息展示系统

(一)建设目标

以遥感地理信息系统和计算机网络通信技术为基础,建设了空间信息展示系统。整合森林资源监测、造林规划、荒漠化监测等业务系统所提供的基础空间数据(包括矢量地理专题图、栅格地图、遥感影像数据、地形图等等),实现空间信息的综合管理、分布式共享、自动化传递、可视化分析,为业务管理部门和领导提供全面而直观的基础信息资料和决策分析平台,提高防护林营造林监管的现代化和科学化水平。同时即时展示给各级部门和领导决策分析使用。有效的突破办公文件中文字和数字表达的局限性,可大大节省时间、人力、物力资源,从而达到提高林业信息管理水平,并向着数字林业迈进坚实的一步。该平台采用国际标准,既保证了系统的先进性、稳定性,又保证了和其他系统的无缝兼容,以及将来的扩展性,避免重复建设,节约了投入。

(二)建设内容

林业空间数据共享服务平台由空间数据的获取、处理系统,空间数据管理和发布服务系统,分布式网络三维共享分析平台组成。基于网络的空间数据共享软件,可以利用中心存储的空间数据库系统,也可以将分散在各地的空间数据在一个安全的以数字地球为导航的三维可视环境里进行交互式的空间数据查询和共享,并提供即时信息交流和网络会议功能。

九、智能分析监管系统

(一)建设目标

网站智能分析监管系统是网络发展与管理的基础建设设施,它为网站建设和空间提升提供定量的、全面的、科学的依据。该系统可以帮助系统管理员定位、锁住并屏蔽来自外部网络攻击,改变了目前存在的重"物理层、操作系统层、数据层、用户层"安全防护,轻"应用层"防护的局面,形成配套完整的、多层次的、立体的网络安全防护体系,保证系统安全运转。

(二)建设内容

1. 用户来源分析。以量化指标分析、汇总访问者来自那里(国外、国内以及地区分布），访问者是如何来到网站的（直接进入、搜索引擎、电子邮件等），及访问趋势预测。

2. 用户行为分析。主要是分析、汇总访问者在网站上总共停留了多长时间、都访问了哪些页面、在不同页面停留的时间等，以及趋势分析，从而得出网站热点所在，也从另一方面找到网站需要改进提高的部分。

3. 恶意攻击分析。是应用层安全体系的一部分，可以快速锁定攻击来源、屏蔽攻击者、分析潜在攻击行为并提请系统管理员关注等。

4. 网络技术辅助分析。全面统计分析各台服务器、各个频道以及各个页面的流量、流速、并发处理能力等各项技术指标，以及运行趋势预测，为硬、软件系统采购、升级、改造提供科学的、量化的依据。

5. 全面错误分析。自动定位网页断链，定位和判断各种错误来源，提示潜在问题源。

6. 模拟压力测试。模拟高强度的访问压力，测试系统反应，为应对实际网络压力做技术准备，在重大会议、重要活动或事件造成网络访问量突然过高增长之前做模拟测试。

延伸阅读

1. 李世东. 信息项目建设. 北京：中国林业出版社，2017.
2. 李世东. 中国林业一张图. 北京：中国林业出版社，2017.
3. 李世东. 中国林业信息化示范建设. 北京：中国林业出版社，2014.
4. 仲昭川. 互联网哲学. 北京：电子工业出版社，2015.
5. 李善友. 互联网世界观. 北京：机械工业出版社，2015.

第六章

数据库

第一节 数据开放共享

一、数据开放共享平台

(一)项目背景

随着林业信息化脚步的加快,积累了日益丰富的信息资源内容,包括数字、文字、视频、语音以及视频等类别,中国林业数据库作为林业数据资源集大成,应该以大数据理念去思考,扩充林业数据库的范围,能够将中国林业的各类数据甚至国际林业数据情况都集成在数据库中。中国林业数据的数据来源主要有三个方面:一是来源于国家林业局各司局级单位以及全国各级林业主管部门经过多年形成的各类数据成果资料;二是可以从国内外各类公开的政府或相关机构网站发布的林业信息资源;三是可以来源于公众,随着互联网的发展,可以发动网民的力量逐渐丰富林业数据库的内容。林业数据库一期建设为文字数据库建设,主要以文字式资料为主,后期将逐步将数字、视频及语音等数据资源整合进来,从而形成涵盖范围广、数据内容全面的综合性林业数据库。本期林业数据库建设主要定位在数字数据库建设,在一期文字资源数据库基础上,进行数据的分析处理,同时收集整理国际林业相关的数字资料,扩充林业数据库的内容和范围,形成以数字为主的林业数据库,在此基础上完善林业数据库系统,提供更为丰富的数据检索、统计分析以及预测,满足各级林业工作者和公众应用需要。

(二)建设目标

林业数据库的内容数据类型丰富(文字、数字等),涵盖范围广(国内、国际、政府、科研、公众等),内容全面(林业资源、重点工程、林业灾害、林业产业等)。这些数据信息经过了多年的发展积累,已经形成海量的数据,必须要以大数据思维理念为指导,采用先进的计算机技术、数据库技术、网络技术、大数据技术、云计算技术等,建立统一林业数据库平台,从现有的分散环境中提取相关的、可靠的、全面的数据和信息,整合各种林业资源,形成涵盖数据全面的林业数据库,消除林业信息孤岛,解决海量信息集成应用需求,为各类用户提供有效、便捷、全面的林业信息数据支撑,提升林业信息化水平。

(三)建设内容

1. 林业数据库建设。根据数据类别,通过系统地分析国内主要的林业信息资源网站,对数据进行分类、主题标引,建立相关链接,为用户方便快捷地查询国内外林业信息资源提供专业的学科导航系统。参照中国林业网纵横分明的导航分类体系,将林业数据库从纵向上分为国际、国家、省级、市级、县级几个层级,从横向上按照不同的林业业务专题进行分类,包括森林资源数据库、湿地资源数据库、荒漠化和沙化数据库、野生动植物资源数据库等,对于各个业务专题的数据再进行分类组织,按照不同的管理目的细分为监测类数据、综合类数据、分析类数据等。

数据采集:对于林业资源数据、林业重点工程和社会经济效益数据、林业产业数据以及国际林业数据情况,先进性数据梳理分析,制定数据结构,形成数据录入界面,然后针对各类历史资料,按照表格方式填写相关信息,直接存入数据库。

数据更新:按照分建共享的原则,对于现势性和未来的数据,可以根据数据所属的司局级以及地区,将数据采集系统提供给相关的司局级单位或各级林业主管部门,由其相关业务人员,按照各类数据资源情况,及时进行数据更新,保持数据的现势性,使林业数据库保持生命力。

2. 中国林业数据库门户系统建设。中国林业数据库门户系统建设是基于林业数据库,面向内网、外网用户提供各类林业数据库查询、统计与数据展示的系统门户。

(1)数据库门户。数据库门户是整个中国林业数据库的入口,是链接各类林业数据库的桥梁和枢纽,是中国林业数据库的集散中心、分析统计中心和管理维护中心,负责林业各类数据库的共享。

(2)数据库分类组织。林业数据库在门户上按照数据库分类进行组织,便于用户根据分类快速查找资源数据信息,参考国家林业局网站的风格分类布局，采用扁平化设计理念，上部为标题和栏目，右面显示数据库按照分类、库、子库模式的树状结构。并采用横纵分明的布局体系对数据库分类进行组织，纵向涵盖国外、国家、省级、市级、县级林业等各层级数据，横向覆盖了林业各业务数据库。

(3) 数据查询。查询方式可以分为全文检索、关键字查询、分类查询、组合查询、字段浏览、检索表达式、二次检索等方式。

(4) 数据统计表。按照时间、区域以及其他各类条件，进行数据的统计汇总，便于了解各个时间段、各个区域林业各类资源信息的情况。

(5) 数据统计图。提供饼状图、柱状图等统计图的方式对林业统计数据进行统计展现，便于为领导、各级业务人员、公众提供直观的统计信息。

(6) 专题分布图。提供按照时间、政区提供分布图的方式，查看各类林业资源的变化情况，并通过 GIS 按照区域更直观地展现各类数据统计情况。

(7) 数据分析。基于历史库数据以及现势库数据，基于统计分析模型，进行数据分析预测，形成新的数据成果和分析结果，为科学研究和领导决策提供数据支撑。

(8) 数据库统计。提供对各类数据库使用情况的查询统计，包括各类数据库用户访问量、下载量、资源数据的访问量、下载量，便于中国林业数据库使用信息的积累，通过统计数据情况，为后续信息内容的扩充提供参考，从而扩大中国林业数据库使用效率和提升系统使用意义。

(9) 我的数据库。针对注册用户，提供对自身感兴趣的资源分类管理，提供个人资源使用的门户，方便用户的使用。

3. 中国林业数据库管理系统。

(1) 用户管理。包含新增用户；注销用户（注销后的用户信息可以看到，但不能进行修改或物理删除）；修改用户基本信息。用户权限分配：分配用户的角色或权限，既可以分配角色，也可以分配权限。可以对单个用户授权或取消授权，也可对组织结构下的用户批量授权或取消授权。用户登录验证，通过验证后根据用户角色、权限初始化系统界面及用户的数据操作权限。

(2) 角色权限管理。定义系统中用到的角色，角色由权限组成。定义系统中的权限，包括权限 ID、权限名称等。

(3) 系统日志管理。对系统功能操作日志的查询，包括按日期、用户名、IP地址和事件类型等。可以将查询结果导出为Excel文件。

(4) 编目管理。实现林业数据库资源编目管理，以树型结构直观展现数据之间的上下级关系，用户可直观了解数据中心的数据规模和相关关系，并可查看树上任意元数据节点的详细信息。

二、长江经济带林业数据资源共享平台

(一) 建设目标

深入贯彻落实党中央、国务院关于长江经济带、信息化发展的系列决策部署，以《国家林业局关于加快中国林业大数据发展的指导意见》为指导，在遵循统一规划、统一标准、统一制式、统一平台、统一管理"五个统一"的基础上，坚持开放共享、融合创新、提升转型、引领跨越、安全有序的基本原则，以"创新、协调、绿色、开放、共享"为理念，以全面整合长江经济带林业数据资源为重点，协同协作，形成合力，共同推动长江经济带生态大保护，为建设林业现代化作出新贡献。

按照"分期推进、试点先行"的建设模式，建立长江经济带林业数据资源协同共享平台，整合长江经济带森林、湿地、荒漠化和生物多样性等多层次、多内容、多维度的林业基础数据资源，利用大数据技术，开展长江经济带公共基础数据库、遥感影像数据库、林业基础数据库等基础数据库建设，建立国家林业局与长江经济带省级林业主管部门的数据通路和交换机制，为长江经济带生态安全提供大数据技术支持，推动简政放权，增强决策的科学性、前瞻性，推动林业管理理念和社会治理模式的创新。

实现数据资源的互联共享，提高信息公开程度和公众服务能力，提升办公效率和资源共享程度。长江经济带林业数据资源协同共享平台建设项目主要完成：协同共享平台、开放服务平台、融合应用平台、基础数据库、林业专题数据库建设。其中，数据资源共享交换是整个项目建设的核心，最终实现长江经济带林业大数据一体化，包括跨省数据融合、业务融合、管理融合、决策融合。

(二) 建设内容

1. 协同共享平台建设。林业信息资源交换体系是林业信息化建设总体框架的重要组成部分，是长江经济带林业信息化建设的重要应用支撑基础之一，是按照林业信息化统一的标准和规范，以林业政务内、外网和基础设施为基础，为支持各交换结点间信息资源共享交换以及业务协同而建设的信息服务体系。围绕业务协同，以业务信息为基础，确定各级之间交换

信息指标及信息交换流程，实现各级异构应用系统之间，松耦合的信息交换，形成各级林业信息资源物理分散、逻辑集中的信息交换模式，提供林业系统纵、横向按需信息交换服务，提高各级林业行政管理部门管理效率和公共服务水平，满足各类用户对林业信息资源的需要。

2. 融合应用平台建设。

(1) 政务门户。门户系统是数据资源库中信息资源和信息服务的集中展现窗口，通过对门户系统的栏目规划，可实现清晰、条理化的信息展示和信息服务提供。政务外网门户系统向用户提供的主要服务内容包括以下几类：首页、数据查询、数据分析、分析报告、个性化服务、互动服务。

(2) 信息发布与服务系统。信息发布与服务系统是对数据发布、共享服务业务进行统一管理的逻辑平台，它提供了对数据共享发布、信息服务提供的全程管理机制，同时作为信息门户的统一管理后台，提供包括内容管理、用户管理在内的集成管理功能。

(3) 报表系统。数据统计报表是管理的基本措施和途径，是基本业务要求，也是实施 BI 战略的基础。目前，多数报表信息化处于空白阶段，报表的设计、分发、上报和统计尚处于人工阶段，数据可靠性低，填报周期长，灵活性低。数据统计报表系统通过快速灵活的设计、分发和填报报表来实现数据采集、统计分析、查询等，并为决策提供数据支持的数据统计报表功能。

(4) 数据综合分析系统。数据综合分析系统可以划分为三个大的层次，即：数据资源层、综合分析支撑层 (数据综合分析平台)、数据综合分析业务展现层。

数据资源层以元数据体系和基础数据库为基础，以元数据体系为导引，在主题及主题数据管理系统的作用下，转换生成基础主题数据库的数据或各专项主题数据库的数据 (各专项主题数据库的数据也可从基础主题数据库经筛选过滤按数据集市的方式形成)；同时主题及主题数据管理系统将这个环节产生的关于主题方面的元数据 (如主题模型、主题数据转换加载规则等) 补充到元数据体系中。

综合分析支撑层针对主题数据库的长远建设要求，规划设计了一套通用的主题及主题数据管理功能，包括基于元数据的基础数据资源的查询定位、主题及主题数据库建模、主题数据抽取转换加载规则、主题数据生成加载等功能。主题数据抽取转换加载规则管理功能可以和主题及主题数据库建模功能一起使用，也可以分开使用，以便单独调整、修订数据抽取转换加载规则。主题数据生成加载功能，基于已定义的主题数据抽取转化加载规则，利用 ETL 工具或经二次开发，在基础数据库相关的数据发生变化时，从基础数据库中抽取数据，装载到基础主题数据库或各专项主题数据库，保证基础主题数据库或各专项主题数据库中的数据与基础数据库中的数据内容相一致。

体系架构中最上面的是数据综合分析业务展现层，面向各类不同用户，基于主题数据库（及基础数据库），提供多层次、多形式的数据查询分析服务功能，把各项查询分析服务与各主题数据库组织在一起，形成一个可支持林业数据资源库各层面用户分析需要的林业数据资源库分析应用环境。包括：主题分析服务、数据分析"实验室"服务、基于元数据体系的数据资源的查询分析服务、预定义查询分析服务、常见算法的统计分析服务。

（5）领导决策服务系统。决策支持系统是以管理科学、运筹学、控制论、和行为科学为基础，以计算机技术、仿真技术和信息技术为手段，针对半结构化的决策问题，支持决策活动的具有智能作用的人机系统。该系统能够为决策者提供所需的数据、信息和背景资料，帮助明确决策目标和进行问题的识别，建立或修改决策模型，提供各种备选方案，并且对各种方案进行评价和优选，通过人机交互功能进行分析、比较和判断，为正确的决策提供必要的支持。

（6）应用支撑系统。应用支撑系统是数据资源库系统的重要组成部分，是核心业务系统的底层技术支持平台，为核心业务系统提供技术架构和技术实现方法。

三、"一带一路"林业数据资源协同共享平台

（一）建设目标

项目的主要建设目标为收集整理"一带一路"沿线重点地区森林、湿地、荒漠化和生物多样性的基础数据，利用大数据技术，建立"一带一路"林业数据资源协同共享平台，为"一带一路"的生态安全提供大数据技术支持。为领导决策、业务处理、社会公众、国际合作、科学研究提供数据支持和服务。本项目按照整体统筹设计，分步建设实施的方法进行。

在"一带一路"迅猛推进的过程中，平台建设将坚持林业信息化"五个统一"的基本原则，按照国家总体部署，结合林业改革和发展需求，借鉴国内外大数据发展新技术、新理念，建立林业大数据分析模型；结合林业

大数据发展基础和条件,开展林业大数据监测采集、林业生态安全分析评价、"三个系统一个多样性"动态决策等建设与应用;加强中央与地方协调,发挥中国林业大数据国家主中心、各省分中心的联动作用,完善林业数据开发和共享目录,推动数据开放共享利用。

(二)建设内容

1. 基础数据库。根据林业生产、经营和管理特点所建立的数据库。根据《全国林业信息化建设纲要》的要求,林业数据库分为公共基础数据库[基础地理信息(非涉密)、遥感影像数据库(非涉密)等]、林业基础数据库、林业专题数据库。按照全国林业信息资源目录体系标准,整合管理甘肃、青海、宁夏的荒漠化沙化土地数据库、森林资源连续清查遥感判读数据库,实现对数据库的更新维护和共享功能,将基础数据库整合部署在国家林业数据中心。本项目建设以甘肃、青海、宁夏为重点区域开展数据准备工作,从荒漠化数据的收集、处理、交换、共享为试点,建立技术规范与处理流程,进而实现森林资源数据的整合。

2. 数据交换体系。针对林业行业信息化建设特点,按照国家标准要求,提供基于中间件和 Web 服务两种技术方式的标准化设计和建设,满足甘肃、青海、宁夏各级次业务系统开发和集成的数据交换技术要求。中心交换库是各种来源的信息资源初次进入数据资源库系统的入口。其中包括:来自共建单位的报送数据、来自历史文献的历史数据、来自系统外的外部数据(省市交流、国际交流、外购商业化数据等)。由于来源不同,信息资源的规范化程度不同,因此需要不同的处理流程。相应地,在数据库系统中需要定义不同的存储区。

3. 数据服务体系。针对林业行业信息化建设特点,按照国家标准要求,建设甘肃、青海、宁夏林业信息 Web 服务平台,提供注册中心、数据服务和应用服务功能,满足业务系统开发和集成部分甘肃、青海、宁夏各级次数据共享技术要求。

结合多源卫星遥感和生态环境模型,开展林业数据综合服务。主要包含两个内容:一是围绕"一带一路"林业生态文明建设,开展林业数据与卫星遥感数据的综合,重点开展林业生态功能与经济、林业资源开发与补偿、林业生态保护与修复、荒漠化起源与防治等方面的遥感应用分析;二是以多源数据为基础,结合林业生态模型和遥感应用分析结果,开展面向业务的定期数据产品生产,并实现数据综合服务。

4. 森林资源专题应用。森林资源作为林业生产的物质基础,建设林业大数据平台，首先需要考虑森林资源数据的管理，为更深入、更广泛地展开大数据应用奠定基础。运用大数据技术，进行森林资源连续清查数据的管理和遥感判读数据的管理，实现森林资源数量、质量、结构、分布的现状分析和动态监测。

5. 荒漠化专题应用。荒漠化防治是"一带一路"国家面临的最主要的生态问题，也是影响区域可持续发展的重要因素。荒漠化防治涉及部门众多，消除信息孤岛，依据《荒漠化信息分类与代码》等技术标准，实现数据有效整合、共享、管理以及应用，才能为"一带一路"倡议提供有力的支撑。

四、京津冀林业数据资源协同共享平台

（一）建设原则

1. 全面梳理，建立机制。按照全国林业信息资源目录体系标准进行目录梳理，对京津冀三地各自拥有的各类遥感地理数据资源、规划统计数据进行整合，建设数据目录，形成统一的数据服务体系，实现元数据、基础数据库、专题数据库等的建设。

2. 探索研究跨区域的数据共享模式。通过建立统一、规范的京津冀三地数据资源体系，探索研究跨区域的数据共享模式，满足实现决策支持服务、部门数据共享服务和社会公众信息服务的需求。

（二）建设内容

建设京津冀一体化信息采集系统。在全国林业数据资源共享交换系统总体框架要求下，本着少投入、多共享的原则，充分利用现有资源，建设京津冀一体化信息共享发布系统，系统部署在国家林业局电子政务云端，便于京津冀三地林业部门各自访问、共享与维护，节约投入成本。建立京津冀林业数据资源协同共享平台，整合梳理京津冀三省市林业数据资源，利用大数据技术，建立京津冀林业资源数据库、数据资源建设与更新标准、京津冀信息共享发布系统。建立京津冀林业信息资源目录，形成统一的数据服务体系，按照统一的数据资源建设更新标准规范，进行数据规范化和统计分析。建立京津冀林业信息共享系统，实现京津冀林业数据资源的开放共享，实现京津冀林业数据资源互联互通，为京津冀生态建设提供数据支撑。

第二节 林业基础数据库

一、国家自然资源和地理空间基础信息库

(一)建设目标

通过自然资源和地理空间基础信息库林业分中心建设,在现有森林资源和森林生态监测体系、规程、标准的基础上,按照国家自然资源和地理空间基础信息库的建设要求和林业信息资源发展需求,对林业资源信息进行整合,建立起自然资源和地理空间基础信息库林业分中心的总体框架;在建设期内完成支持林业分中心建设和运行的主要基础性工作,初步建成自然资源和地理空间基础信息库林业分中心,形成有关信息的标准体系,形成政务信息共享服务的组织支撑体系,基本满足国家宏观管理应用、电子政务和广大社会用户对公益性和基础性林业资源宏观信息的需求。

林业资源数据库建设是在信息库项目信息安全体系的支撑下,搭建林业资源信息库的硬件、软件和网络等运行环境;在信息库项目统一的技术标准体系下,编制林业资源数据库标准;对林业资源信息数据进行一系列整合改造,建设地理空间定位基准统一、数据逻辑统一、元数据结构和内容编码统一、具有统一的数据目录体系的林业信息数据库;通过网络系统和交换系统实现与数据主中心以及其他分中心的互联互通,提供林业数据共享和访问服务,形成林业信息及其产品服务体系,满足国家管理部门和广大社会用户对林业资源信息的需求。

(二)建设内容

1. 林业自然资源与空间信息基础信息库。具体包括 27 个林业资源专题信息库、28 个林业资源专题信息产品库、36 个专题性综合信息子库、3 类元数据库,主要数据库有：全国连续清查基础成果数据库,全国森林资源地理空间基础数据库,全国荒漠化和沙化土地类型数据库,全国沙尘暴监测和灾情评估数据库,京津风沙源治理工程建设数据库,森林异常热源点数据库,全国森林防火设施分布数据库,森林异常热源点影像数据库,林业营林生产统计数据库,全国湿地分布数据库,野生动物信息库,野生植物信息库,全国自然保护区分布数据库,林业碳汇潜力分布数据库,太行山绿化工程建设数据库,经济林基础库,林业有害生物发生、防治及灾害信息库,森林植物及其产品检疫数据库,全国有害生物防治管理数

库，天然林保护工程建设数据库，数据库退耕还林工程建设数据库，林业重点工程社会经济效益监测数据库，森林生态效益定位观测数据库，森林土壤信息库等。

2. 林业分中心标准建设及管理制度建设。具体包括林业资源信息库要素编目，林业资源信息库要素与属性分类代码数据字典，林业资源信息库要素实体代码规范，林业资源信息库信息——产品标准及产品质量测试规定。管理办法及制度包括林业数据分中心日常事务管理办法，项目建设实施管理办法，信息共享服务管理办法，数据交换与更新管理办法，信息库运行管理办法，项目建设运行组织管理办法，项目建设组织管理办法。

3. 数据库管理系统建设。林业分中心数据库管理系统以 Oracle 大型数据库为基础，包括系统管理和数据管理两个子系统。系统管理主要包括系统注册、用户管理、代码管理、访问控制和访问日志等部分。数据管理系统主要包括数据表管理、数据导出导入、数据备份恢复、数据下发接收、远程数据备份、数据输入和维护数据、压缩及传输和自动投影变换等部分。

已建成的国家自然资源和地理空间基础信息库，形成了标准化、规模化、可持续更新的基础性、战略性地理空间信息资源库；建成了全国性地理空间信息共享交换网络服务体系、信息资源目录服务体系以及多源地理空间信息大规模、快速集成和共享应用服务的模式；形成了 1 个数据主中心和 11 个数据分中心共同构成的政务信息共享服务支撑体系；创建了军民结合、跨部门协同的工作体系和自然资源与地理空间信息共享机制。

二、国家卫星林业遥感数据应用平台

（一）建设目标

建设国家林业遥感应用平台，不仅可以对林业各领域应用的遥感数据进行有序管理，采用统一的标准进行集中式规模处理，实现林业行业内数据的共享，改善行业遥感应用分散处理的状态，提高遥感在林业监测、应急监测、规划设计、资源评估等方面的应用水平，提高监测时效性和辅助决策的效率。同时，提高为地方林业遥感应用服务的水平和引导、技术指导力度，整体提高林业行业遥感应用水平。

（二）建设内容

1. 业务运行管理分系统。业务运行管理分系统主要由任务管理子系统、流程管理子系统、设备监控管理子系统、用户管理子系统和日志管理子系统 6 个子系统组成。

任务管理子系统包含订单驱动和任务驱动两种模式。一方面可以接收来自林业产品共享分系统(包括用户订单和林业数据订单)的数据订单，通知遥感数据接入分系统制定新的数据申请；另一方面可以对所有任务需求进行分析，生成、编辑任务订单。

2. 数据库管理分系统。根据业务运行管理提出的数据提取订单来准备各生产环节所使用的数据，并传递到与相应生产分系统共享读写权限的交换区中，以便生产分系统将其转入生产区进行后续生产；负责各类数据产品的入库检查、入库(数据信息入数据库以及将数据文件从交换区中转入产品存储区)、存储(在线、近线、离线)、出库(将数据文件从产品存储区中转入与生产分系统的共享交换区)及管理，对用户服务分系统提供数据库视图查询功能接口、浏览图文件在内网盘阵上的定时推送服务和三维球影像数据提取功能；定期将重要数据备份到磁带库，如系统日志；提供数据产品恢复功能，能够将磁带上的数据恢复到指定目录；具有编目系统结构组织、维护及管理功能，以及各生产环节生成的编目信息、浏览影像和元数据汇集、存储及管理功能；提供用户权限校验接口；完成数据库的备份与恢复，支持对数据库数据的增、删、改、查功能，数据管理类别具有可扩展性，如在产品索引结构固定的前提下，扩展新的产品级别或者后续卫星数据的管理功能；提供图形用户界面，监控数管各类任务的执行状态，支持人工本地定制入库、出库、更新(可选择是否覆盖原数据)任务单、数据浏览查询功能、系统数据迁移备份功能。

3. 遥感数据接入分系统。遥感数据接入分系统主要完成国产卫星遥感数据(兼顾国外商用订购数据)的申请和相关数据的多种方式的接入，为后续分系统面向林业应用业务进行高级产品处理和深加工提供基础数据来源。接到业务运行管理分系统下达的数据接入通知后，对可用的卫星数据源进行综合分析，并编制数据申请计划，然后向卫星业务主管单位提出数据申请，申请成功后，将所需数据通过政务外网、专用光纤或者其他介质接入到本系统，进行基础整编后提交编目存档或者直接进入相关基础数据的常规或者应急处理流程。

4. 林业遥感标准化处理分系统。林业遥感标准化处理分系统基于林业遥感常规监测、应急监测、林业规划和林业各类评估、辅助决策与服务业务的共性和基础性需求，对接入并存档的各类卫星遥感基础数据或者基础产品进行统一、集中、规范化和流程化的高级处理，为各类卫星遥感数据进一步面向林业应用业务开展专题应用处理提供基础。

林业遥感标准化处理分系统主要负责光学（电荷耦合元件、红外、多光谱、超光谱）、雷达（SAR）遥感影像的3、4级高级影像产品的处理和生产，以及在上述高级影像产品的基础上，提供面向林业应用业务开展应用处理所必需的一系列通用化或者专用的图像应用处理工具。同时，为了满足应急监测和其他林业特殊需求（辐射校正），具备从0级数据产品加工生产1、2级标准数据产品的处理能力。

5. 林业遥感应用处理分系统。林业遥感应用处理分系统基于对森林资源、湿地资源、荒漠化沙化土地、森林防火、林地基础信息等各类林业遥感监测的业务需求，实现对各级标准林业遥感影像产品进行处理、分析、信息提取等操作，形成各种林业应用产品，为林业各应用部门提供林业资源监测信息和基础专题产品。

6. 林业产品共享分系统。林业产品共享分系统主要提供二维地图或三维影像地球方式的交互界面，基于国家林业局内网或者外网门户，为平台数据用户提供多种方式的数据产品浏览、查询、网络订购和数据分发服务，在分发数据准备好以后，能够以邮件、短信等多种方式通知数据客户。此外，提供平台数据产品与现有林业资源监测与信息系统之间进行信息共享的机制。

7. 林业产品服务分系统。林业产品服务分系统基于互联网通过林业产品服务分系统为社会公众提供按时间、专题等分类组织的各类专题应用产品的浏览查询服务。林业产品网络服务有效挂接在国家林业局现有互联网门户网站之上，通过网络方式向社会公众提供获取各类已发布的专题应用产品的机制，并提供发布产品制作、整编的工具和网站维护工具。

8. 数据产品质量评价分系统。数据产品质量评价分系统可提供对卫星遥感标准图像产品（1~4级产品）的图像质量进行分析与评价的常用工具，如信噪比、图像熵、灰度直方图等的计算与可视化分析；具有对地观测卫星常用传感器（电荷耦合元件、红外、多光谱、超光谱、SAR）的辐射和几何校正参数进行评估、优化并定期修正的功能；具备对林业遥感反演产品（地表反射率、植被覆盖度、叶面积指数、土壤湿度、地表温度、气溶胶光学厚度、地表蒸散等）质量进行评价并生成评估报告的功能。

三、森林资源数据库

森林资源数据包括森林资源规划设计调查数据、森林作业设计调查数据、年度核(调)查和专业调查数据、森林资源管理数据(林地林权、资源利用等)、资源利用数据、其他标准、文档、技术规程等综合数据。

森林资源数据旨在为森林资源监测和管理服务，为各级林业管理部门提供信息查询、分析评价、辅助决策等综合服务。其为公益林、商品林区划界定提供重要基础数据，为编制森林采伐限额提供直接依据，也是森林经营宏观管理政务决策的重要依据，提高了森林资源管理部门相关政务决策的科学水平及能力。同时为林业其他相关业务部门提供森林资源基础数据的应用和服务，推动林业信息共享和利用。

森林资源基础数据包括：林业资源连续清查数据库，森林资源规划设计调查数据库、森林资源年度变化数据库。

四、湿地资源数据库

湿地资源数据包括：湿地保护区物种信息、湿地物种信息、湿地保护区信息、湿地斑块信息、湿地鸟类信息、湿地鸟类分布信息、湿地湖泊库塘信息、湿地植物信息、湿地植物分布信息、重要湿地信息、湿地社会经济信息、湿地植被信息等内容。

湿地资源数据库包括湿地调查、监测、专项调查、重点工程、保护区数据；湿地标准、湿地履约的进程等数据；全国湿地保护区分布数据库；其他标准、文档、技术规程等综合数据。湿地资源基础数据库中的数据主要来源于国家湿地管理部门，国家级数据中心和省级数据分中心分别管理不同类型、不同区域范围的数据。湿地资源数据为及时、动态地提供决策信息，全方位为湿地管理业务工作和全国保护建设工程服务，同时为相关的林业其他业务部门提供湿地基础信息服务。

湿地资源基础数据主要为湿地调查、监测及湿地自然保护区分布数据。

五、荒漠化资源数据库

全国荒漠化、石漠化和沙化三次监测成果，包括全国荒漠化和沙化监测数据、敏感地区荒漠化和沙化监测数据、全国沙化典型地区定位监测数据、全国石漠化监测数据。具体数据内容包括：荒漠化、石漠化和沙化土地类型、荒漠化、石漠化气候类型、沙尘暴监测和灾情评估信息分布数据、荒漠化、石漠化和沙化动态变化数据、全国荒漠化、石漠化和沙化土地分布图等。

荒漠化土地资源数据是分析荒漠化、石漠化和沙化土地动态变化的重要基础数据，制定防沙治沙和防治荒漠化、石漠化规划的依据，也是评估防沙治沙工程和防治荒漠化工程治理成效的重要依据，为我国荒漠化、石漠化和沙化土地监测和治理提供数据服务，为荒漠化、石漠化和土地沙化治理工程规划、监测和管理提供信息支持，同时为相关的林业其他业务部门提供荒漠化、石漠化和沙化土地基础信息服务。

荒漠化土地资源基础数据是历次全国荒漠化和沙化土地调查基础数据和相关调查因子统计分析数据，其目的是掌握荒漠化土地数据，为业务系统的应用提供支撑。

六、生物多样性资源数据库

生物多样性数据库包括全国野生动植物调查、监测、专项调查、拯救、驯养数据，以及自然保护区分布、建设、保护数据等。生物多样性数据库中的数据主要来源于国家野生动植物管理部门，国家级数据中心和省级数据分中心分别管理不同类型、不同区域范围的数据。

野生动物资源数据：大熊猫调查分布信息、大熊猫分布信息、大熊猫潜在栖息地信息、大熊猫保护区信息、大熊猫干扰信息、大熊猫食物信息、大熊猫饲养信息、物种分布信息、物种省级分布信息、大熊猫调查队员信息等内容。

野生植物资源数据：植物分布信息、植物基本情况信息、植物分布区域信息、植物利用信息、植物生境信息、植物生长信息等内容。

自然保护区数据：保护区基本建设批复情况、保护区基建投资完成情况、保护区野生动植物资源情况、国内国际联系情况、保护区基本情况、保护区管理情况、保护区经费来源、新建保护区、保护区机构和负责人、保护区人员情况、保护区总体规划情况、保护区森林资源情况、保护区科研宣教情况、保护区情况、保护区基本建设年度计划安排等内容。

生物多样性数据旨在为我国重点野生动植物监测服务，为及时、动态地提供决策信息，全方位为国家野生动植物及自然保护区管理业务工作和全国保护建设工程服务，同时为相关的林业其他业务部门提供野生动植物基础信息服务，主要为基础数据类。

第三节 林业专题数据库

一、综合办公业务数据库

综合办公业务数据库包括综合办公业务数据、门户服务应用数据、林业社会经济数据等林业部门办公应用服务相关数据。

综合办公数据主要收集国家对林业监管及办公综合数据，包括往期项目建设的综合办公系统的公文信息、林业资源博物馆信息、林业博览会信息、行政审批系统、公文传输系统的信息、林业基本建设项目监管信息以及其他政务办公资源数据。

二、门户服务应用数据库

门户服务数据库主要包括新闻信息、信息公开类信息、各类政府文件、在线服务信息、网站互动交流信息、图片信息、视频信息、森林公园站群和相关子站等的信息。

三、林业标准信息库

林业标准信息库建成了中国林业标准全文库和国外林业标准全文库，中国林业标准全文库收集了和林业相关的国家标准、行业标准和地方标准，国外林业标准全文库收集了国际林业标准，英国、日本、欧盟、美国、法国和德国与林业相关标准。通过此标准库，可以根据标准名称、起草单位、标准类型、标准号、关键词、分类号、专业分类、发布日期、全部记录浏览、全文检索、组合检索来查找中国林业标准全文库和国外林业标准全文库。

四、中国林业科技成果库

中华人民共和国成立以来，广大林业科技工作者前赴后继，坚持不懈地进行林业基础研究、高新技术研究和重大关键技术攻关，取得了大量林业科技成果。特别是改革开放 30 多年来，在党中央、国务院的正确领导下，我国林业科技发展迅速，大批林业新品种得到普及，森林资源动态监测技术取得突破，速生丰产林、荒漠化及沙化治理等新型技术推广迈出重大步伐。本数据库收录了自 1949 年以来近 3 万条林业科技成果信息。应用范围：主要用于林业及相关行业的管理、科研、生产和教学人员进行科学决策、科研立项、科学研究、科技查新、成果验收和成果推广应用等。

五、中国林业专家信息库

中国林业专家信息库包括了林业名人专家的 1200 多条信息。专家库信息系统模块包括专家信息查询、专家信息维护和维护人员管理 3 个模块。

1. 专家信息查询。按照专家姓名、单位等信息对专家信息进行查询，察看专家详细信息。

2. 专家信息维护。实现对专家信息进行录入、修改、删除功能。

3. 维护人员管理。可为维护人员建立账号，分配权限。具备权限的人员登录系统，可对专家信息进行维护。

第四节 公共基础数据库

一、电子大讲堂

电子大讲堂包含要闻导读、精品推荐、国研试点、金融观察、区域发展、热点专题、国研网统计数据库和特供两会专题等栏目，为内网用户提供第一手的参考信息。

二、电子图书馆

电子图书馆包含哲学、宗教、政治、法律、社会科学总论、经济、语言、文学、历史、地理、生物科学、综合性图书、工业技术、农业科学等分类，为内网用户提供丰富的图书资料。

三、电子阅览室

电子阅览室包括时政、林业、信息化、财经、文学、综合和学位论文等分类的杂志信息。

四、数字电影院

数字电影院为内网用户提供了丰富的各类电影。

五、数字电视剧场

数字电视剧场提供了各类电视剧,丰富了大家业余生活。

六、数字音乐厅

数字音乐厅内提供各种类型音乐,包括红歌会、流行音乐、经典音乐、古典音乐。

延伸阅读

1. 涂子沛. 数据之巅. 北京:中信出版社,2014.
2. 西尔伯沙茨. 数据库系统概念. 北京:机械工业出版社,2012.
3. 杨孟辉. 开放政府数据:概念、实践和评价. 北京:清华大学出版社,2017.
4. 李世东. 中国林业信息化建设成果. 北京:中国林业出版社,2012.

第七章

基础平台

第一节 外网

一、外网网络

外网采用了千兆光纤骨干，百兆到桌面的以太网架构。在国家林业局办公楼二层中心机房放置一台高性能的核心交换机，一层到十一层之间，每层的南北配线间各放置 1~3 台交换机。所有楼层交换机具有千兆上联及堆叠功能，便于构建千兆的骨干网络。核心交换除了汇聚各个楼层配线间的光纤外，还链接大量的安全设备，在配置上将满足安全设备的需要。核心交换机采用神州数码的 DCRS – 7608 系列 10 插槽的机箱，配置两块路由交换引擎用于冗余备份，端口配置上主要以千兆的光纤和电网口为主，并且配置双电源，保证核心的稳定性和可用性。

本项目布线工程涉及主楼、四号楼以及邻近的相关单位。布线的网络将初步用于林业政务外网，因为外网的流量比较大，安全性和网络管理问题复杂，新架设的网络设备能够符合这种全方位的要求。布线工程的总汇聚点位于办公大楼的北侧二层，网络设备采用集中方式放置与管理，计算机信息点为每个楼层房间 3 个点左右规模。

国家林业局办公网均采用超五类非屏蔽双绞线 UTP；网络布线拓扑结构为：二级星形结构，一级光纤主干；二级为超五类非屏蔽双绞线 UTP。大楼外和附近单位光纤连接，采用室外铠装硬皮防腐蚀光缆。

二、存储系统建设

采用基于 SAN 的存储结构，为国家林业局各信息化系统提供统一的数据存储服务。根据电子政务的要求在外网部署一套数据存储系统和数据备份系统。国家林业局数据中心存储系统采用 SAN 存储模式。总体结构分为存储层、存储交换层、主机层、存储管理层和存储专业服务层五层。

(一)存储层

存储层主要提供高可靠、高性能、可扩展的智能存储设备存储数据信息，由于在 SAN 中资源是完全的共享，但同时要保证数据访问的安全性，因此必须保证使每个应用系统既能共享资源又能互不干扰。

(二)存储交换层

存储交换层是 SAN 的核心连接设备，实现主机、存储设备的连接和提供高性能的数据通路。存储交换层必须提供充足的端口和解决存储管理层中任何单点故障。在光纤存储交换机中通过区域功能的划分，采用共享或独享方式实现为业务应用系统合理的分配存储系统性能资源，保证关键应用系统对高性能的要求，而其他应用系统可以共享的方式使用存储系统的性能。

(三)主机层

主机层包括主机连接设备和逻辑卷管理两个子层。主机连接设备主要负责各主机与 SAN 的连接，通过在主机上安装两块 HBA，分别连接到存储交换层的两台光纤交换机上，形成一个全冗余的交叉连接结构，同时通过在主机上安装与存储兼容的管理软件，实现通路的错误冗余和负载均衡，在提高主机访问带宽的同时保证了可用性。提供主机到 SAN 的光纤接口。HBA 卡提供了将 FC 协议解包成 SCSI 协议的功能，使得主机系统能够将 SAN 中的存储设备作为一个传统的 SCSI 设备来对待，简化了主机设备的复杂性，提高了 SAN 与主机系统的兼容性，使 SAN 系统能提供最广泛的主机平台支持。核心应用服务器采用基于共享 SAN 存储的双机双网卡高可用 HA。数据库服务器采用基于共享 SAN 存储的双机双网卡负载均衡 Cluster。

(四)存储管理层

存储管理层是 SAN 存储整合的另一个需要重点考虑的部分。存储管理层直观管理 SAN 中的存储资源；具有统一资源保护、分配和管理，存储系统配置和状态监控、性能分析、故障预警和报考等功能；同时存储安全管理、数据异地容灾功能管理和数据快速复制功能管理都能够集中进行；减少系统管理员的工作量，简化 IT 的管理流程。根据建设需要及总体设计，各应用系统的数据存储均在数据中心，存储容量为 6T。

第二节 内网

一、内网网络

国家林业局办公内网核心交换机使用神州数码的 DCRS – 6808，配置一块 24 口的千兆模块，用于连接各楼层汇聚的接入层交换机。

接入层采用系列可堆叠智能交换机，在楼层或高密度办公区域多台堆叠为终端 PC 提供 100M/1000M 到桌面的带宽保障，并通过千兆链路与核心交换机互联。

二、存储系统建设

根据电子政务要求在内网也部署了一套数据存储系统和数据备份系统。

内网数据中心的存储系统采用与外网一样的存储模式。根据建设需要及总体设计，各应用系统的数据存储均在数据中心，其存储容量为 20T。

三、应用支撑平台

应用支撑为各应用系统提供所需的资源共享、信息交换、业务访问、业务集成、流程控制、安全控制和系统管理等方面的基础性和功用性的支撑服务，同时它也是应用系统的开发、部署和运行的技术环境。应用支撑具有开放和扩展性，并能够适应业务需求的动态变化。

林业应用支撑为业务应用系统开发提供各类基础组件、中间件，提高系统建设效率；同时解决业务应用之间的互通、互操作等问题。应用支撑由注册服务、鉴权服务、状态管理服务、电子签章管理服务、即时业务服务、应用资源整合服务、电子政务客户端服务等组成，其架构包括：目录体系和交换体系、业务流程管理、林业数表模型、林业基础组件、林业常用工具软件等，其主要建设内容可分为目录体系、交换体系两部分。

（一）目录体系

目录体系是按照统一的标准规范，对分散在各部门的信息资源进行整合和组织，形成逻辑上集中、物理上分散，可统一管理和服务的林业信息资源目录，为使用者提供统一的信息资源发现和定位服务，实现林业部门间信息资源共享交换和信息服务的林业信息资源管理体系。

信息资源目录由信息资源分类目录和信息资源目录组成。信息资源分类目录由按不同应用主题建立的信息分类体系组成。信息资源目录有基础信息目录、部门信息资源目录、应用共享信息资源目录等，由描述信息资源的名称、主题、摘要或数据元素、分类、来源、提供部门等元数据组成。信息资源包括业务职责、政策法规、规章制度、业务流程、业务系统信息资源、业务数据库信息资源等。

(二) 交换体系

交换体系是实现异构数据源之间数据交换与共享、异构应用系统之间流程整合与协同的基础。信息交换体系由应用适配服务层、共享交换服务层、跨域交换层、流程管理服务层以及安全支撑和监控管理组成。

四、应用服务架构平台

林业应用服务架构平台(FA – SAP)创建了一套林业应用的基础服务架构平台。FA – SAP 将 SOA 和构件这两个软件工程领域最前沿的技术联系在一起。它采用 SOA 架构方法，将业务流程和底层活动分解为基于标准的服务。在基于 FA – SAP 的系统中，系统功能是由一些松耦合并且具有统一接口定义方式的服务构件组合起来，构件是 FA – SAP 系统的基本单元。

五、林业多级数据交换中心

林业多级数据交换系统实现林业各司局之间的数据交换和共享，包括文件数据和关系数据库数据，各司局无需做任何代码开发工作，只需通过多级数据交换系统适配器模块和本司局业务系统对接即可实现数据的交换和共享，系统对交换的数据进行加密、签名，保证数据在传输过程中的安全性。

六、林业多元数据融合平台

林业多元数据融合与集成系统实现对各司局地理空间数据的采集及不同地理空间数据格式之间的转换，地理空间数据的叠加、融合，以及通过监控管理系统对数据采集过程进行监控和管理。

第三节　专网

在 2003 年国家林业局全国林业视频会议系统网络建成的基础上，搭载了全国林业视频会议系统、国家林业局全国林业综合办公电子公文传输系统、国家林业局资源数据库试点项目(在建项目)、全国 IP 电话系统(在建项目),为国家林业局节省了大量的会议(15 次/年)时间,以及林业局信息、林业简报、电子公文的传递时间及资金。

国家林业局专网采用星型的组网方式,以国家林业局为中心节点,向外发散扩展。国家林业局采用 155M 光端机作为传输接入设备,与各省(自治区、直辖市)林业厅(局)及四大森工(林业)集团共 36 个节点通过 8M 的 SDH 数字电路实现链路互通。各省(自治区、直辖市)林业厅(局)及四大森工(林业)集团用 HDSL MODEM 或光传输设备作为接入设备。在国家林业局配置一台 Catalyst 4507 中心交换机、CISCO 7507R 作为核心路由器,放置在国家林业局中心机房,各省(自治区、直辖市)林业厅(局)及四大森工(林业)集团选用 Catalyst 3550 24 口交换机,通过百兆端口连接本地路由器,Cisco 2691 路由器,通过 2M SDH 专线与国家林业局中心机房相连接。

2009 年在原有的国家林业局视频会议系统的基础上增加了京内外 32 个直属单位的视频会议节点,增加国家林业局视频会议备份终端,将 MCU 系统升级,增加视频会议系统的 H.263 及 H.264 通信协议,改造现有的主视频会议室的音视频线路,减少各种信号的相互干扰,提高视频会议系统的音视频质量。

升级国家林业局中心机房的路由器,租用中国联通的 8M 光纤,京内外 32 个直属单位直接连接到国家林业局全国林业视频会议系统网络中心路由器 CISCO7507 上。

第四节 基础设施及运维

一、基础设施

国家林业局中心机房使用面积 450 平方米。机房基础设施改造主要包括以下 4 个方面的内容。

(一)配电系统

原设计的配电系统是按照 60kVA 的容量计算的,而随着信息化的建设,服务器、阵列盘、网络设备、网络安全设备及配套的外部设备等大量增加,原配电系统的设计已不能满足需要。按照等级保护的要求,对原有的配电系统进行了扩容。从原有的 60kVA 扩充到 120kVA,铺设了从一层配电室到二层机房的动力电缆，增加了各个配电柜的容量，增加机房内电缆和插座的数量及相配套的设施，并加大了电源系统的安全性。

（二）机柜等设施

新增计算机服务器及网络设备机柜16个，KVM控制器10套。

（三）装饰工程

根据等级保护及防火的要求，除了在中心机房分隔出几个功能区外，将原有的天花板设计更新为防火性能更好的材料，墙壁更新设计为防尘和防火性能更好的彩钢板，地板选用承重、防静电等性能更好的钢制地板，机房内增加新风设备等。

（四）机房办公家具

由于机房控制系统的需要，增加监控系统的控制台，此外购买了机房使用的桌椅及资料柜。

二、综合运维

（一）运维服务系统

国家林业局信息化系统运行维护包括机房基础设施类运行维护、机房硬件设备类运行维护、电脑终端类运行维护、PC服务器类运行维护、小型机类运行维护、内外网存储备份类运行维护、内外网主机操作系统类运行维护、内外网数据库类运行维护、内外网中间件类运行维护、网站类基础设施运行维护、应用系统类运行维护、CA密匙制作类运行维护、会商室大屏幕及监控机运行维护、网络及信息安全类维护、林业行业视频会议系统运行维护、专网SDH链路及各省厅接入设备运行维护、各单位托管设备运行维护、硬件设备、中心机房安全保障、其他系统运行维护等。

通过实时监控和维护，提高业务连续性和系统可用性，建立运维的规范，规定日常检查内容、月度巡检、应急预案处置等受理和处理流程。强化日常维护管理，充分利用各种技术手段，保障网络、设备、业务系统的高效安全运行，做好平台的实时监控，减少故障发生次数和修复历时，提高运维效率。

运维管理工作实体有：

1. 呼叫中心。负责呼叫中心业务受理、事件创建、派发及事件流程执行跟踪及回访，运维事件表单完整性及准确性监督；并负责运维人员纪律检查监督；负责月度事件汇总分析，知识库整理，运维文档管理，并协调各运维组关系。

2. 监控中心。对国家林业信息化系统实行 7×24 小时监控服务，通过服务台监控软件及现场检查等方式对系统进行不间断检查，主动发现网络、设备和业务应用运行过程中的故障或隐患，进行预处理、派单、时限管控，是维护服务的第一责任人。

3. 技术支持组。技术支持组驻现场服务，提供现场运行监控，日常技术支持，突发事件应急处理，定期设备安全巡检，重大事件与二三线技术联络与协调配合。

运维服务系统采用国家林业局信息化基础平台的综合运维管理系统，对国家和省两级基础平台进行实时监控，确保了国家林业局信息化基础平台及其上运行的业务系统安全稳定的运行，并依据统一的运维流程和规范指导维护工作，形成"统一规范、统一流程、统一监控、分级处理"的运维体系。

运维监控管理系统能从应用层面对企业网络系统的关键应用进行实时监测，一旦系统出现异常，警报系统将通过声音、E-mail、手机短信息、脚本等方式及时通知相关人员，通过服务管理系统进行流程的管理；通过完善的性能分析报告，更能帮助系统管理人员及时预测、发现性能瓶颈，提高网络系统的整体性能，同时为运维服务的战略规划提供依据。有效降低由于系统故障带来的损失，运维成本和管理的复杂度，从而保证网络系统 7×24 小时正常、持续、稳定的运行。

（二）安全管理系统

1. 网络安全方案。网络安全是安全支撑平台中最重要的一个部分，建设的网络安全包含以下几个部分：防火墙系统、入侵检测、漏洞扫描系统、Web 应用防护网关、风险管理审计、安全控制措施、审计及管理。

2. 系统安全方案。防病毒系统采用分布式网络防毒墙系统，包括防毒墙、病毒管理监控中心和病毒防治终端。

3. 应用系统安全。应用层安全服务策略主要解决用户的身份认证和资源访问控制问题。单点登录基于 Kerberos 协议中的票据协议（TGT）实现在多个应用系统中，用户只需要登录一次就可以访问所有相互信任的应用系统。单点登录的前提是用户的身份认证。统一用户授权管理系统是用户在身份认证之后，具备何种资源访问的权力。为了使得应用系统适应不同的 PKI/PMI（CA 基础设施），安全中间件提供了单点登录、统一用户授权管理系统和应用系统之间访问的桥梁。本系统由 6 部分组成，分别是 CA 数字证书 PMI TSA、安全中间件、统一用户子系统、单点登录子系统、安全审计子系统、信息交换与共享平台。

4. 事故恢复及备份方案。对电源、重要主机、重要交换机、路由器、重要线路、存储等都进行冗余设计。制定备份机制的管理制度、备份介质保存保管制度，定期检查审核备份系统的状态，保证事故发生时备份系统的可用性。

5. 安全管理体系。按照 BS7799 的要求，建立了一套信息安全管理体系的运行机制，按照 PDCA 模型实现信息安全管理体系的有效性、实效性，动态保证系统的安全；成立了信息安全管理机构，明确业务过程中各角色的信息安全职责；进行组织内的信息资产分类登记制度，信息资产包括硬件、软件、数据等形式，落实每种信息资产的责任人；切实落实各个层面的管理措施，对各种作业文件进行周期性的审核，发现并处理各种安全事件，周期性或系统发生变更时对整个系统的安全措施进行新的评审，形成新的安全管理体系。再按照 PDCA 模型进行闭环运行。

(三) 综合管理系统

为保证基础平台的可管理、可监控，出现异常时及时报警，采用先进标准、技术和设备构建基础平台的综合管理体系，实现对网络、主机、系统软件、中间件、应用系统的监控。根据对综合管理体系设计要求和运行维护服务平台的设计要求，综合管理平台由监控管理、服务管理两部分组成。

1. 监控管理。监控管理子系统对各组成部分(不同品牌的网络设备、各种操作系统、服务器、进程、数据库、中间件、业务系统等)进行监控管理，由点到面地集中管理整个网络环境，同时还具备很强的可扩展能力，能够方便地进行功能扩展和规模扩展，能够兼顾各种层次的运维管理需求，系统的易用性强，方便管理人员进行日常运维工作，有效减轻运维压力。监控管理子系统提供对整个网络的性能监控及分析、流量监控及分析、故障监控、故障分析及定位、资产及配置文件的管理、强大的报表分析功能，同时能集成第三方工具。同时，为服务流程管理子系统和 CRM 服务业务管理子系统提供资产数据接口及告警事件数据。

2. 服务管理。服务管理由服务流程管理和服务业务管理两个子系统构成，用于 IT 系统的统一维护管理工作，遵循 ITIL 标准定制流程。系统由系列模块共同构成，主要包括：服务台、事件管理、问题管理、变更管理、配置管理、知识库管理等。同时接收来自监控管理子系统的实施监控信息，为运维管理提供数据支撑。

延伸阅读
1. 张春霞，张瑞春. 网络建设与管理. 北京：电子工业出版社，2011.
2. 户根勤. 网络是怎么样连接的. 北京：人民邮电出版社，2017.
3. 李世东. 中国林业信息化决策部署. 北京：中国林业出版社，2012.

第八章

安全运维

第一节　网络安全概述

一、网络安全的含义

网络安全是指通过采取必要措施，防范对网络的攻击、侵入、干扰、破坏和非法使用以及意外事故，使网络处于稳定可靠运行的状态，以及保障网络数据的完整性、保密性、可用性的能力。从其本质来讲就是网络上的信息安全。从广义上来说，凡与网络信息的保密性、完整性、可用性、可控性和不可否认性相关的技术和理论，都是网络安全涉及的领域。

二、网络安全的基本属性和特征

网络安全的本质是网上斗争，包括网上政治斗争、军事斗争、经济斗争和文化斗争。网络安全包括形态安全、技术安全、数据安全、应用安全、边防安全、资本安全和渠道安全 7 个重点内容，涉及国家安全（政权、国防、经济、文化）、关键信息基础设施安全、社会公共安全和公民个人信息安全 4 个层面。

网络安全定义中的保密性、完整性、可用性、可控性、不可否认性，反映了网络信息安全的基本特征和要求，反映了网络安全的基本属性、要素与技术方面的重要特征。

1. 保密性。保密性是指保证信息与信息系统不被非授权者所获取与使用。在网络系统的各个层次上都有不同的保密性及相应的防范措施。在物理层，要保证系统实体不以电磁的方式（电磁辐射、电磁泄漏）向外泄露信息，主要的防范措施是电磁屏蔽技术、加密干扰技术等。在运行层面，要保障系统依据授权提供服务，使系统任何时候都不被非授权人使用，对黑客入侵、口令攻击、用户权限非法提升、资源非法使用等采取漏洞扫描、隔离、防火墙、访问控制、入侵检测、审计取证等防范措施，这类属性有时也可称为可控性。在数据处理、传输层面，要保证数据在传输、存储过程中不被非法获取、解析，主要防范措施是数据加密技术。

2. 完整性。完整性是指信息是真实可信的，其发布者不被冒充，来源不被伪造，内容不被篡改，主要防范措施是校验与认证技术。在运行层面，要保证数据在传输、存储等过程中不被非法修改，防范措施是对数据的截获、篡改与再送采取完整性标识的生成与检验技术。要保证数据的发送源头不被伪造，对冒充信息发布者的身份、虚假信息发布来源采取身份认证技术、路由认证技术，这类属性也可称为真实性。

3. 可用性。可用性是指保证信息与信息系统可被授权人正常使用，主要防范措施是确保信息系统处于一个可靠的运行状态之下。在物理层，要保证信息系统在恶劣的工作环境下能正常运行，主要防范措施是对电磁炸弹、信号插入采取抗干扰技术、加固技术等。在运行层面，要保证系统时刻能为授权人提供服务，对网络被阻塞、系统资源超负荷消耗、病毒、黑客等导致系统崩溃或死机等情况采取过载保护、防范拒绝服务攻击、生存技术等防范措施。保证系统的可用性，使得发布者无法否认所发布的信息内容，接收者无法否认所接收的信息内容，对数据抵赖采取数字签名防范措施，这类属性也成为抗否认性。

从上面的分析可以看出，维护信息载体的安全与维护信息自身的安全两个方面都含有保密性、完整性、可用性这些重要属性。

4. 可控性。可控性是指对流通在网络系统中的信息传播及具体内容能够实现有效控制的特性，即网络系统中的任何信息要在一定传输范围和存放空间内可控。除了采用常规的传播站点和传播内容监控这种形式外，最典型的如密码的托管政策，当加密算法交由第三方管理时，必须严格按规定可控执行。

5. 不可否认性。不可否认性指网络通信双方在信息交互过程中，确信参与者本身，以及参与者所提供信息的真实同一性，即所有参与者都不可能否认或抵赖本人的真实身份，以及提供信息的原样性和完成的操作与承诺。

三、网络安全目标和涉及范围

网络安全的目标是：在计算机和通信领域的信息传输、存储与处理的整个过程中，提供物理上、逻辑上的防护、监控、反应恢复和对抗的能力，以保护网络信息资源的保密性、完整性、可控性和抗抵赖性。网络安全的最终目标是保障网络上的信息安全。解决网络安全问题需要安全技术、管理、法制、教育并举，从安全技术方面解决信息网络安全问题是最基本的方法。

网络信息安全涉及信息传输的安全、信息存储的安全以及对网络传输信息内容的审计等方面，也包括对用户的甄别和授权。在这几个方面中，要保障信息传输安全，需采用信息传输加密技术、信息完整性鉴别技术；要保证信息存储的安全，需保障数据库安全和终端安全；信息内容审计，则是实时对进出内部网络的信息进行内容审计，以防止或追查可能的泄密行为；此外，还应通过口令、密钥、智能卡、令牌卡和指纹、声音、视网膜或签字等特征完成对网络中的主体进行甄别、验证和授权。为保证网络信息系统的安全性，目前普遍采用的措施包括但不限于以下几个方面：利用操作系统、数据库、电子邮件、应用系统本身的安全性，对用户进行权限控制；安装反病毒软件、配置防火墙、应用防护网关、入侵检测系统等各种软硬件防护系统；数据存储和传输采用加密措施等。

四、网络安全涉及的主要内容

可以从不同角度划分网络安全的主要内容（图8-1）。通常，网络安全的内容从技术方面包括操作系统安全、数据库安全、网络站点安全、病毒与防护、访问控制、加密与鉴别等几个方面。从层次结构上，也可将网络安全所涉及的内容概括为实体安全、运行安全、系统安全、应用安全、管理安全5个方面。

1. 实体安全。实体安全也称物理安全，指保护计算机网络设备、设施及其他媒介免遭地震、水灾、火灾、有害气体、盗窃和其他环境事件破坏的措施及过程。其包括环境安全、设备安全和媒体安全3方面。实体安全是信息系统安全的基础，包括机房安全、场地安全、机房环境（温度、湿度、电磁、噪声、防尘、静电及振动等）、建筑安全（防火、防雷、围墙及门禁安全）、设施安全、设备可靠性、通信线路安全性、辐射控制与防泄露、动务、电源/空调、灾难预防与恢复等。

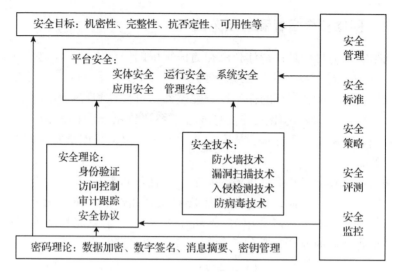

图 8-1 网络安全内容

2. 运行安全。运行安全包括计算机网络运行和网络访问控制安全，如设置防火墙实现内外网的隔离、备份系统实现系统的恢复。运行安全包括：内外网的隔离机制、应急处置机制和配套服务、网络系统安全性监测、网络安全产品运行监测、定期检查和评估、系统升级和补丁处理、跟踪最新安全漏洞、灾难恢复机制与预防、安全审计、系统改造、网络安全咨询等。

3. 系统安全。系统安全主要包括操作系统安全、数据库系统安全和网络系统安全。主要以网络系统的特点、实际条件和管理要求为依据，通过有针对性地为系统提供安全策略机制、保障措施、应急修复方法、安全建议和安全管理规范等，确保整个网络系统的安全运行。

4. 应用安全。应用安全由应用软件开发平台的安全和应用系统的数据安全两部分组成。应用安全包括：业务应用软件程序安全性测试分析、业务数据的安全检测与审计、数据资源访问控制验证测试、实体的身份鉴别检测、业务现场的备份与恢复机制检查、数据的唯一性/一致性/防冲突检测、数据的保密性测试、系统的可靠性测试和系统的可用性测试等。

5. 管理安全。管理安全也称安全管理，主要指对人员及网络系统安全管理的各种法律、法规、政策、策略、规范、标准、技术手段、机制和措施等内容。管理安全包括：法律法规管理、政策策略管理、规范标准管理、人员管理、应用系统使用管理、软件管理、设备管理、文档管理、数据管理、操作管理、运营管理、机房管理、安全培训管理等。

在网络信息安全法律法规的基础上，以管理安全为保障，实体安全基础，以系统安全、运行安全和应用安全确保网络正常运行与服务。

五、网络安全机制

网络安全的需求不断地向社会各个领域扩展，人们需要保证信息在存储、处理或传输过程中不被非法访问或者删改。保护网络信息安全所采用的措施称为安全机制，所有的安全机制都是针对某些潜在的安全威胁而设计的，可以根据实际情况单独或组合使用，在有限的投入下合理地使用安全机制以便尽可能地降低安全风险。网络信息安全机制应包括技术机制和管理机制两方面的内容。

（一）网络安全技术机制

1. 加密和隐藏。加密使信息改变，攻击者无法了解信息的内容从而达成保护；隐藏则是将有用信息隐藏在其他信息中，使攻击者无从发现。

2. 认证和授权。网络设备之间应互相认证对方身份，以保证正确的操作全力赋予和数据的存取控制；同时，网络也必须认证用户的身份，以授权保证合法的用户实施正确的操作。

3. 审计和定位。通过对一些重要的事件进行记录，从而在系统发现错误或受到攻击时能定位错误并找到防范失效的原因，作为内部犯罪和事故后调查取证的基础。

4. 完整性保证。利用密码技术的完整性保护可以很好地对付非法篡改，当信息源的完整性可以被验证却无法模仿时，可提供不可抵赖服务。

5. 权限和存取控制。针对网络系统需要定义的各种不同用户，根据正确的认证，赋予其适当的操作权力，限制其越级操作。

6. 任务填充。在任务期间歇期发送无用的具有良好模拟性能的随机数据，以增加攻击者通过分析通信流量和破译密码获得信息的难度。

（二）网络安全管理机制

网络信息安全不仅仅是技术问题，更是一个管理问题。网络信息安全包括管理机构、法律、技术、经济各方面内容，网络安全技术只是实现网络安全的工具。要解决网络信息安全问题，必须制定正确的目标策略，设计可行的技术方案，确定合理的资金投入，选择适当的网络产品，采取相应的管理措施和依据相关的法律制度。

当今网络信息安全已成为了世界性社会问题的一部分。随着互联网的深入发展，网络信息安全越来越成为网络应用中的一个重要课题。网络信息安全重在应用，虽然"绝对安全"在理论上是不存在的，但通过科学统筹规划、制定合理策略无疑可以使网络信息安全得到最大的保障。

第二节 网络安全管理

一、网络安全管理的概念

国际标准化组织定义网络管理是规划、监督组织和控制计算机网络通信服务，以及信息处理所必需的各种活动。狭义的网络管理主要指对网络设备、运行和网络通信量的管理。现在，网络管理已经突破了原有的概念和范畴。其目的是提供对计算机网络的规划、设计、操作运行、管理、监视、分析、控制、评估和扩展的手段，从而合理的组织和利用系统资源，提供安全、可靠、有效和友好的服务。网络管理的实质是对各种网络资源进行检测、控制、协调、报告故障等。

网络安全管理通常是指以网络管理对象的安全为任务和目标所进行的各种管理活动，是与安全有关的网络管理，简称安全管理。由于网络安全对网络信息系统的性能、管理的关联及影响更复杂、更密切，网络安全管理逐渐成为网络管理中的一个重要分支，正受到业界及用户的广泛关注。网络安全管理需要综合网络信息安全、网络管理、分布式计算、人工智能等多个领域知识和研究成果，其概念、理论和技术正在不断完善之中。

二、网络安全管理的目标

计算机网络安全是一个相对性的概念，世界上没有绝对的安全。

网络管理的目标是确保计算机网络的持续正常运行，使其能够有效、可靠、安全、经济地提供服务，并在计算机网络系统运行出现异常时能及时响应并排除故障。网络安全管理的目标是：在计算机网络的信息传输、存储与处理的整个过程中，提供物理上及逻辑上的防护、监控、反应恢复和对抗的能力，以保护网络信息资源的保密性、完整性、可用性、可控性和可审查性。

三、网络安全管理体系及其过程

(一)开放式系统互联网络安全体系

参考模型是国际标准化组织为解决异种机互联而制定的开放式计算机网络层次结构模型。安全体系结构主要包括网络安全机制和网络安全服务两方面的内容。

1. 网络安全机制。在 ISO 7498-2《网络安全体系结构》文件中规定的网络安全机制有 8 项:一是加密机制。加密机制用于加密数据或流通中的信息,其可以单独使用。二是数字签名机制。数字签名机制是由对信息进行签字和对已签字的信息进行证实两个过程组成。三是访问控制机制。访问控制机制是根据实体的身份及其有关信息来决定该实体的访问权限。四是数据完整性机制。五是认证机制。六是通信业务填充机制。七是路由控制机制。八是公证机制。公证机制是由第三方参与的签名机制。

2. 网络安全服务。在《网络安全体系结构》文件中规定的网络安全服务有 5 项:鉴别服务、访问控制服务、数据完整性服务、数据保密性服务、可审查性服务。

(二)网络安全管理体系

网络安全管理体系结构包括三个方面:分层安全管理、安全服务与机制、系统安全管理。

(三)网络安全管理的基本过程

网络安全管理的具体对象包括:涉及的机构、人员、软件、设备、场地设施、介质、涉密信息、技术文档、网络连接、门户网站、应急恢复、安全审计等。

网络安全管理的功能包括:计算机网络的运行、管理、维护、提供服务等所需要的各种活动,也有的专家或学者将安全管理功能仅限于考虑前三种情况。

网络安全管理工作的程序,遵循如下循环模式的 4 个基本过程:制定规划和计划、落实执行、监督检查、评价行动。

(四)网络管理与安全技术的结合

国际标准化组织在 ISO/IEC 7498-4 文档中定义开放系统网络管理的五大功能:

1. 故障管理功能。故障管理是网络管理中最基本的功能之一。用户都希望有一个可靠的计算机网络,当网络中某个部件出现问题时,网络管理员必须迅速找到故障并及时排除。

2. 配置管理功能。配置管理同样重要，它负责初始化网络并配置网络，以使其提供网络服务。

3. 性能管理功能。性能管理估计系统资源的运行情况及通信效率情况。

4. 安全管理功能。安全性一直是网络的薄弱环节之一，而用户对网络安全的要求又相当高。

5. 计费管理。用来记录网络资源的使用，目的是控制和检测网络操作的费用和代价，它对一些公共商业网络尤为重要。

目前，先进的网络管理技术也已经成为人们关注的重点，计算机技术、无线通信及交换技术、人工智能等先进技术正在不断应用到具体的网络安全管理中，网络安全管理理论及技术也在快速发展、不断完善。

网络安全是个系统工程，网络安全技术必须与安全管理和保障措施紧密结合，才能真正有效地发挥作用。

四、网络安全管理主要要求

2014年，我国成立了中央网络安全和信息化领导小组，统筹协调涉及各个领域的网络安全和信息化重大问题。国务院重组了国家互联网信息办公室，授权其负责全国互联网信息内容管理工作，并负责监督管理执法。工信部发布了《关于加强电信和互联网行业网络安全工作的指导意见》，明确了提升基础设施防护、加强数据保护等8项重点工作，着力完善网络安全保障体系。我国国家网络与信息安全顶层领导力量明显加强，管理体制日趋完善，机构运行日渐高效，工作目标更加细化，对林业行业网络安全管理也提出了更高的要求。2016年11月7日，《中华人民共和国网络安全法》已由第十二届全国人民代表大会常务委员会第24次会议通过，自2017年6月1日起施行，为保障网络安全，维护网络空间主权和国家安全、社会公共利益，保护公民、法人和其他组织的合法权益，促进经济社会信息化健康发展提供了法律依据。

（一）林业网络安全工作指导思想

按照习近平总书记提出的建设网络强国的战略目标，加强网络安全顶层设计和统一领导，正确处理发展和安全的关系，以安全保发展、以发展促安全，在开放中谋发展，在创新中提高技术能力，有效维护网络安全。

（二）林业网络安全工作基本原则

党的十八大以来，以习近平同志为核心的党中央高度重视网络安全和信息化工作，成立了中央网络安全和信息化领导小组，习近平总书记任组长。2014年和2015年，中央召开了两次网络安全和信息化领导小组会议，总书记亲自参加会议并做重要讲话。总书记的讲话审时度势，高瞻远瞩，总揽全局，作出了"没有网络安全就没有国家安全，没有信息化就没有现代化"的重大论断。把网络安全提升到了国家战略的高度，提升到了国家政治安全、政权安全的高度，科学回答了关于网络安全和信息化的重大理论和现实问题，具有很强的思想性、针对性、指导性，是我们当前和今后一个时期网络安全管理工作要遵循的基本原则。认真学习、深刻领会习近平总书记指示精神，并坚决贯彻落实，是我们当今最重要的任务。

（三）林业网络安全主要任务

1. 提高认识，加强领导。要高度重视网络安全工作，将网络安全纳入本单位信息化建设的重要日程，在制度、人力、资金方面提供有力保障，确保网络安全工作顺利开展。在中央网络安全和信息化领导小组的统一领导下，进一步加强对林业网络安全工作的领导，各省、各单位要按照"谁主管、谁负责""谁运行、谁负责"的原则，建立健全网络安全协调机制和工作程序，成立网络安全管理机构，安排专人负责网络安全管理与日常维护。明确各部门的职责，分清各级信息化管理、运行部门的任务要求，切实做到各司其职、各负其责。

2. 加强顶层设计。坚持问题导向，加强顶层设计，统筹各方资源，坚持自主创新、技术先进和安全可控，以国家法律、政策、标准为依据，在摸清政策文件、标准、管理规范，以及机构、人员、系统、数据资产底数基础上，搞好行业网络安全规划，出台政策标准，指导全行业开展网络安全工作。

3. 坚持网络安全和信息化统筹发展。网络安全和信息化是一体两翼、驱动之双轮，必须统一谋划、统一部署、统一推进、统一实施，做到协调一致、齐头并进。正确处理网络安全和信息化的关系，协调一致、齐头并进，严格落实网络安全与信息化建设"同步规划、同步设计、同步实施"的三同步要求，确保核心要害系统和基础网络安全稳定运行。

4. 深入开展等级保护工作，建立安全通报机制。按照国家信息安全等级保护标准，组织开展信息系统定级备案、等级测评、安全建设整改等工作。采取有效措施，提高网站防篡改、防病毒、防攻击、防瘫痪、防泄密能力，全面提高网站及信息系统的安全性。开展网络安全信息通报工作，加强实时监测、态势感知、通报预警工作，做到"耳聪目明、信息通畅、及时预警、主动应对"。

5. 加强网站群建设管理，规范网站域名和名称。进一步加强网站、信息系统建设的统筹规划，严格域名管理。按照我局制定网站域名管理办法，对现有网站域名进行全面复查，统一规划各类网站域名。对各单位分散在各地或使用社会力量管理的网站、信息系统的网络环境、运维单位和人员等进行全面检查。继续采用集约化模式建设网站，采取网站物理集中或逻辑集中方式，实施网站群建设，减少互联网出口，实现统一监测、统一管理、统一防护，提高网站抵御攻击篡改的能力。对网站信息员定期培训，加强信息安全教育，实行信息三级发布审核制度，严格网站信息发布、转载和链接管理，确保信息安全。

6. 加强软件测评管理，建立林业软件安全测评制度。根据中央网信办对网站测评等提出的具体要求，加强林业软件测评工作，制定网站和信息系统性能、安全符合性标准，建立新上线软件准入、安全测试制度。新增网站和信息系统等必须经过安全测评才能上线运行。充分利用技术手段对现有系统和网站进行测评和加固，建立信息安全风险评估机制，建设和完善信息安全监控体系，提高对网络安全事件的应对和防范能力。利用管理和技术措施，解决网络安全重视程度的逐级衰减问题。加强林业行业网络安全工作的监管、评价、考核。

7. 开展安全检查，形成工作制度。严格贯彻落实中央网信办、国家林业局有关信息网络安全工作的各项要求，建立林业网站、信息系统、网络定期安全检查机制，切实做好信息网络安全检查工作。加强组织领导，明确检查责任，落实检查机构、检查方法、检查经费。建立信息网络安全检查台账，开展日常检查，强化用技术手段全面深入查找安全问题和安全隐患，切实做到不漏环节、不留死角，对发现的问题及时整改，并有针对性地采取防范对策和改进措施，提升信息网络安全整体防护能力。

8. 加强队伍建设，提升安全防范技术能力。做好网络信息安全工作，必须建立自己的核心技术支撑队伍。依据中央网信办网办发的4号文，即《关于加强网络安全学科建设和人才培养的意见》，想方设法加强队伍建设，增加人员编制，同时要加强专业技术力量的培养，加强信息网络安全管理和技术培训。建立党政机关、事业单位和国有企业网络安全工作人员培训制度，明确重点培训内容，分级分层，按照技术领域和管理领域每年开展网络安全培训，不断提高林业行业从业人员的网络安全意识和管理水平，提升网络安全从业人员安全意识和专业技能。各种网络安全检查要将在职人员网络安全培训情况纳入检查内容，制定网络安全岗位分类规范及能力标准，建设一支政治强、业务精、作风好的强大队伍。

9. 管控网络、舆论阵地，全力维护林业行业网络安全。加强数据信息安全、意识形态安全管理，管理好网络阵地、舆论阵地，营造和谐健康的网络空间。建立与公安机关的网络安全案事件报告制度，与公安机关、工信部门一同构建"打防管控"一体化的网络安全综合防控体系。

10. 强化综合运维管理，保障网络安全。加强网络综合运维管理，配备专门的运维人员和运维管理软件，切实做好运维保障工作，保障网络安全。

第三节 网络安全等级保护

一、网络安全等级保护概述

(一)基本概念

信息系统是指由计算机及其相关和配套的设备、设施构成的、按照一定的应用目标和规则对信息进行存储、传输、处理的系统或者网络。信息是指在信息系统中存储、传输、处理的数字化信息。

网络安全等级保护是指对国家秘密信息、法人和其他组织及公民的专有信息及公开信息和存储、传输、处理这些信息的信息系统分等级实行安全保护，对信息系统中使用的信息安全产品实行按等级管理，对信息系统中发生的信息安全事件分等级响应、处置。

(二)网络安全等级保护工作的内涵

根据《信息安全等级保护管理办法》的规定，等级保护工作主要分为5个环节，分别是定级、备案、建设整改、等级测评和监督检查。定级是信息安全等级保护的首要环节，通过定级可以梳理各行业、各部门、各单位的信息系统类型、重要程度和数量，确定网络安全保护的重点。建设整改是落实信息安全等级保护工作的关键，通过建设整改使具有不同等级的信息系统达到相应等级的基本保护能力，从而提高我国基础网络和重要信息系统整体防护能力。等级测评工作的主体是第三方测评机构，通过开展等级测评，可以检验和评价信息系统安全建设整改工作的成效，判断安全保护能力是否达到相关标准要求。监督检查工作的主体是公安机关等网络安全职能部门，通过开展监督、检查和指导维护重要信息系统安全和国家安全。

（三）网络安全等级保护是基本制度、基本国策

网络安全等级保护是党中央、国务院决定在网络安全领域实施的基本国策。由公安部牵头经过近10年的探索和实践，网络安全等级保护的政策、标准体系已经基本形成，并已在全国范围内全面实施。

网络安全等级保护制度是国家网络安全保障工作的基本制度，是实现国家对重要信息系统重点保护的重大措施，是维护国家关键基础设施的重要手段。网络安全等级保护制度的核心内容是：国家制定统一的政策；各单位、各部门依法开展等级保护工作；有关职能部门对网络安全等级保护工作实施监督管理。

（四）网络安全等级保护是网络安全工作的基本方法

网络安全等级保护也是国家网络安全保障工作的基本方法。网络安全等级保护工作的目标就是维护国家关键信息基础设施安全，维护重要网络设施、重要数据安全。等级保护制度提出了一整套安全要求，贯穿系统设计、开发、实现、运维、废弃等系统工程的整个生命周期，引入了测评技术、风险评估、灾难备份、应急处置等技术。

按照等级保护制度中规定的"定级、备案、建设、测评、检查"这5个步骤，开展网络安全工作，先对所属信息系统（包括信息网络）开展调查摸底、梳理信息系统工作，再对信息系统定级。定级后，第二级以上系统要到公安机关备案，然后按照标准进行安全建设整改，开展等级测评。公安机关按照不同的系统级别实施不同强度的监管，对进入重要信息系统的测评机构及信息安全产品分等级进行管理，对网络安全事件分等级响应和处置。经过一系列工作的开展，将网络安全保障工作落到实处。

（五）贯彻落实网络安全等级保护制度的原则

网络安全等级保护坚持分等级保护、分等级监管的原则，对信息和信息系统分等级进行保护，按标准进行建设、管理和监督。网络安全等级保护制度遵循以下基本原则。

1. 明确责任，共同保护。通过等级保护，组织和动员国家、法人和其他组织、公民共同参与网络安全保护工作；各方主体按照规范和标准分别承担相应的、明确具体的网络安全保护责任。

2. 依照标准，自行保护。国家运用强制性的规范及标准，要求信息和信息系统按照相应的建设和管理要求，自行定级、自行保护。

3. 同步建设，动态调整。信息系统在新建、改建、扩建时应当同步建设网络安全设施，保障网络安全与信息化建设相适应。因信息和信息系统的应用类型、范围等条件的变化及其他原因，安全保护等级需要变更的，应当根据等级保护的管理规范和技术标准的要求重新确定信息系统的安全保护等级。等级保护的管理规范和技术标准应按照等级保护工作开展的实际情况适时修订。

4. 指导监督，重点保护。国家指定网络安全监管职能部门通过备案、指导、检查、督促整改等方式，对重要信息和信息系统的网络安全保护工作进行指导监督。国家重点保护涉及国家安全、经济命脉、社会稳定的基础信息网络和重要信息系统，主要包括：国家事务处理信息系统（党政机关办公系统）；财政、金融、税务、海关、审计、工商、社会保障、能源、交通运输、国防工业等关系到国计民生的信息系统；教育、国家科研等单位的信息系统；公用通信、广播电视传输等基础信息网络中的信息系统；网络管理中心、重要网站的重要信息系统和其他领域的重要信息系统。

二、网络安全保护等级的划分与监管

（一）网络安全保护等级的划分

信息系统的安全保护等级应当根据信息系统在国家安全、经济建设、社会生活中的重要程度，以及信息系统遭到破坏后对国家安全、社会秩序、公共利益及公民、法人和其他组织的合法权益的危害程度等因素确定。网络安全保护等级共分5级。

第一级，信息系统受到破坏后，会对公民、法人和其他组织的合法权益造成损害，但不损害国家安全、社会秩序和公共利益。

第二级，信息系统受到破坏后，会对公民、法人和其他组织的合法权益产生严重损害，或者对社会秩序和公共利益造成损害，但不损害国家安全。

第三级，信息系统受到破坏后，会对社会秩序和公共利益造成严重损害，或者对国家安全造成损害。

第四级，信息系统受到破坏后，会对社会秩序和公共利益造成特别严重损害，或者对国家安全造成严重损害。

第五级，信息系统受到破坏后，会对国家安全造成特别严重损害。

(二)五级保护与监管

信息系统运营使用单位依据本办法和相关技术标准对信息系统进行保护，国家有关网络安全监管部门对其网络安全等级保护工作进行监督管理。

第一级信息系统运营使用单位应当依据国家有关管理规范和技术标准进行保护。

第二级信息系统运营使用单位应当依据国家有关管理规范和技术标准进行保护。国家网络安全监管部门对该级信息系统信息安全等级保护工作进行指导。

第三级信息系统运营使用单位应当依据国家有关管理规范和技术标准进行保护。国家网络安全监管部门对该级信息系统网络安全等级保护工作进行监督、检查。

第四级信息系统运营使用单位应当依据国家有关管理规范、技术标准和业务专门需求进行保护。国家网络安全监管部门对该级信息系统信息安全等级保工作进行强制监督、检查。

第五级信息系统运营使用单位应当依据国家有关管理规范、技术标准和业务特殊安全需求进行保护。国家指定专门部门对该级信息系统信息安全等级保护工作进行专门监督、检查。

(三)对网络安全实行分等级响应、处置的制度

国家对网络安全实行分等级管理制度。网络安全事件实行分等级响应、处置的制度，依据网络安全事件对信息和信息系统的破坏程度、所造成的社会影响和涉及的范围确定事件等级。根据不同安全保护等级的信息系统中发生的不同等级事件制定相应的预案，确定事件响应和处置的范围、程度及适用的管理制度等。网络安全事件发生后，分等级按照预案响应和处置。

三、网络安全等级保护政策体系

近几年，为组织开展网络安全等级保护工作，公安部根据《中华人民共和国计算机信息系统安全保护条例》的授权，会同国家保密局、国家密码管理局、原国务院信息办和发改委、财政部、教育部、国资委等部门出台了一些政策文件，公安部对有些具体工作出行了一些指导意见和规范，这些文件构成了信息安全等级保护政策体系，为各地区、各部门开展信息安全等级保护工作提供了政策保障。

(一)总体方面的政策文件

总体方面的文件有两个,这两个文件确定了等级保护制度的总体内容和要求,对等级保护工作的开展起到宏观指导作用。

1.《关于信息安全等级保护工作的实施意见》(公通字〔2004〕66号)。该文件是为贯彻落实国务院第147号令和中办发〔2003〕27号文件,由公安部、国家保密局、国家密码管理局、原国务院信息办四部委共同会签印发,指导相关部门实施网络安全等级保护工作的纲领性文件,主要内容包括贯彻落实网络安全等级保护制度的基本原则、等级保护工作的基本内容、工作要求和实施计划,以及各部门工作职责分工等。

2.《信息安全等级保护管理办法》(公通字〔2007〕43号)。该文件是在开展网络安全等级保护基础调查工作和信息安全保护试点工作的基础上,由四部委共同印发的重要管理规范,主要内容包括信息安全等级制度的基本内容、流程及工作要求,信息系统定级、备案、安全建设整改、等级测评的实施与管理,以及网络安全产品和测评机构的选择等,为开展网络安全等级保护工作提供了规范保障。

(二)具体环节的政策文件

1. 定级环节。《关于开展全国重要信息系统安全等级保护定级工作的通知》(公通字〔2007〕861号)。该文件由公安部、国家保密局、国家密码管理局、原国务院信息办四部委共同会签印发。2007年7月20日,四部委在北京联合召开了"全国重要信息系统安全等级保护工作电视电话会议",会议根据该通知精神部署在全国范围内开展信息系统安全等级保护定级备案工作,标志着全国网络安全等级保护工作全面开展。

2. 备案环节。《信息安全等级保护备案实施细则》(公信安〔2007〕1360号)。该文件规定了公安机关受理信息系统运营使用单位信息系统备案工作的内容、流程、审核等内容,并附带有关法律文书,指导各级公安机关受理信息系统备案工作。该文件由公安部网络安全保卫局印发。

3. 安全建设整改环节。《关于开展信息系统等级保护安全建设整改工作的指导意见》(公信安〔2009〕1429号)。该文件明确了非涉及国家秘密信息系统开展安全建设整改工作的目标、内容、流程和要求等,文件附件包括《信息安全等级保护安全建设整改工作指南》和《信息安全等级保护主要标准简要说明》。该文件由公安部印发。

《关于加强国家电子政务工程建设项目信息安全风险评估工作的通知》(发改高技〔2008〕2071号)。该文件要求非涉密国家电子政务项目开展等级测评和信息安全风险评估要按照《信息安全等级保护管理办法》进行，明确了项目验收条件：公安机关颁发的信息系统安全等级保护备案证明、等级测评报告和风险评估报告。该文件由发改委、公安部、国家保密局共同会签印发。

《国家发展改革委关于进一步加强国家电子政务工程建设项目管理工作的通知（发改高技〔2008〕2544号）》。该文件要求国家电子政务项目的信息安全工作，按照国家信息安全等级保护制度要求，项目建设部门在电子政务项目的需求分析报告和建设方案中，应同步落实等级测评要求。

《关于进一步加强国家电子政务网络建设和应用的通知》（发改高技〔2012〕1986号）。该文件要求开展国家电子政务网络建设和应用工作中，按照信息安全等级保护要求建设和管理国家电子政务外网。该文件由国家发改委、公安部、财政部、国家保密局、国家电子政务内网建设和管理协调小组办公室联合印发。

4. 等级测评环节。《关于推动信息安全等级保护测评体系建设和开展等级测评工作的通知》（公信安〔2010〕303号）。为了规范等级测评活动，加强对测评机构和测评人员的管理，在等级测评体系建设试点工作的基础上，公安部网络安全保卫局出台了该文件。该文件确定开展信息安全等级保护测评体系建设和等级测评工作的目标、内容和工作要求。

关于印发《信息安全等级保护测评机构管理办法》（公信安〔2013〕755号）。该文件规定了测评的条件、业务范围和禁止行为，规范了测评机构的申请、受理、测评能力评估、审核、推荐的流程和要求，规范了等级测评师培训、考试、获证的流程和要求，规范了测评机构开展测评活动的内容和要求，规范了对测评机构的监督、检查和指导内容，确保测评机构的水平和能力符合要求及测评活动客观、公正和安全，以利于等级测评机构的规范化、制度化建设，为等级测评工作的顺利开展提供政策支持。原《信息安全等级保护测评工作管理规范（试行）》废止。该文件由公安部网络安全保卫局印发。

关于印发《信息安全等级保护测评报告模版（2015年版）》的通知（公信安〔2014〕2866号）。该文件明确了等级测评活动的内容、方法和测试报告格式等，用以规范等级测评报告的主要内容。《信息安全等级保护测评报告模版（试行）》废止。该文件由公安部网络安全保卫局印发。

《关于做好信息安全等级保护测评机构审核推荐工作的通知》（公信安〔2010〕559号），附件包含《等级测评机构审核推荐工作流程和方法》。该文件明确规定了等级测评机构审核推荐的方法、流程、要求，用于规范等级测评机构和测评管理师。该文件由公安部网络安全保卫局印发。

5. 安全检查环节。《公安机关信息安全等级保护检查工作规范（试行）》（公信安〔2008〕736号）。该文件规定了公安机关开展信息安全等级保护检查工作的内容、程序、方式及相关法律文书等，使检查工作规范化、制度化。该文件由公安部网络安全保卫局印发。

四、网络安全测评

网络安全检测与评估是保证计算机网络信息系统安全运行的重要手段，对于准确掌握计算机网络信息系统的安全状况具有重要意义。由于计算机网络信息系统地安全状况是动态变化的，因此网络安全评估与等级测评也是一个动态的过程。在计算机网络信息系统的整个生命周期内，随着网络结构的变化、新的漏洞的发现，管理员/用户的操作，主机的安全状况是不断变化着的，随时都有可能需要对系统的安全性进行检测与评估，只有让安全意识和安全制度贯穿整个过程才有可能做到尽可能相对的安全。一劳永逸的网络安全检测与评估技术是不存在的。

第四节 运维管理

一、运维管理的基本内容

（一）服务交付管理

服务交付主要进行管控、管理技术单位和用户单位之间的服务界面，是对外的统一服务窗口，在整个运营管理中处于最前端，包含了5项管理功能：

1. 服务目录管理。服务目录是服务提供方为客户提供的IT服务集中式信息来源，这样确保业务领域可以准确连贯地看到可用的服务以及服务的细节和状态。服务目录定义了服务提供方所提供服务的全部种类以及服务目标，服务目录往往不再单独列出，避免文档的重复。

2. 服务水平管理。服务水平是指服务提供方与客户就服务的质量、性能等方面所达成的双方共同认可的级别要求。服务水平管理是与客户一起协商适度的服务目标，商定后进行文档记录，然后进行监测，把服务交付实际情况和商定的服务水平进行比较，最后生成相关报告。服务水平管理的目标是确保对所有运营中的服务及其绩效以专业一致的方式进行衡量，并且服务和产生的报告符合业务和客户的需要。

3. 服务请求管理。为用户提供更加便利的渠道，以便其获得标准服务；有效地处理一般服务请求或投诉，减轻相关部门的工作压力，提高对外部用户的服务质量和效率，提高客户满意度。

4. 服务计费管理。服务计费管理是根据 IT 财务管理的要求，进行服务资源的计量、服务水平的评估，最后提供服务相关的账单，协助服务商向客户收取购买服务的费用。

5. 客户关系管理。客户关系管理是在理解客户及其业务基础之上，通过有效的手段与客户之间建立和维护良好的关系，以客户满意为关注焦点，统筹组织资源和运作，依靠信息技术，借助顾客满意度测量分析与评价工具，不断改进和创新，提高顾客满意度，增强竞争能力。

（二）运行维护管理

运行维护管理主要是对单位内部参与运维工作以及开发单位需要对应用进行支撑的人员的有效管理。运行维护管理在整个框架中起到承上启下的作用，其主要通过一系列有效的技术管理动作，对技术单位内部参与运维工作、开发部门需要对应用进行支撑的人员进行有效管理，促进运行维护工作的开展，保证 IT 资源可以稳定、有效地发挥作用。值班服务台主要建立面向技术人员和业务用户的沟通界面，使技术人员更好地获取业务用户提交的各种服务请求，快速响应并及时处理，提升管理界面的易用性。监控管理主要包括两个层面的工作，即各类资源层面的专业资源监控和管理层面的统一监控管理。专业资源监控负责对各类资源的运行状况和性能进行监控和采集，发现故障及时生成监控信息进行告警处理。统一监控管理则站在管理角度负责收集各专业资源监控系统发送过来的告警信息和性能信息，通过一定的规则进行统一处理、短信和邮件通知、发送告警信息到故障流程和统一展现告警信息等管理功能。故障管理尽可能快地恢复到正常的服务运营，将故障对业务运营的负面影响减小到最低，并确保达到最好的服务质量和可用性水平。"正常的服务运营"通常相对于服务级别协议（SLA）的要求而言。变更管理主要负责对现有服务进行变更的管控过程，通过对变更全生命周期的控制，确保变更既可以达到预期目的，又能最大限度地降低对 IT 服务中断的影响。发布管理主要负责新 IT 服务或变更后服务的发布过程，针对构建、测试并为确定的服务提供相应的能力，从而满足利益相关者的需求和预计的目标。问题管理主要目标是预防问题的产生及由此引发的故障，消除重复出现的故障，并能对不能预防的故障尽量降低其对业务的影响，问题管理包括"被动反应式"和"主动分析式"两种管理活动。知识管理负责知识的收集、积累，并保证合适的信息可以在合适的时间内提供给适当且有能力的人，以帮助其作出明智的决策。配置管理主要负责对配置数据的维护工作，收集配置信息并审核、校对配置信息的准确性和真实性，通过流程化的管理手段对配置管理数据库及配置信息进行日常维护，保障其他管理功能对配置数据的消费。巡检管理是实现日常巡检工作的规范化，及时发现 IT 设备的故障隐患，提前预知设备性能的变化，减少突发故障的几率，提升设备运行状态，并强化交接班管理。

(三) 资源操作管理

作为日常维护的基础性工作，资源操作管理从运行维护管理剥离出来，规范人机、人与设备、人与系统之间的操作规范，强化资源操作管控，减少操作风险，是日常运维最基础的活动，也是与技术相关的操作活动。任务调度管理是指对人员、任务、软硬件设施等 IT 资源及变更窗口进行调度部署任务的管理，是实现资源服务化的基础能力体现。人工审计管理是指对操作过程的事前、事中和事后审计，事前对具体的操作命令或活动进行审计；事中对具体的操作过程进行审计；事后则对操作结果和记录进行审计，确保所有操作按照既定要求进行，降低操作风险。资源部署与回收管理是在任务调度管理统一调度下真正对软硬件设施资源的操作，包括按照服务请求的要求完成 IT 环境的部署、配置等工作，是直接跟各类资源打交道的管理层次。日常操作管理是指对机房环境和软硬件设施定期所做操作任务的管理，如日常巡检、预维护等。

(四) 资源管理

资源管理负责对资源台账的梳理，是对各类资源使用情况信息的管理，对整个运营管理中各个管理模块提供统一的配置信息服务。资源服务模型负责指导、建设资源的初始模型，从资源配置信息的分类、配置项信息、配置关系信息、配置管理的深度和广度，构建资源服务模型。健康度管理对资源的运行健康度进行诊断和分析，跟踪资源的使用和运行情况，帮助运维人员准确掌握资源的运行健康度。资产配置库囊括了整个服务生命周期中的各种 IT 服务资源。它提供了一个完整的资源配置库，方便对各种资源进行管理，并为其他管理活动提供资源数据支撑。资产生命周期管理是对 IT 资产生命周期全过程的管理，其目标是保证服务交付所需的资产处于相应的管理控制之下，当需要使用资产时，保证资产的信息是正确和可靠的。

（五）安全管理

传统的信息安全管理框架参考信息安全管理体系的国际标准 ISO/IEC 27001，ISO/IEC 27001 是建立和维持信息安全管理体系的标准，本次规划中，从运维工作的角度出发，安全管理作为运维的重要组成部分，应主要考虑以下几点：安全制度主要从政策、制度的角度，提出在安全管理方面需要重点关注的内容，包括"安全风险管理""法律及合同遵循""合规性和审计"与"业务连续性和灾难恢复"等方面；架构安全主要从技术架构与整体规划的角度，提出日常运维在安全管理方面需要重点关注的内容，包括"架构安全管理"与"可移植性和互操作性"两个方面；资源安全主要从日常运维所需管理与使用到的技术资源出发，提出日常运维在资源管理方面需要重点关注的内容，包括"虚拟资源安全管理""网络安全""应用安全""数据安全"与"内容安全"5 个方面；操作安全是运维服务正常提供的一个基础保障措施，大资产、大数据对运维服务有序运营管理提出了更高的要求，以下部分从操作角度提出运维服务需要重点关注的内容，包括"人员安全管理""身份与访问管理""加密和密钥管理"与"安全事件响应"4 个方面。

（六）服务规划管理

服务规划管理承担着战略角色，主要负责运维治理，要考虑架构，负责对云服务的战略规划、云技术规划与服务能力改进的管理，其核心内容为架构管控。目前在行业内来看，很多应用事后故障不断，其根源往往是架构问题，在做业务建设时，是否由统一的架构管控是关键点，如果每个系统都单独自己做架构管理，可能会导致很多问题产生，因此需要有一个统一的架构管控机制，从而在开发建设阶段即可避免风险，降低运维难度。架构管理主要负责对 IT 技术架构、技术规范和技术标准的日常管理工作，通过应用架构管理、数据架构管理、信息技术基础架构管理、技术规范管理、前沿技术研究管理等一系列管理活动，来保证架构可靠。业务连续性管理指通过对 IT 服务风险的有效管理，保证 IT 服务供应商可以持续对外提供最低且符合事先约定的 SLA 的 IT 服务，以支撑企业整体的业务连续性管理目标的达成。服务可用性管理的目标是确保所有交付的 IT 服务都能达到承诺的可用性指标，并基于合理的成本控制和交付时效。服务容量管理确保成本合理的 IT 容量始终存在并符合当前和未来业务需要。容量管理收集容量需求和数据，考虑可用的容量，确保可用资源和容量被有效使用。在预测未来需求的基础上，通过容量计划高效率的分配可用的资源。供应商管理指对供应商及其提供的服务进行管理的一系列活动，以确保 IT 服务提供商对最终用户提供的 IT 服务及其商业目标的实现。IT 财务管理指 IT 服务提供商通过一系列的流程来管理预算、核算与计费等活动，其目标是保证 IT 服务的设计、研发与交付获得合适的资金保障，最终支撑组织战略目标的实现。

二、运维管理的作用

运维管理工作并不是孤立存在的，运维管理是项目开发的延续，是项目投入业务生产后的关键管理行为，能够直接体现技术对业务的支持与支撑；运维管理也是针对规划与管控的具体体现，运维管理水平的稳定与提升，与适当、完整的规划、管控密不可分。

从内部关系角度来看，运维工作主要有以下几个方面的作用：

1. 在运维阶段积累非功能需求，如性能要求、用户使用习惯等关键信息将作为规划的来源，继而推动架构规范的持续优化，而完善的规划又进一步引领运维水平的整体提升。

2. 对于整个技术领域的整体管控在安全主管单位，安全主管单位对于 IT 方面的管控要求要通过运维落地，而运维部门反过来需要将和安全相关发生的问题反馈到安全主管单位，形成更完善的安全规范去落实。

3. 在运维工作中，用户申报故障过程是产品新需求的一个重要来源，同时，也可根据热线服务请求的分布发现在开发建设过程中对需求理解不完善之处，继而对产品进行不断完善。对当前应用功能拾遗补漏，或将一些通用功能是否可形成应用本身的功能进行信息的收集和探讨，从而减低运维成本。

4. 对项目上线的管控，严格准入，是保证运维的重要影响因素，全面完善的上线过程管控，一方面可以降低上线风险，提升上线成功比率；另一方面可为运维提供更好的支持。

延伸阅读

1. 李世东. 网络安全运维. 北京：中国林业出版社，2017.
2. 中国互联网络信息中心. 第 39 次中国互联网络发展状况统计报告，2017.
3. 王刚耀. 网络运维亲历记. 北京：清华大学出版社，2016.
4. 杨义先，钮心忻. 安全简史：从隐私保护到量子密码. 北京：电子工业出版社，2017.

第九章

标准建设

第一节 标准建设概况

一、标准化建设的意义

(一)开展标准化建设是适应形势发展的需要

按照1989年《中华人民共和国标准化法》对"标准化"含义的解释是：在经济、技术、科学及管理等社会实践中，对重复性事物和概念通过制定、实施标准，达到统一，以获得最佳秩序和社会效益的过程。这里主要指的是工业产品、重要农产品、环境保护、建设工程等生产领域统一的技术要求。党中央、国务院高度重视标准化工作，2001年成立国家标准化管理委员会，强化标准化工作的统一管理。2006年3月，国家标准化管理委员会在北京召开全国标准化工作会议，提出全面实施标准战略，到2010年，使我国的标准化总体水平达到中等发达国家的水平。2015年，国务院印发《深化标准化工作改革方案》，提出关于深化标准化工作改革、加强技术标准体系建设的有关措施。截至目前，国家标准、行业标准和地方标准总数达到10万多项，覆盖一、二、三产业和社会事业各领域的标准体系基本形成。标准化在保障产品质量安全、促进产业转型升级和经济提质增效、服务外交外贸等方面起着越来越重要的作用。可见，标准化建设已引进到各行各业、各个层次，把标准化建设作为工作创新发展的突破口，在逐步成为管理层、公共服务职能部门的共识。

(二)开展标准化建设是加快林业治理能力现代化的重要手段

党的十八届三中全会提出要推进国家治理体系和治理能力现代化，核心是要提升运用制度规则治理社会各方面事务的能力。标准与战略、规划、政策一样,都是制度规则体系的重要组成部分。林业正处于全面深化改革的关键时期,随着国家行政审批制度改革和国有林区(林场)改革全面推进,各级林业管理部门相继取消和下放了部分行政审批事项,但加强事后监管,标准尤为重要。加强林业标准化建设,把政府该管的强制性标准、基础性标准管理好,把适合市场机制调整的推荐性标准放到位,进一步发挥标准规范对市场主体的调节作用,培育市场的自我平衡、自我完善的功能,是完善林业治理能力现代化的有效手段。林业标准化发展水平是林业现代化发展水平的集中体现。这就要求必须把标准化工作放到林业治理体系和治理能力现代化的高度来对待,作为规范行为、引领发展、参与国际竞争的重要手段。

(三)开展标准化建设是提升生态产品供给能力的有力举措

习近平总书记多次强调,"良好生态环境是最公平的公共产品,是最普惠的民生福祉。"保护生态环境,关系最广大人民的根本利益,关系子孙后代的长远利益,关系中华民族伟大复兴中国梦的实现。党的十八大以来,以习近平同志为总书记的党中央高度重视生态文明建设,确定了"五位一体"的发展战略,印发了《关于加快推进生态文明建设的意见》《生态文明体制改革总体方案》《党政领导干部生态环境损害责任追究办法》等重要文件,对生态文明建设做了全面系统部署。生态建设是生态文明建设的重要基础。经过多年努力,我国林业生态建设取得了显著成效,生态状况明显改善,但是,自然资源趋紧、生态产品供给不足等问题与改革发展的矛盾仍然十分突出。特别是随着生态问题的日益国际化和政治化,重视森林、保护生态已成为国际社会的广泛共识,有的已上升为国家战略,成为综合国力竞争的重要筹码。大力推进林业标准化,加快健全林业技术标准体系,全面规范林业生态建设和保护行为,是提升生态建设和林业改革发展的综合效益与质量水平、增强生态产品供给能力的有力举措。

(四)开展标准化建设是实现林业产业提质增效的必然要求

我国已成为林业产业发展大国,但林业产业素质不高、产品质量参差不齐、产业结构不合理等现象还十分突出,参与国际林产品贸易的竞争力不强。当前,我国经济发展进入了新常态,打造中国经济升级版,保持中高速增长向中高端水平迈进,必须要把促进发展的立足点转到提高经济质量效益上来,把注意力放在提高产品和服务质量上来。标准在促进产业调整升级、推动创新创业、规范市场行为、提升产品质量等方面都具有十分重要的作用。深化林业标准化工作改革,完善林业技术标准体系,加快推进林业标准化,是引领新产业、新业态发展壮大,增强产品和产业核心竞争力,提高林业资源配置效率,促进林业产业发展提质增效升级的有效手段,是实现林业发展现代化的必然要求。

(五)开展标准化建设是扩大林业国际影响力的重要抓手

习近平总书记指出:"抓住新一轮科技革命和产业变革的重大机遇,就是要在新赛场建设之初就加入其中,甚至主导一些赛场建设,从而使我们成为新的竞赛规则的重要制定者、新的竞赛场地的重要主导者。"标准就像是国际发展的赛场规则,谁掌握了标准,谁就能掌握国际市场的主导权。林产品国际市场需求旺盛但竞争激烈,林业企业要走向世界,参与全球竞争,标准先行至关重要。推进标准化战略与知识产权战略相结合,促进林业领域科技成果专利化、专利标准化、标准市场化,使我们制定的标准成为国内外普遍采用的技术标准,可以增强林业行业国际影响力和企业核心竞争力,加速我国由"林业大国"向"林业强国"转变,推动"中国制造"向"中国智造"的发展进程。

二、林业信息化标准体系

为指导全国林业信息化标准建设,有效推进林业现代化发展,依据《全国林业信息化建设纲要(2008—2020年)》等,组织编制了《林业信息化标准体系》。林业信息化标准体系是由林业信息化建设所需各类标准规范,按照其内在联系构成的科学有机整体,是林业信息化标准建设的蓝图。

林业信息化标准体系是指导林业信息化标准制修订与管理的重要框架性文件,是描绘包括现有的、正在制定的和应该制定的标准的蓝图,是促进林业信息化建设的标准向科学化、合理化方向发展的重要手段,标准体系主要包括总体标准、信息资源标准、应用标准、基础设施标准、管理标准五大类标准,具体标准见表9-1~表9-7。

有关事项说明如下:

1. 标准体系编号。按标准类别分,总体标准编号为"1",信息资源标准编号为"2",应用标准编号为"3",基础设施标准编号为"4",管理标准编号为"5"。按标准流水号分,通用标准的流水号为1到99,专用标准的流水号为100到499。

2. 宜定级别。指适宜确定为国家标准或行业标准,简写为"国标""行标"。

3. 需求程度。共分5级,用"★"的颗数表示。"★"的颗数越多,表示实际工作对其需求程度越高。

表 9-1 总体标准表

序号	标准体系编号	标准名称	类别	需求程度	宜定级别
1	1.1	林业信息化标准化指南	标准化工作	★★★★★	行业标准
2	1.2	林业信息化专用标准编制指南	标准化工作	★★★★	行业标准
3	1.3	林业信息化标准一致性测试规则	标准化工作	★★★★	行业标准
4	1.4	林业信息化标准质量控制指南	标准化工作	★★★★	行业标准
5	1.5	林业信息术语	术语	★★★★★	行业标准
6	1.6	林业信息概念模式语言	总体技术	★★★	行业标准
7	1.7	林业物联网术语	术语	★★★★	行业标准
8	1.8	林业物联网体系结构	总体技术	★★★★	行业标准

表 9-2 信息资源标准——通用标准表

序号	标准体系编号	标准名称	类别	需求程度	宜定级别
1	2.1	林业信息基础数据元 第1部分：数据元的分类	数据描述	★★★★★	行业标准
2	2.2	林业信息基础数据元 第2部分：数据元的基本属性	数据描述	★★★★★	行业标准
3	2.3	林业信息基础数据元 第3部分：数据元命名和标识规则	数据描述	★★★★★	行业标准
4	2.4	林业信息分类与编码规范	数据描述	★★★★★	行业标准
5	2.5	林业生态工程信息分类与代码	数据描述	★★★★★	行业标准
6	2.6	林业信息数据库字典编制规范	数据描述	★★★★	行业标准
7	2.7	林业信息元数据	数据描述	★★★★★	行业标准
8	2.8	林业数据模型描述规则和方法	数据描述	★★★★	行业标准
9	2.9	林业信息基础地理框架数据	数据描述	★★★★★	行业标准
10	2.10	林业信息图示表达规则和方法	数据描述	★★★★★	行业标准
11	2.11	林业行政及经营管理区划编码	数据描述	★★★★★	行业标准
12	2.12	林业数据采集规范	采集加工	★★★★	行业标准
13	2.13	林业数据整合改造技术规范	采集加工	★★★	行业标准
14	2.14	林业信息遥感影像解译规范	采集加工	★★★★	行业标准
15	2.15	林业信息质量原则	管理维护	★★★	行业标准
16	2.16	林业信息质量评价规范	管理维护	★★★	行业标准
17	2.17	林业信息质量控制内容和方法	管理维护	★★★	行业标准

（续）

序号	标准体系编号	标准名称	类别	需求程度	宜定级别
18	2.18	林业信息数据一致性测试	管理维护	★★★★	行业标准
19	2.19	林业信息检查验收规范	管理维护	★★★	行业标准
20	2.20	林业数据库设计总体规范	管理维护	★★★★★	行业标准
21	2.21	林业数据库建设技术总体规范	管理维护	★★★★★	行业标准
22	2.22	林业数据库更新技术规范	管理维护	★★★	行业标准
23	2.23	林业信息产品分类规则	信息产品	★★★★	行业标准
24	2.24	林业信息产品质量控制规程	信息产品	★★★	行业标准
25	2.25	林业信息产品质量评价规程	信息产品	★★★	行业标准
26	2.26	林业信息产品格式	信息产品	★★★★	行业标准
27	2.27	林业信息产品图示图例规范	信息产品	★★★★	行业标准

表9-3 信息资源标准——专用标准表

序号	标准体系编号	标准名称	类别	需求程度	宜定级别
1	2.100	综合业务数据元	数据描述	★★★	行业标准
2	2.101	综合业务数据模型	数据描述	★★★	行业标准
3	2.102	综合业务数据字典	数据描述	★★★	行业标准
4	2.103	综合业务信息分类与代码	数据描述	★★★	行业标准
5	2.104	综合业务文档交换格式规范	数据描述	★★★	行业标准
6	2.105	综合业务公文管理规范	管理维护	★★★	行业标准
7	2.106	综合业务内容管理规范	管理维护	★★★	行业标准
8	2.107	综合业务政务公开管理规定	管理维护	★★★	行业标准
9	2.108	公共业务数据元	数据描述	★★★	行业标准
10	2.109	公共业务数据字典	数据描述	★★★	行业标准
11	2.110	公共业务信息分类与代码	数据描述	★★★	行业标准
12	2.111	森林资源核心元数据	数据描述	★★★★	行业标准
13	2.112	森林资源数据元	数据描述	★★★★★	行业标准
14	2.113	森林资源数据模型	数据描述	★★★★	行业标准
15	2.114	森林资源数据字典	数据描述	★★★★	行业标准
16	2.115	森林资源数据编码类技术规范	数据描述	★★★★★	行业标准
17	2.116	森林资源数据采集技术规范 第1部分：森林资源连续清查	采集加工	★★★★	行业标准
18	2.117	森林资源数据采集技术规范 第2部分：森林资源规划设计调查	采集加工	★★★★	行业标准

（续）

序号	标准体系编号	标准名称	类别	需求程度	宜定级别
19	2.118	森林资源数据采集技术规范 第3部分：作业设计调查	采集加工	★★★★	行业标准
20	2.119	森林资源数据质量管理规范	采集加工	★★★★	行业标准
21	2.120	森林资源数据处理导则	采集加工	★★★★	行业标准
22	2.121	森林资源遥感影像解译规范	采集加工	★★★★	行业标准
23	2.122	森林资源数据库术语定义	术语	★★★★	行业标准
24	2.123	森林资源数据库分类和命名规范	管理维护	★★★★	行业标准
25	2.124	森林资源数据库建设技术规范	管理维护	★★★★★	行业标准
26	2.125	森林资源数据库更新管理规范	管理维护	★★★★	行业标准
27	2.126	森林资源遥感影像数据库建设规范	管理维护	★★★★	行业标准
28	2.127	森林资源管理信息系统建设导则	管理维护	★★★★	行业标准
29	2.128	森林资源基础底图制作规范	信息产品	★★★★	行业标准
30	2.129	森林资源基本图制作规范	信息产品	★★★★	行业标准
31	2.130	森林资源森林资源分布图制作规范	信息产品	★★★★	行业标准
32	2.131	森林资源林相图制作规范	信息产品	★★★★	行业标准
33	2.132	森林资源统计报表规范	信息产品	★★★★	行业标准
34	2.133	湿地资源数据元	数据描述	★★★★★	行业标准
35	2.134	湿地资源数据模型	数据描述	★★★★	行业标准
36	2.135	湿地资源数据字典	数据描述	★★★★	行业标准
37	2.136	湿地信息分类与代码	数据描述	★★★★★	行业标准
38	2.137	湿地资源专题图制作规范	信息产品	★★★	行业标准
39	2.138	湿地资源统计报表规范	信息产品	★★★	行业标准
40	2.139	荒漠化土地资源数据元	数据描述	★★★★★	行业标准
41	2.140	荒漠化土地资源数据模型	数据描述	★★★	行业标准
42	2.141	荒漠化土地资源数据字典	数据描述	★★★	行业标准
43	2.142	荒漠化信息分类与代码	数据描述	★★★★★	行业标准
44	2.143	荒漠化土地资源专题图制作规范	信息产品	★★★	行业标准
45	2.144	荒漠化土地资源统计报表规范	信息产品	★★★	行业标准
46	2.145	生物多样性资源数据元	数据描述	★★★★★	行业标准
47	2.146	生物多样性资源数据模型	数据描述	★★★	行业标准
48	2.147	生物多样性资源数据字典	数据描述	★★★	行业标准
49	2.148	生物多样性资源信息分类与代码	数据描述	★★★★★	行业标准
50	2.149	生物多样性资源专题图制作规范	信息产品	★★★	行业标准

（续）

序号	标准体系编号	标准名称	类别	需求程度	宜定级别
51	2.150	生物多样性资源统计报表规范	信息产品	★★★	行业标准
52	2.151	营造林数据元	数据描述	★★★★★	行业标准
53	2.152	营造林数据模型	数据描述	★★★	行业标准
54	2.153	营造林数据字典	数据描述	★★★	行业标准
55	2.154	营造林信息分类与代码	数据描述	★★★★★	行业标准
56	2.155	营造林专题图制作规范	信息产品	★★★	行业标准
57	2.156	营造林统计报表规范	信息产品	★★★	行业标准
58	2.157	森林防火数据元	数据描述	★★★★★	行业标准
59	2.158	森林防火数据模型	数据描述	★★★★	行业标准
60	2.159	森林防火数据字典	数据描述	★★★★	行业标准
61	2.160	森林火灾信息分类与代码	数据描述	★★★★★	行业标准
62	2.161	森林防火专题图制作规范	信息产品	★★★	行业标准
63	2.162	森林防火统计报表规范	信息产品	★★★	行业标准
64	2.163	野生动植物保护数据元	数据描述	★★★★★	行业标准
65	2.164	野生动植物保护数据模型	数据描述	★★★	行业标准
66	2.165	野生动植物保护数据字典	数据描述	★★★	行业标准
67	2.166	野生动植物保护信息分类与代码	数据描述	★★★★★	行业标准
68	2.167	野生动植物保护专题图制作规范	信息产品	★★★	行业标准
69	2.168	野生动植物保护统计报表规范	信息产品	★★★	行业标准
70	2.169	灾害数据元	数据描述	★★★★★	行业标准
71	2.170	灾害数据模型	数据描述	★★★★	行业标准
72	2.171	灾害数据字典	数据描述	★★★★	行业标准
73	2.172	灾害信息分类与代码	数据描述	★★★★★	行业标准
74	2.173	灾害专题图制作规范	信息产品	★★★	行业标准
75	2.174	灾害统计报表规范	信息产品	★★★	行业标准
76	2.175	林业有害生物分类与代码（虫害部分）	数据描述	★★★★	行业标准
77	2.176	林业有害生物调查统计规范	信息产品	★★★★	行业标准
78	2.177	林业有害生物防治统计规范	信息产品	★★★★	行业标准
79	2.178	应急指挥数据元	数据描述	★★★★	行业标准
80	2.179	应急指挥数据模型	数据描述	★★★	行业标准
81	2.180	应急指挥数据字典	数据描述	★★★	行业标准
82	2.181	应急指挥信息分类与代码	数据描述	★★★★	行业标准
83	2.182	应急指挥专题图制作规范	信息产品	★★★	行业标准

（续）

序号	标准体系编号	标准名称	类别	需求程度	宜定级别
84	2.183	应急指挥统计报表规范	信息产品	★★★	行业标准
85	2.184	森林公安数据元	数据描述	★★★★★	行业标准
86	2.185	森林公安数据字典	数据描述	★★★★	行业标准
87	2.186	森林公安信息分类与代码	数据描述	★★★★★	行业标准
88	2.187	森林公安统计报表规范	信息产品	★★★	行业标准
89	2.188	林业政策法规数据元	数据描述	★★★★★	行业标准
90	2.189	林业政策法规数据字典	数据描述	★★★★	行业标准
91	2.190	林业政策法规信息分类与代码	数据描述	★★★★★	行业标准
92	2.191	林业档案分类与代码	数据描述	★★★	行业标准
93	2.192	苗木二维码标签技术规范	数据描述	★★★	行业标准

表9-4 应用标准——通用标准表

序号	标准体系编号	标准名称	类别	需求程度	宜定级别
1	3.1	林业信息化基础平台统一技术要求	数据(交换)中心	★★★	行业标准
2	3.2	林业信息资源目录体系框架	数据(交换)中心	★★★★★	行业标准
3	3.3	林业信息资源目录体系技术规范	数据(交换)中心	★★★★★	行业标准
4	3.4	林业信息资源交换体系框架	数据(交换)中心	★★★★★	行业标准
5	3.5	林业信息交换体系技术规范	数据(交换)中心	★★★★★	行业标准
6	3.6	林业信息交换体系技术管理标准	数据(交换)中心	★★★★★	行业标准
7	3.7	林业门户网站建设技术规范	数据(交换)中心	★★★★★	行业标准
8	3.8	林业信息交换格式	描述技术	★★★	行业标准
9	3.9	林业数据库访问接口规范	描述技术	★★★★	行业标准
10	3.10	基于云计算的林业公共服务平台系统架构	描述技术	★★★★	行业标准
11	3.11	基于云计算的林业公共服务平台数据接口技术要求	描述技术	★★★★	行业标准
12	3.12	基于云计算的林业公共服务平台云数据存储和管理	描述技术	★★★★	行业标准
13	3.13	林业物联网传感器技术规范	描述技术	★★★★	国家标准
14	3.14	林业物联网传感器数据接口规范	描述技术	★★★★	国家标准
15	3.15	林业物联网传感网组网设备技术规范	描述技术	★★★★	国家标准
16	3.16	林业物联网移动多功能智能终端技术规范	描述技术	★★★★	国家标准

（续）

序号	标准体系编号	标准名称	类别	需求程度	宜定级别
17	3.17	林业物联网标识与解析技术规范	描述技术	★★★★	行业标准
18	3.18	林业物联网面向视频应用的总体技术要求	描述技术	★★★★	行业标准
19	3.19	林业物联网面向视频应用的短距离传输技术规范	描述技术	★★★★	行业标准
20	3.20	林业物联网面向视频应用的长距离传输技术规范	描述技术	★★★★	行业标准
21	3.21	基于 XML 的电子公文格式	描述技术	★★★	行业标准
22	3.22	林业信息服务接口规范	目录/WEB 服务	★★★★	行业标准
23	3.23	林业信息服务集成规范	目录/WEB 服务	★★★	行业标准
24	3.24	林业信息服务质量规范	目录/WEB 服务	★★★	行业标准
25	3.25	林业信息发布与订阅规范	目录/WEB 服务	★★★	行业标准
26	3.26	林业信息 WEB 服务应用规范	目录/WEB 服务	★★★★	行业标准
27	3.27	林业业务建模技术规范	业务建模	★★	行业标准
28	3.28	林业业务功能/服务建模技术规范	业务建模	★★	行业标准
29	3.29	林业业务流程控制/管理技术规范	业务建模	★★	行业标准
30	3.30	林业业务流程设计方法通用指南	业务流程	★★★	行业标准
31	3.31	林业电子公文交换处理规范	业务流程	★★★	行业标准
32	3.32	林业电子公文存档管理规范	业务流程	★★★	行业标准
33	3.33	林业电子公文处理流程规范	业务流程	★★★	行业标准
34	3.34	林业业务生成的通用技术要求	业务流程	★★★	行业标准
35	3.35	XML 业务表示规范	业务流程	★★★	行业标准
36	3.36	林业应用系统建设指南	应用系统	★★★	行业标准
37	3.37	林业应用系统设计与开发规范	应用系统	★★★	行业标准
38	3.38	林业应用系统质量控制与测试	应用系统	★★★	行业标准
39	3.39	林业应用系统开发文档规范	应用系统	★★★	行业标准
40	3.40	林业应用系统阶段评审规范	应用系统	★★★	行业标准

表 9-5 应用标准——专用标准表

序号	标准体系编号	标准名称	类别	需求程度	宜定级别
1	3.100	综合业务业务模型	业务建模	★★	行业标准
2	3.101	综合业务功能/服务模型	业务建模	★★	行业标准
3	3.102	综合业务业务流程控制/管理	业务建模	★★★	行业标准
4	3.103	综合业务系统建设规范	业务建模	★	行业标准
5	3.104	公共业务业务模型	业务建模	★★	行业标准
6	3.105	公共业务功能/服务模型	业务建模	★★	行业标准
7	3.106	公共业务业务流程控制/管理	业务建模	★★★	行业标准
8	3.107	公共业务系统建设规范	业务建模	★	行业标准
9	3.108	森林资源管理业务模型	业务建模	★★★★	行业标准
10	3.109	森林资源管理功能/服务模型	业务建模	★★★★	行业标准
11	3.110	森林资源管理业务流程控制/管理	业务建模	★★★★	行业标准
12	3.111	湿地资源管理业务模型	业务建模	★★	行业标准
13	3.112	湿地资源管理功能/服务模型	业务建模	★★	行业标准
14	3.113	湿地资源管理业务流程控制/管理	业务建模	★★	行业标准
15	3.114	荒漠化土地资源管理业务模型	业务建模	★★	行业标准
16	3.115	荒漠化土地资源管理功能/服务模型	业务建模	★★	行业标准
17	3.116	荒漠化土地资源管理业务流程控制/管理	业务建模	★★	行业标准
18	3.117	生物多样性资源管理业务模型	业务建模	★★	行业标准
19	3.118	生物多样性资源管理功能/服务模型	业务建模	★★	行业标准
20	3.119	生物多样性资源管理业务流程控制/管理	业务建模	★★	行业标准
21	3.120	营造林业务模型	业务建模	★★	行业标准
22	3.121	营造林功能/服务模型	业务建模	★★	行业标准
23	3.122	营造林业务流程控制/管理	业务建模	★★	行业标准
24	3.123	森林防火业务模型	业务建模	★★	行业标准
25	3.124	森林防火功能/服务模型	业务建模	★★★	行业标准
26	3.125	森林防火业务流程控制/管理	业务建模	★★★	行业标准
27	3.126	野生动植物保护业务模型	业务建模	★★★	行业标准
28	3.127	野生动植物保护功能/服务模型	业务建模	★★★	行业标准
29	3.128	野生动植物保护业务流程控制/管理	业务建模	★★★	行业标准
30	3.129	森林灾害评估模型技术规范	业务建模	★★★	行业标准
31	3.130	森林灾害业务模型	业务建模	★★★	行业标准
32	3.131	森林灾害功能/服务模型	业务建模	★★★	行业标准
33	3.132	森林灾害业务流程控制/管理	业务建模	★★★	行业标准

(续)

序号	标准体系编号	标准名称	类别	需求程度	宜定级别
34	3.133	应急指挥业务模型	业务建模	★★★	行业标准
35	3.134	应急指挥功能/服务模型	业务建模	★★★	行业标准
36	3.135	应急指挥业务流程控制/管理	业务建模	★★★	行业标准
37	3.136	应急指挥评估模型技术规范	业务建模	★★★	行业标准
38	3.137	森林公安管理系统建设规范	应用系统	★★	行业标准
39	3.138	林业政策法规管理系统建设规范	应用系统	★★	行业标准

表9-6 基础设施标准表

序号	标准体系编号	标准名称	类别	需求程度	宜定级别
1	4.1	林业信息化网络系统建设规范	网络系统	★★★★	行业标准
2	4.2	林业信息化网络管理指南	网络系统	★★★★	行业标准
3	4.3	林业信息化基础设施建设规范	基础环境	★★★	行业标准
4	4.4	林业应急指挥中心建设规范	基础环境	★★★	行业标准
5	4.5	XML数据安全技术要求	应用安全	★★★★	行业标准
6	4.6	林业信息系统安全评估准则	应用安全	★★★★	行业标准
7	4.7	林业信息安全技术和管理要求，应至少涵盖以下7个方面：①网络安全防护体系建设要求；②网络安全评估体系建设要求；③网络与应用系统安全审计要求；④应用系统的授权与访问控制策略；⑤应用系统关键数据安全技术要求；⑥系统容灾备份建设要求；⑦安全管理要求	信息安全	★★★★	行业标准

表9-7 管理标准表

序号	标准体系编号	标准名称	类别	需求程度	宜定级别
1	5.1	林业信息化标准体系	标准化工作	★★★★★	行业标准
2	5.2	林业资源调查监测公共因子分类补充规定	标准化工作	★★★★	行业标准
3	5.3	林业省级单位机房建设管理规范	运维管理	★★★★	行业标准
4	5.4	林业信息化项目管理规定	运维管理	★★★★	行业标准
5	5.5	林业信息共享交换管理规定	运维管理	★★★	行业标准
6	5.6	林业信息化建设档案管理规定	运维管理	★★★★	行业标准
7	5.7	林业信息化项目验收规范	运维管理	★★★★	行业标准

(续)

序号	标准体系编号	标准名称	类别	需求程度	宜定级别
8	5.8	林业信息化运行维护管理规范	运维管理	★★★	行业标准
9	5.9	林业信息化项目建议书编制规范	立项与规划	★★★	行业标准
10	5.10	林业信息化项目可行性研究报告编制规范	立项与规划	★★★	行业标准
11	5.11	林业信息化项目初步设计编制规范	立项与规划	★★★	行业标准

三、已发布的标准

根据林业信息化建设需求，发布了林业数据库、林业信息系统安全、信息分类与代码、森林资源数据采集、林业物联网等55项标准（表9-8）。

表9-8 已发布的标准

标准名称	发布号
林业数据库设计总体规范	LY/T 2169—2013
林业信息系统安全评估准则	LY/T 2170—2013
林业信息交换体系技术规范	LY/T 2171—2013
林业信息化网络系统建设规范	LY/T 2172—2013
林业信息资源目录体系技术规范	LY/T 2173—2013
林业数据库更新管理规范	LY/T 2174—2013
林业信息图示表达和方法	LY/T 2175—2013
林业信息Web服务应用规范	LY/T 2176—2013
林业信息服务接口规范	LY/T 2177—2013
林业生态工程信息分类与代码	LY/T 2178—2013
野生动植物保护信息分类与代码	LY/T 2179—2013
森林火灾信息分类与代码	LY/T 2180—2013
湿地信息分类与代码	LY/T 2181—2013
荒漠化信息分类与代码	LY/T 2182—2013
森林资源数据库术语定义	LY/T 2183—2013
森林资源数据库分类和命名规范	LY/T 2184—2013
森林资源管理信息系统建设导则	LY/T 2185—2013
森林资源数据编码类技术规范	LY/T 2186—2013
森林资源核心元数据	LY/T 2187—2013
森林资源数据采集技术规范 第1部分：森林资源连续清查	LY/T 2188.1—2013

(续)

标准名称	发布号
森林资源数据采集技术规范 第2部分：森林资源规划设计调查	LY/T 2188.2—2013
森林资源数据采集技术规范 第3部分：作业设计调查	LY/T 2188.3—2013
森林资源数据处理导则	LY/T 2189—2013
林业信息术语	LY/T 2265—2014
林业信息元数据	LY/T 2266—2014
林业基础信息代码编制规范	LY/T 2267—2014
林业信息资源交换体系框架	LY/T 2268—2014
林业信息资源目录体系框架	LY/T 2269—2014
林木良种数据库建设规范	LY/T 2270—2014
造林树种与造林模式数据库结构规范	LY/T 2271—2014
林业信息基础数据元 第1部分：分类	LY/T 2671.1—2016
林业信息基础数据元 第2部分：基本属性	LY/T 2671.2—2017
林业信息基础数据元 第3部分：命名和标识原则	LY/T 2671.3—2016
林业信息数据库字典编制规范	LY/T 2672—2016
林业物联网 第1部分：体系结构	LY/T 2413.1—2015
林业物联网 第2部分：术语	LY/T 2413.2—2015
林业物联网 第3部分：信息安全通用要求	LY/T 2413.3—2015
林业物联网 第403部分：对象标识符解析系统通用要求	LY/T 2413.403—2016
林业数据整合改造技术指南	LY/T 2493—2015
野生植物资源调查数据库结构	LY/T 2674—2016
林业信息交换格式	LY/T 2920—2017
林业数据质量基本要素	LY/T 2921—2017
林业数据质量评价方法	LY/T 2922—2017
林业数据质量数据一致性与测试	LY/T 2923—2017
林业数据质量数据成果检查验收	LY/T 2924—2017
林业信息系统质量规范	LY/T 2925—2017
林业应用软件质量控制规程	LY/T 2926—2017
林业信息服务集成规范	LY/T 2927—2017
林业信息系统运行维护管理指南	LY/T 2928—2017
林业网络安全等级保护定级指南	LY/T 2929—2017
林业数据采集规范	LY/T 2930—2017
林业信息产品分类规则	LY/T 2931—2017
林业物联网 第602部分：传感器数据接口规范	GB/T 33776.602—2017
林业物联网 第603部分：无线传感器网络组网设备通用规范	GB/T 33776.603—2017
林业物联网 第4部分：手持式智能终端通用规范	GB/T 33776.4—2017

四、正在制定的标准

正在制定的标准包括林业空间数据库、林业信息系统、林业物联网、林业数据、林业行政审批、林业应用系统等相关标准共18项(表9-9)。

表9-9 正在制定的标准

标准序号	标准名称
1	林业空间数据库建设框架
2	林业数据模型描述规则和方法
3	林业物联网标识对象分类规范
4	林业物联网面向视频的无线传感器网络媒体访问控制和物理层规范
5	林业有害生物监测预报数据交换规范
6	林业有害生物分类与代码
7	林业有害生物调查统计规范
8	林业信息分类与代码第1部分总则
9	林业信息系统测评通用要求
10	林业行政审批系统建设技术规范
11	树木二维码标签制作技术规范
12	林业应用系统开发文档规范
13	林业应用系统质量控制与测试
14	林业数据库访问接口规范
15	林业门户网站建设技术规范
16	林业信息化网络管理技术规范
17	林业门户网站建设技术规范
18	林业一张图建设技术规范

五、拟制定的标准

2018—2020年,按照国家林业局印发的《林业标准体系》要求,结合林业信息化标准建设需求,拟制定林业信息化基础平台、业务系统建设、林业物联网、林业信息资源共享、林业信息安全等方面的标准共18项(表9-10)。

表 9-10　拟制定标准

标准序号	标准名称
1	林业信息概念模式语言
2	林业信息遥感影像解译规范
3	林业信息产品通则
4	湿地资源信息数据
5	林业信息化基础平台统一技术要求
6	林业信息安全和管理规范
7	林业物联网面向视频应用的传输技术规范
8	基于 XML 的电子公文格式
9	林业信息发布与订阅规范
10	森林公安管理系统建设规范
11	林业政策法规管理系统建设规范
12	林业应用系统设计与开发规范
13	林业应用系统阶段评审规范
14	林业信息共享交换管理规定
15	林业信息化建设档案管理规定
16	国有林场信息化基础建设指南
17	林业行政及经营管理区划编码
18	森林资源数据采集技术规范

第二节　总体标准

总体标准中包括术语标准和总体技术标准。截至目前，已发布的术语标准有三个，分别是林业信息术语、森林资源数据库术语定义、林业物联网 第 1 部分：体系结构；已发布的总体技术标准有一个，即林业物联网 第 2 部分：术语。

一、林业信息术语

《林业信息术语》于 2014 年正式发布，标准编号为 LY/T 2265—2014，包括林业信息的一般术语、基础设施、林业信息资源、应用支撑、应用系统以及信息安全与综合管理等。部分内容摘录如下。

（一）一般术语

1. 信息。关于客体如事实、事件、事物过程或思想包括概念的表达，是事物存在的方式或运动的状态以及这种方式、状态的直接或间接的表述。这里所说的事物泛指一切可能的研究对象，可以是外部世界的物质客体，也可以是主观世界的意识活动。

2. 林业信息。林业信息是林业及其相关事物现象、状态及其属性标识的集合。

3. 林业信息化。在林业领域全面地发展和应用现代信息技术，使之渗透到林业生产、经营、管理、决策等各个环节，向各级林业部门以及社会提供优质和全方位的管理和服务的过程。

4. 林业信息化平台。林业信息化平台是基于信息技术提出的实现林业信息化的一个技术体系，它包括从信息获取、处理到应用的一个完整的体系结构。

5. 数字林业。运用现代信息科技手段，推动林业管理科学化，用数字化手段再现真实的林业状况。它有两方面的含义：一是基于3S技术的林业信息数字化；二是对这些数字信息的储存、处理、传输和应用。

6. 3S技术。将遥感RS、地理信息系统GIS和全球定位系统GPS有机结合的一种技术，是三个技术名词中最后一个单词字头的统称。

7. 林业遥感。利用光学、电子学和电子光学的遥感仪器，从高空或远距离处接收林业物体反射或辐射的电磁波信息，将其加工处理为能识别的图像或计算机用的数据，用来观测研究森林资源、湿地、荒漠化、生物多样性等林业资源信息，并对这些信息进行综合处理分析，应用到林业生产的各个领域，以提高林业经营管理水平。

8. 地理信息系统（GIS）。综合处理和分析空间数据的一种技术系统。即在计算机软件和硬件的支持下，运用系统工程和信息科学的理论，科学管理和综合分析具有空间内涵的地理数据，以提供对规划、管理、决策和研究所需信息的技术系统。

9. 全球定位系统（GPS）。一种以卫星导航的定位系统。由空间段、地面控制段和用户段三部分组成，为全球用户提供实时的三维位置、速度和时间信息。

10. 林业信息标准化。为了在一定范围内获得最佳秩序，对林业信息化问题或潜在问题用标准来制定共同使用和重复使用的条款的活动。

（二）基础设施

1. 林业信息基础设施。根据林业当前业务和可预见的发展方向和目标，林业信息采集、处理、传输和利用的要求，构筑由信息设备、通信网络、数据库和支持软件等组成的基础环境。

2. 林业内联网。采用因特网技术进行设计并在林业主管部门和林业相关组织机构范围内使用的信息处理网络，即利用因特网技术在公共通信网络上，采用逻辑方法构建的林业行业"内部"的虚拟网，可有效满足行业内部需要，但不对外网用户开放。它利用虚拟网络技术，把分散在各地的分支机构的局域网或计算机连接起来，从而实现不同硬件平台之间的信息资源、文件格式和软件的共享。

3. 林业外联网。林业内联网的扩展，是有选择地对林业信息资源的提供者、使用者和相关合作者开放的内联网。它是使用因特网技术建立的可支持林业各企事业单位之间进行业务往来和信息交流的综合网络信息系统，但不与一般公众网连接。

4. 林业专网。与各省级林业主管部门、四大森工（林业）集团和新疆兵团林业局连接的全国林业系统主干网，为局机关、全行业提供一条集视频（召开视频会议）、数据（林业综合办公信息电子传输）、语音（行业内部打IP电话）为一体的通信及信息交换的综合业务网络平台。

5. 林业电子政务骨干网。服务于林业电子政务并连接其他地区网络的计算机网，是充分利用国家公共通信资源，形成的连接各级林业行政主管部门的统一的服务于林业电子政务的传输网络。它通常以 T3 或更高的速度连接，可作为若干子网的集线器或节点。骨干网通常跨越数千公里，连接远距离的地区网。

6. 林业数据中心。林业数据中心包括国家林业数据中心和省级林业数据分中心。实现国家与地方数据的共享和交换，用以实现各级业务应用的上下联动。

7. 林业电子政务传输网络。林业信息化的主要网络环境，由林业电子政务内网和林业电子政务外网组成。

8. 林业电子政务内网。在林业电子政务骨干网的基础上，将节点扩展至国家林业局直属单位、各省级林业行政部门和四大森工（林业）集团，主要满足各级部门内部办公、管理、协调、监督以及决策需要。

9. 林业电子政务外网。与国际互联网逻辑隔离，以国家电子政务外网为基础，充分利用已建网络和国家公共通信资源，形成连接国家林业局、省、市、县四级统一的外网。林业电子政务外网主要满足各级林业政务部门进行社会管理、公共服务等面向社会服务的需要。

(三)林业信息资源

1. 林业信息资源。林业信息活动(围绕林业信息的收集、整理、提供和利用而展开的一系列社会经济活动)中经过加工处理的有序化并大量积累起来的有用林业信息集合。

2. 林业信息属性。各种林业信息的本质特性或特征。

3. 林业信息资源标识符。用来对林业信息资源进行唯一标识的代码。

4. 林业信息数据。林业工作中一切与土地、森林和自然环境的地理空间分布和经营管理有关的要素及其关系的表达,即是这些方面的各种要素的属性。

5. 林业信息数据集。可以识别的林业信息数据集合。

6. 林业信息资源核心元数据。用于描述林业信息资源的元数据项的基本集合。

7. 林业数据。可再解释的林业信息的形式化表示,以适用于通信解释或处理。

8. 林业数据元。在确定的范围内被认为不可再细分的林业数据单元。

9. 林业元数据。关于林业数据的内容、质量、状况和其他特性的描述性数据。

10. 林业属性数据。描述林业实体质量和数量特征的数据。

(四)应用支撑

1. 林业信息服务。为用户转换、管理或提供林业信息的服务。

2. 林业信息资源共享。多个网络终端用户共享的林业部门计算机系统中的内存存储器空间、各种软件和数据等资源。

3. 编目。林业信息资源目录提供者采编林业信息资源核心元数据或交换服务资源核心元数据的过程。编目的结果是目录内容。

4. 目录。在网络中,指授权用户和网络资源的名称和相关信息的索引。

5. 林业信息资源目录。按照林业信息资源分类或其他方式对林业信息资源核心元数据和交换服务核心元数据的排列。

6. 注册。林业信息资源目录管理者接收和处理林业部门提供的林业信息资源目录内容的过程。

7. 发布。林业信息资源目录管理者对外公布林业信息资源目录内容的过程。

8. 林业信息资源目录体系。由林业信息资源目录服务系统、支撑环境、标准与管理、安全保障等组成。林业信息资源目录服务系统是通过编目、注册、发布和维护林业信息资源目录内容，实现对各类林业信息资源发现和定位的系统。

9. 林业数据通信。功能单元之间按照管理数据传输和交换协调的规则传送林业数据。

10. 林业数据传送。通过某种媒体在林业系统间从一处向另一处移动林业数据。

(五)应用系统

1. 信息系统。具有相关组织资源(如森林资源、人力资源和技术资源)的一种信息处理系统，用于提供并分配信息。

2. 数据处理系统。执行数据处理的一台或多台计算机外围设备和软件。

3. 数据管理系统(DMS)。规定存取数据的方法以及组成文件的方式的一组专用程序包。该系统能广泛用于各种实际应用。提供的功能包括：建立和维护文件，对数据的排序、分类、查询、计算并最后产生各种报表。

4. 数据库管理系统(DBMS)。用于控制数据库中数据的组织、存储、检索、安全和完整性的一种软件。它管理和控制数据资源，接收应用程序的请求并引导操作系统传输恰当的数据。

5. 林业应用软件。专门解决林业应用问题的软件或程序。

6. 林业应用系统。主要是通过应用开发组件、工作流组件、目录体系和交换体系等建设，利用应用适配器、消息传输、跨域通信代理等服务，实现跨部门协同作业及信息共享。

7. 林业综合办公系统。主要是针对林业行政机关日常办公业务的系统，包括文件办理、会议办理、事务办理、日常办公和值班、行政审批等业务的网上办理等。

8. 林业专家系统。模拟林业专家解决某领域专门问题的计算机软件系统，模拟林业专家推理、规划、设计、思考和学习等思维活动，解决林业专家才能解决的复杂问题。根据领域的不同，林业专家系统可分为很多种不同的系统，如育苗专家系统、森林病害诊断与防治专家系统、森林培育专家系统等。

9. 林业决策支持系统。以管理科学、经济学、运筹学、林学技术等为基础，以网络技术、数据库技术、地理信息技术、可视化与仿真技术等信息技术为手段，面对林业问题，辅助林业管理决策者进行决策活动，具有智能作用的人机交互的信息系统。根据领域的不同，林业决策支持系统可分为很多种不同的系统，如区域综合治理技术决策系统、水源保护林智能决策支持系统等。

10. 林业信息处理系统。执行林业数据处理的一个或多个林业数据处理系统和设备，如办公设备和通信设备。

（六）信息安全与综合管理

1. 林业信息安全。对林业信息资源实施全面的管理和控制，保证信息在存取、处理和传输过程中的机密性、完整性和可用性，以防止其未经授权的泄露、修改、破坏。

2. 管理性安全。用于计算机安全的管理措施。

3. 安全策略。为保障计算机安全所采取的行动计划或方针。

4. 安全审计。对数据处理系统记录与活动的独立的审查和检查，以测试系统控制的充分程度，确保符合已建立的安全策略和操作过程，检测出安全违规，并对在控制、安全策略和过程中指示的变化提出建议。

5. 安全分类。决定防止数据或信息需求的访问的某种程度的保护，同时对该保护程度给以命名。

6. 安全级别。分层的安全等级与表示对象的敏感度或个人的安全许可的安全种类的组合。

7. 安全许可。许可个人在某一特定的安全级别或低于该级别访问数据或信息。

8. 验证。将某一活动、处理过程或产品与相应的要求或规范相比较。

9. 密码系统。一起用来提供加密或解密手段的文件、部件、设备及相关的技术。

10. 访问控制。一种保证手段，即数据处理系统的资源只能由被授权实体按授权方式进行访问。

二、林业物联网 第 2 部分：术语

《林业物联网 第 2 部分：术语》于 2015 年正式发布，标准编号为 LY/T 2413.2—2015，包括一般概念、体系结构、标识、数据管理和安全等。部分内容摘录如下。

（一）一般概念

1. 林业物联网。在森林、湿地、荒漠化和沙化等环境中，通过感知设备，按照约定的协议，进行物与物之间的信息交换和通信，实现智能化识

别、定位、跟踪、监控和管理等功能的系统。

2. 林业物联网体系结构。对林业物联网系统整体结构、层次划分、不同部分之间协作关系的描述。

3. 标识。通过使用属性、标识符等来识别一个实体的过程。注：参考 ISO/IEC 29182 - 2：2013，定义 2.7.2。

4. 对象。精确定义的一段信息、定义或者规范，它要有名称以便标识其在通信实例中的用途。注：在林业物联网中对象包括：森林、湿地、沙漠等。

5. 实体。客观存在的任何事物，通过某种属性可以加以区分。

6. 物理实体。能够被物联网感知但不依赖物联网感知而存在的实体。

7. 感知层。实现对对象的信息采集、汇聚、处理和控制的功能层。

8. 网络层。实现网络拓扑控制、数据路由，以及数据通信服务的功能层，位于感知层之上。

9. 应用支撑层。向用户提供各类应用及服务的功能层，位于网络层之上。

(二)体系结构

1. 感知层。

(1)感知。通过感知设备获得对象的信息的过程。

(2)感知设备。能够获取对象信息的设备，并提供接入网络的能力。注：常见的感知设备有传感器(网络)结点、RFID 读写器等。

(3)协调器。一种全功能设备，负责网络中设备的关联和解关联及网络管理。

(4)执行器。根据输入信号产生物理响应的设备。

(5)传感器。依照一定的规则，对物理世界中的客观现象、物理属性进行监测，并将监测结果转化为可以进一步处理的信号的设备(注：信号可以为电子的、化学的或者其他形式的传感器响应。信号可以表示为一维、二维、三维或更高维度的数据)。

(6)传感器(网络)结点。在传感器网络中，能够进行采集，并具有数据处理、组网和控制管理的功能单元。

(7)射频识别。在频谱的射频部分，利用电磁耦合或感应耦合，通过各种调制和编码方案，与射频标签交互通信唯一读取射频标签身份的技术。

(8)射频标签。用于物体或物品标识、具有信息存储功能、能接收读写器的电磁场调制信号,并返回响应信号的数据载体。

(9)读写器。一种用于从射频标签获取数据和向射频标签写入数据的电子设备,通常具有冲突仲裁、差错控制、信道编码、信道解码、信源编码、信源译码和交换源端数据等过程。

(10)嵌体。射频标签的嵌入层,由芯片、天线及所贴附的衬底组成。

(11)射频模块。读写器产生和接收射频信号的部分。

(12)传感(器)网(络)。利用传感器网络节点及其他网络基础设施,对物理世界进行信息采集并对采集的信息进行传输和处理,并为用户提供服务的网络化信息系统。

(13)传感(器)网(络)网关。连接由传感器网络节点组成的区域网络和其他网络的设备,具有协议转换和数据交换的功能。

2. 网络层。

(1)中继。接收、放大并再生信号的过程,以扩展物联网的覆盖范围。

(2)路由。按照某种原则,实现从源节点到目标节点进行数据转发的路径。

3. 应用支撑层。

(1)应用子层。向用户提供林业物联网各类业务应用的功能层。

(2)支撑子层。通过对感知层数据的组织与管理,以满足应用子层应用需要的功能层。

(三)标识

1. 标识符。用于描述实体的身份以及属性的一系列数字、字母、符号或者它们的任何组合形式。

2. 标识符解析。将标识符翻译成与其相关联的信息的过程。

3. 标识解析。一个唯一的标识符被赋予给明确的管理对象,并通过网站、客户端等多种解析方式进行标识符输入,以获取该对象各类属性信息的过程。

4. 数据标识。用于标识数据元和数据结构的唯一标识符。

5. 对象标识符。是与无歧义的标识与它的对象相关的全局唯一值。

6. 编码。编码规则集应用于抽象值上产生的位图。

(四)安全

1. 物联网安全。对物联网机密性、完整性、可用性、私密性的保护,并可能涉及真实性、责任制、不可否认性和可靠性等其他属性。

2. 物联网安全管理。为保护物联网信息、设备的安全,对物联网系统所选择并施加的管理、操作和技术等方面的控制。

3. 物联网安全等级保护。根据物联网安全要求的程度进行等级划分，依据信息安全等级保护要求，对物联网产品或系统分等级进行保护和管理，对物联网信息安全事件分等级响应和处置。

4. 安全服务。根据安全策略，为用户提供的某种安全功能及相关的保障。

5. 授权。赋予传感器网络中某一实体可实施某些动作的权限的过程。

6. 保密性。使信息不泄露给未授权的个人、实体、过程，或不被其利用的特性。

7. 数据完整性。数据没有遭受以未授权方式所作的更改或破坏的特性。

8. 新鲜性。保证接收到数据的时效性，确保没有重放过时的数据。

9. 可用性。已授权实体一旦需要就可访问和使用的数据和资源的特性。

10. 鉴别加密。对某一数据串的加密，旨在保护数据保密性、数据完整性以及数据原发鉴别。

11. 数据安全。数据处理和传输过程中的有效性，包括保密性和完整性等。

12. 密钥管理。根据安全策略，实施并运用对密钥材料进行产生、登记、鉴别、注销、分发、安装、存储、归档、衍生、销毁和恢复的服务。

13. 安全策略。指明林业物联网中如何管理、保护和分配资产（包括结点、网络、数据、应用系统等）的一组安全规则、指导、惯例和实践。

14. 安全机制。实现安全功能，提供安全服务的一组有机组合的基本方法。

第三节　信息资源标准

信息资源标准包括数据描述标准、采集加工标准、管理维护标准等。截至目前，已发布的数据描述标准有林业信息元数据、森林资源核心元数据、林业信息数据库数据字典规范、林业信息图示表达规则和方法、林业信息基础数据元 第 1 部分：分类、林业信息基础数据元 第 3 部分：命名和标识规则、林业基础信息代码编制规范、林业生态工程信息分类与代码、森林资源数据编码类技术规范、湿地信息分类与代码、荒漠化信息分类与代码、野生动植物保护信息分类与代码、森林火灾信息分类与代码等；已发布的采集加工标准有林业数据整合改造技术规范、森林资源数据采集技术规范 第1部分：森林资源连续清查、森林资源数据采集技术规范 第2部分：森林资源规划设计调查、森林资源数据采集技术规范 第3部分：作业设计调查、森林资源数据处理导则等；已发布的管理维护标准有林业数据库设计总体规范、林业数据库更新技术规范、森林资源数据库分类和命名规范、造林树种与造林模式数据库结构规范、野生植物资源调查数据库结构、林木良种数据库建设规范、森林资源管理信息系统建设导则等。

一、林业信息数据库数据字典规范

《林业信息数据库数据字典规范》于2016年正式发布，标准编号为 LY/T 2672—2016，包括数据字典的结构、属性、命名规则及编码、注册要求和文件格式等。部分内容摘录如下。

（一）数据字典的结构

林业信息数据库数据字典建立以数据库为单位，一个数据库的数据字典一方面要描述数据库的概要信息，另一方面要描述数据库中要素类数据和其他表格类数据的信息，为各类数据建立相应的数据字典。其中，要素类数据字典包括矢量数据字典、栅格影像数据字典。数据库数据字典与要素类及其他表格类数据的数据字典之间通过数据库代码相关联。数据字典的结构见图9-1。

（二）数据字典的属性

数据字典模板描述采用二维表格形式，数据字典中的每个子集由数据元或实体构成，带晕线的行定义为实体。根据数据库及各种数据类型性质、特征的不同，其相应数据字典中所含的数据元或实体有所不同。数据字典中实体或数据元用8个属性字段进行描述，包括标号、中文名称、英文缩写名、定义、约束/条件、最大出现次数、数据类型、域。表字段长度不应超过22个字符。

1. 标号。说明实体或数据元的层次关系。实体用"1""2"依次表示，在每个实体下若有描述实体属性的数据元，可用其所属的实体的编号、间隔符"."和该数据元在所属实体中的编号组合表示，如"1.1""1.2"等。

2. 中文名称。赋给实体或数据元的一个标记。实体名称在本标准的整个数据字典中是唯一的。数据元名称在实体中是唯一的，但在本标准的整个数据字典中不一定唯一。

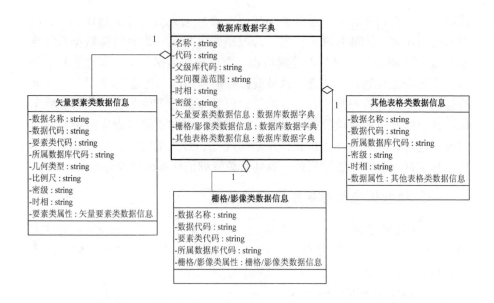

图 9-1　数据字典内容关系

3. 定义。实体/元素的说明。

4. 英文缩写名。名称的英文缩略语。可以通过可扩展标记语言（XML）、ISO 8879（SGML）或其他类似的执行技术使用这些英文缩写名。按照与产生实体和元素英文名称相类似的命名规则产生英文缩写名。

5. 约束/条件。必选（M）：实体或数据元总是应当选取。条件必选（C）：说明可以进行电子处理的条件，当该条件满足时，至少一个实体或数据元是必选的。如果对条件的回答是肯定的，则该实体或数据元应当是必选的。任选（O）：实体或数据元可以选择，也可以不选择。定义任选实体和任选数据元，为那些希望充分说明其数据者提供方便。如果一个任选实体未被选用，则该实体所包含的数据元（包括必选数据元）也不选用。任选实体可以有必选数据元，但这些数据元只当该任选实体被选用时才成为必选的。

6. 最大出现次数。说明实体或数据元可以具有的实例的最大数目。只出现一次用"1"表示；重复出现用"N"表示。允许不为 1 的固定出现次数，并用相应数字表示（即 2，3…等）。

7. 数据类型。说明表示数据元的一组不同的值；如整型、实型、字符型等。

8. 域。就实体而言，域说明该实体包含的行号。对一个数据元而言，域说明允许的值或使用自由文本。自由文本表明对字段的内容没有限制。

（三）林业信息数据库数据字典命名规则及编码

林业信息数据库数据字典标题名称由数据库名称+"数据字典"组成。数据库数据字典文件名称由数据库代码+"DIC"组成（文件扩展名根据采集工具导出的具体文件格式而定）。

（四）数据字典注册要求

林业信息数据字典注册要求包括：注册的安全性、注册顺序、注册功能、注册的一致性、地理信息要素类分类编码、软件要求、功能要求。

（五）数据字典文件格式

用户可以将生成的数据字典以 *.xml、*.doc 或 *.mdb 格式导出，并以文件形式保存。

二、林业信息图示表达规则和方法

《林业信息图示表达规则和方法》于 2013 年正式发布，标准编号为 LY/T 2175—2013，包括林业信息图示表达、林业信息图示表达模式和林业信息地图图式等。部分内容摘录如下。

（一）林业信息图示表达

1. 图示表达对象。林业信息图示表达的对象包括与林业信息有关的地物、地貌的符号表达和其属性的文字表示。如相关的测量控制点、水系、居民地及设施、行政中心及企事业单位、交通、管线、境界、地貌、地类、树种、竹类、林种等，以及相关的注记、林相色标、林种色标、地类色标等。

2. 图示表达机制。以林业信息图示表达对象为中心，定义基于规则的图示表达机制，如图 9-2。

3. 图示表达规则。图示表达规则使用几何和属性信息，在具体应用模式中说明表达对象、属性和基本空间几何图形之间的关系。

4. 图示表达过程。林业信息图示表达过程包括从林业信息数据库中读出表达对象的类名及其属性信息，根据图示规则逐一判断，如果哪一个规则返回为"真"，则调用相应的表示规范来实现；否则，如果不满足任何规则，即没有任何规则返回"真"，调用默认的表示规范。

5. 图示表达规范。用具体符号实现系统与表达对象的空间数据的直接接口。

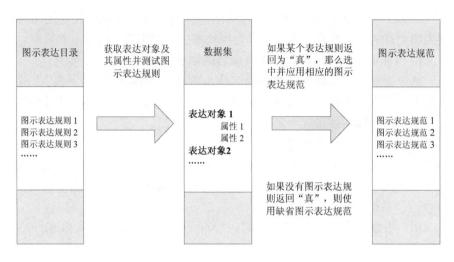

图 9-2　图示表达机制

(二)林业信息图示表达模式

林业信息图示表达模式主要包括图示表达服务、图示表达目录和图示表达规范，如图 9-3。

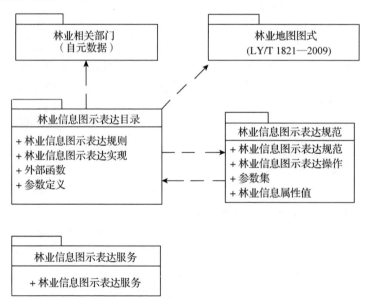

图 9-3　林业信息图示表达模式

三、林业基础信息代码编制规范

《林业基础信息代码编制规范》于 2014 年正式发布,标准编号为 LY/T 2267—2014,包括林业基础信息分类与林业信息编码等。部分内容摘录如下。

(一)林业基础信息分类

1. 实体类划分。

(1)分类体系。本标准采用线分类法将实体类划分为门类、大类、中类、小类 4 个层次。附录 A 中列出了门类、大类、中类。附录 B 中列出了大类、中类代码的查找示例,小类编码示例以及特征类编码示例。

(2)分类要求。实体类划分应满足以下要求:由某一上位类划分出的下位类的总范围应与该上位类的范围相同;当某一上位类划分成若干个下位类时,应选择同一种划分视角;同位类类目之间不交叉、不重复,并只对应于一个上位类;分类要从高位向低位依次进行,不应有跳跃。

(3)门类。门类根据林业信息本身的特点和共享需要划分为 3 类,即基础类、专题类、综合类。基础类是适用于林业的基础地理信息;专题类是林业各专项业务信息;综合类是综合反映林业各项业务及管理的信息。

(4)大类和中类。

基础类的大类和中类划分。基础类的大类、中类一部分引用 GB/T 13923—2006,按实体性质进行分类;同时根据林业信息整合的需要,扩充了部分大类、中类。具体引用、扩充内容如下:引用"水系"大类,同时引用其下位中类"河流""湖泊""水库""其他水系要素"和"水利及附属设施";引用"交通"大类,同时引用其下位中类"铁路""航道""其他交通设施",并增加"公路"中类;增加"行政""地形地貌""土壤""土壤侵蚀""气候""其他基础信息"大类。

专题类的大类和中类划分。专题类的大类依据当前林业部门职能分工,以业务为线索进行划分;并根据专题业务信息系统建设与应用中普遍采用的管理视角,从数据采集、处理、应用的业务流组织中类。

综合类的大类和中类划分。综合类的大类和中类根据当前林业部门综合业务逐级细分。

(5)小类。小类由各专项应用基于本标准确定的分类体系,在本标准确定的门类、大类、中类的基础上,遵循本标准 5.1.2 的分类要求,对中类进一步细分到小类。

(6)类别扩充原则。已经列出的门类、大类、中类不得重新定义。门类不允许扩充,大类、中类可根据具体业务需要扩充;小类可在中类划分的基础上细分。实体类扩充仍应满足本标准5.1.2的分类要求。

2. 特征类划分。特征类优先引用国家或行业标准。若无相关标准,则由各专项应用根据实体属性信息特点,依据 GB/T 7027 选取合适的方法进行分类。采用线分类法时,层级应尽可能少,一般为2~4层;采用面分类法时,要科学、合理地选定"面"。

(二)林业信息编码

1. 实体类编码。

(1)代码结构。实体类别码采用层次编码与顺序编码相结合的方法,上下位之间采用层次编码,同位类内部采用顺序编码。实体类别码为4层6位组合码,门类、大类各1位,中类、小类各2位,如图9-4所示。若因上位类无需进一步细分便已到达实体层次而导致代码层次不够4层时,所缺层次的码位用"0"补齐。

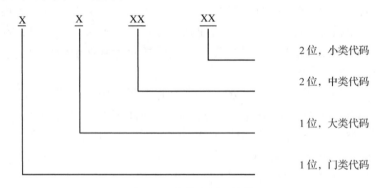

图9-4 实体类别码结构

(2)编码规则。实体类别码编码规则如下:门类用1位数字表示,取值1,2,3。"1"表示"基础类","2"表示"专题类","3"表示"综合类";大类用1位数字或字母表示,取值1~9、A~Z(I,O,Z除外)。编码时优先采用数字码,若扩充需要数字码不够用时采用字母码。"9"表示收容类;中类用2位数字表示,取值01~99。"99"表示收容类。由于本标准的中类代码为2位,较所引用的 GB/T 13923—2006 的中类代码多1位,"基础类"门类的中类在引用 GB/T 13923—2006 中类代码时在前补"0";小类采用2位数字表示,取值01~99。"99"表示收容类。

(3)代码扩充原则。代码扩充与类别扩充对应。已经列出的门类、大类、中类代码不得重新定义。门类代码不允许扩充,大类、中类、小类代码可根据具体业务需要扩充。当某一级增加新的类别后,在其同位类后按原编码顺序增加代码。如果新增加的类别尚无同位类,则从该层代码取值范围的最小值开始增加代码。代码扩充仍应遵循本标准 6.1.1 与 6.1.2。

2. 特征类编码。特征码独立存在,无需在前添加实体类别码。特征码优先引用国家或行业标准。若无相关标准,则由各专项应用在特征类划分的基础上,依据 GB/T 7027 进行代码编制。当特征类划分采用线分类法,编码采用层次码,层内使用顺序码;若采用面分类法,编码采用组合码。

四、林业数据库更新技术规范

《林业数据库更新技术规范》于 2013 年正式发布,标准编号为 LY/T 2174—2013,包括更新内容、更新方法、数据交换格式、更新流程、质量控制与要求、更新成果等。部分内容摘录如下。

(一)更新内容

林业数据库更新内容包括数据库中已发生变化并符合更新条件的所有数据,主要包括公共基础数据(基础地理信息、遥感影像数据等)、林业基础数据(森林、湿地、沙地和生物多样性等资源数据)、林业专题数据(森林培育、生态工程、防灾减灾、林业产业、国有林场、林木种苗、竹藤花卉、森林公园、政策法规、林业执法、科技、人事、教育、党务管理、国际交流等数据)、林业综合数据(根据综合管理、决策的需要由基础、专题数据综合分析所形成的数据)、林业信息产品(为各类应用服务生成的信息产品)等。

(二)更新方法

1. 根据不同的环境、不同的数据库类型等实际情况,结合各级林业管理工作的需要,制定可行的更新方法。

2. 按照数据属性的不同,各类数据更新方法见表 9-11。

3. 各类元数据采用其原来的元数据建立时采用的方法更新。

(三)数据交换格式

用于更新的数据源及更新成果格式应为常见通用格式,非常见格式应转换为常用格式供交换。各类数据格式要求如下:矢量数据,主要包含 *.shp、*.coverage、*.e00、*.mdb、*.vct 等;栅格数据,主要包含 *.tif、*.img、*.tiff、*.grd、*.jpg 等;属性数据,主要包含 *.mdb、*.xls/ *.xlsx、*.dbf、*.xml、*.csv、*.json 等;其他数据,主要包含 *.doc/ *.docx、*.wps、*.avi、*.mpeg、*.pdf、*.txt、*.mp3 等。

表 9-11　各类数据更新方法

分类		更新方法
空间数据	矢量数据	使用数据装载软件，批量导入更新数据，并以适当的方法将原数据作为历史数据管理
	栅格数据	使用数据装载软件，批量导入更新数据，并以适当的方法将原数据作为历史数据管理
非空间数据	属性数据	使用数据装载软件，批量导入更新数据，并以适当的方法将原数据作为历史数据管理
	其他数据	用最新数据更新原数据，并以适当的方法将原数据作为历史数据管理

(四) 更新流程

林业数据库更新应包括 4 个阶段，更新流程如图 9-5 所示。更新各个阶段需遵循相关标准与规定。

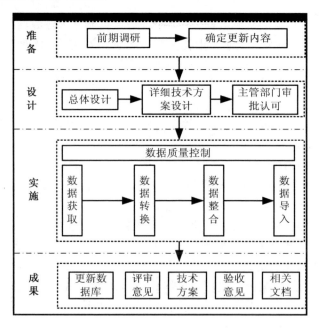

图 9-5　更新流程

第四节 应用标准

应用标准包括数据(交换)中心标准、描述技术标准和目录/WEB 服务标准。截至目前,已发布的数据(交换)中心标准有林业信息资源目录体系框架、林业信息资源交换体系框架、林业信息资源目录体系技术规范、林业信息交换体系技术规范等;已发布的描述技术标准有林业物联网 第 403 部分:对象标识符解析系统通用要求、林业物联网 第 3 部分:信息安全通用要求、林业物联网 第 602 部分:传感器数据接口规范、林业物联网 第 603 部分:无线传感器网络组网设备通用规范、林业物联网 第 4 部分:手持式智能终端通用规范等;已发布的目录/WEB 服务标准有林业信息服务接口规范和林业信息 WEB 服务应用规范。

一、林业信息资源目录体系技术规范

《林业信息资源目录体系技术规范》于 2014 年正式发布,标准编号为 LY/T 2173—2013,包括林业信息资源目录体系管理结构、技术结构、基本业务功能等。部分内容摘录如下。

(一)林业信息资源目录体系管理结构

林业信息资源目录体系管理采用集中分布式管理与存储的模式,国家林业局及各省(自治区、直辖市)林业厅为目录中心节点,各市、区(县)为分目录节点。目录中心具有构成目录内容的核心元数据的注册、保存、维护、服务等管理功能。在目录管理中,各目录中心节点的名称需要具有唯一性,并且能够体现出各级节点的所属关系,因此采用了 LDAP(Lightweight Directory Access Protocol,轻量目录访问协议)格式的编码标准,以 OU 作为名称前缀,以目录中心节点的父节点名称作为 Base DN。目录节点为树状结构。

(二)林业信息资源目录体系技术结构

1. 基础设施层。基础设施层应包括林业信息资源目录服务需要的软硬件环境及网络基础设施。应保障上级与下级目录中心的网络畅通。

2. 数据资源层。数据资源层由信息资源核心元数据数据库、服务资源核心元数据库、资源目录和服务目录构成。

元数据信息包含:内容信息、数据质量信息、标识信息、负责单位联系信息、分发记录信息;数据质量信息除了包含关于数据质量的说明信

息,还包含引用信息;标识信息除了包含元数据的关键标识,还包含引用信息;分发信息除了包含分发内容、分发对象等信息,还包含负责单位联系信息。

3. 目录服务功能层。目录服务功能层包括编目、注册、发布、查询、目录维护、用户管理和交换接口等服务功能。

4. 目录服务表现层。目录服务表现层是面向最终用户的统一入口,包括外部网站、内部网站、单机系统等访问方式。通过内、外访问实现元数据的统一浏览、查询、编目等。

二、林业信息交换体系技术规范

《林业信息交换体系技术规范》于2013年正式发布,标准编号为LY/T 2171—2013,包括概述、交换共享子系统、交换应用子系统、交换传输子系统、交换管理子系统等。部分内容摘录如下。

(一)概述

林业信息资源交换体系技术支撑环境由网络及硬件基础设施、操作系统、应用系统、交换信息库、共享信息库、交换共享子系统、交换应用子系统、交换传输子系统、交换管理子系统组成。信息交换通过交换共享子系统或交换应用子系统将部门需要交换的信息交换到林业交换信息库,在交换管理子系统的流程控制下,通过交换传输子系统,把需要交换的信息定向传输到接收部门。

(二)交换共享子系统

1. 系统结构。交换共享子系统用来实现部门交换信息库之间数据的双向信息同步。交换共享子系统的结构示意如图9-6所示。

2. 组成。交换共享子系统至少由以下三部分组成。桥接服务运行环境:桥接服务的容器,提供日志管理、安全管理、应用适配器管理等基本功能。桥接服务:利用桥接服务配置工具组装应用适配器组件以完成一个数据桥接流程的服务程序。桥接服务器配置工具:提供图形化的配置系统,通过配置业务信息库与交换信息库之间桥接内容映射规则生成桥接服务器描述信息。

3. 技术要求。交换共享子系统应满足以下技术要求:应支持部门交换信息库之间的双向信息同步;应支持各种主流操作系统;应支持国内外主流数据库;应支持结构化及非结构化文件;应采用适配器组件访问桥接对象,实现数据的获取与存储;在不修改信息库结构的情况下,系统应能够

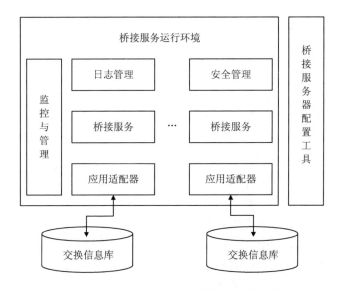

图 9-6　信息交换共享子系统基本结构示意

自动识别出需交换的信息,包括新增、被修改或被删除的信息;应提供图形化的信息交换共享配置及管理工具,支持桥接指标定义与桥接管理等功能;应支持多个桥接任务或服务同时运行,应支持桥接服务的远程部署。

(三)交换应用子系统

1. 概述。交换应用子系统为基于 SOA 的应用提供基础的技术和标准规范支撑,如服务的接口描述与发现、服务的组合与编排、服务的管理、服务的代理中介(典型代表为服务总线)、服务的访问安全保障、服务的注册与管理及服务和 SOA 应用的相应开发工具。对于已存在的服务/资源,它还提供资源的服务化封装和接入,以满足相应的数据信息、业务功能等的重用要求。

2. 技术要求。交换应用子系统应满足以下技术要求。

(1)描述与发现。要消费或发布一个服务,需要以统一的标准服务描述接口,基于服务发现的标准机制和访问接口,与服务注册库进行交互,对服务进行注册、变更、检索和消费;服务可以发布到服务库中,而且服务消费者可以从服务库中查找符合需要的服务。服务的描述基于标准的信息模型描述,从服务的描述信息中可以得到服务的协议绑定信息,据此信息可以建立与目标服务的绑定关系,并将目标服务与其他要消费的服务按照接口匹配方式进行组装和逻辑处理;要做到服务消费的动态变更,以适应业务敏捷性的要求，需要屏蔽服务的位置及具体实现；服务管理包括注册、审核、发布、变更、注销、权限管理等生命周期。具体的管理内容还包括服务自身、服务元数据、服务评价指标及服务质量属性等方面的管理。

（2）管理。对基础运行设施及部署的 SOA 应用进行配置、部署、启动、停止、定时调度、部署管理等；对基础运行设施及部署的 SOA 应用的运行状态，服务品质进行实时监控，对异常情况进行预警、警示和执行管理操作；对基础运行设施及部署的 SOA 应用的历史运行数据、日志、报警、报错信息等进行统计和溯源分析，为系统和流程的改进提供参考；对数据实施有效的管理，范围包括历史数据维护、元数据管理、配置信息变更、数据库中共享数据管理等。

（3）安全。组织结构管理包括组织结构中的用户、角色等分级管理和控制；资源权限管理是将服务、数据、应用等资源的访问、操作及控制权限等分配到相应的组织、角色和用户，对资源授权进行管理；访问控制基于角色、用户、应用等，为不同的服务资源访问请求进行身份验证及访问控制，避免非法用户访问有安全性要求的相应资源；传输安全提供传输过程中的安全防护措施，防止信息在传输过程中被篡改、泄密等；信息/数据安全为信息/数据等资源提供加解密、签名、数据完整性校验等服务；隐私保护；审计提供用户、应用等访问相关受限资源的操作轨迹、历史记录等，便于跟踪和发现资源访问或操作问题。

（四）交换传输子系统

引用 GB/T 21062.3—2007 政务信息资源交换体系 第 2 部分：技术要求。

（五）交换管理子系统

引用 GB/T 21062.3—2007 政务信息资源交换体系 第 2 部分：技术要求。

三、林业信息服务接口规范

《林业信息服务接口规范》于 2013 年发布，标准编号为 LY/T 2177—2013。包括林业信息服务接口、林业信息服务接口参考模型、林业信息服务创建和集成等。部分内容摘录如下。

（一）参考模型

林业信息服务利用统一的基础设施，基于各类林业数据库，按照统一

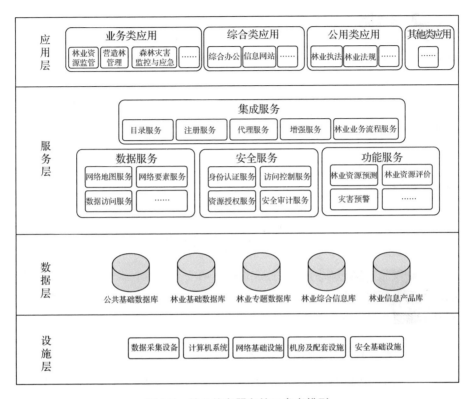

图 9-7 林业信息服务接口参考模型

标准建立，支撑各类林业应用。林业信息服务接口参考模型如图 9-7 所示。

(二)服务类型

1. 数据服务。以林业数据库为基础，向各类应用提供各类型数据访问服务，包括但不限于以下服务。网络地图服务：应用可从服务器获取以图片格式获取地图的图示表现，使用地图所需要进行的各种操作，包括获取地图的描述信息、获取地图以及查询地图上要素信息的操作等；网络要素服务：应用可从服务器获取以 GML 形式编码的要素数据，使用操纵要素数据的各种操作，包括 GetCapabilities、DescribeFeatureType、GetFeature、Transaction、LockFeature 操作等；数据访问服务：为各类应用访问关系型数据库、层次型数据库、文件型数据库等不同方式存储的数据提供服务。

2. 功能服务。基于林业数据库和专门的计算模型，向各类应用提供数据处理、分析和挖掘服务。

3. 安全服务。基于安全基础设施，向各类应用提供身份认证、资源授权、访问控制和安全审计服务。

4. 集成服务。目录服务：提供林业信息服务元数据查询和检索的标准接口，用于发现和定位各类林业信息服务资源；注册服务：提供林业信息服务注册的标准接口，用于对各类服务进行注册和管理；代理服务：一般由第三方对原始信息服务进行重新封装后向应用提供信息服务的方式；增强服务：第三方对原始信息服务进行功能或者性能提升后，向应用提供信息服务的方式；林业业务流程服务：基于林业信息管理规则和工作流技术，对多个信息服务，包括数据服务、功能服务和安全服务，进行流程化集成后提供的信息服务。

第五节　基础设施标准

基础设施标准包括网络系统标准和应用安全标准。截至目前，已发布的网络系统标准有林业信息化网络系统建设规范；已发布的应用安全标准有林业信息系统安全评估准则。

一、林业信息化网络系统建设规范

《林业信息化网络系统建设规范》于2013年发布，标准编号为LY/T 2172—2013，包括建设流程、整体建设、网络安全建设、机房建设、工程验收、文档要求等。部分内容摘录如下。

（一）整体建设网络拓扑结构

1. 局域网。星型拓扑结构。

2. 广域网。星型或网状拓扑结构。

区域或全国性网络组网应使用动态路由协议；不应使用设备厂商私有的路由协议。

（二）整体建设网间互联带宽

1. 互联网。根据业务需求确定带宽；带宽升级参考以下标准：当链路具有高利用率，高优先级流量路由正常，应用业务质量可以保证，Ping测试所经延迟不显著时，不应升级带宽；当高优先级流量可用带宽接近带宽极限时，应升级带宽；当网络正常业务流量长时间达到带宽的85%，关键业务影响明显，Ping测试所经延迟显著并有一定丢包率时，应升级带宽。

2. 专线。同互联网。

(三) 整体建设物理链路类型。

长距离通信(超过 100 米)应使用光纤或无线链路；终端接入：处理非涉密信息的终端可使用双绞线、光纤或无线接入，处理涉密信息的终端应使用光纤或屏蔽双绞线接入；承载涉密信息的网络链路应使用光纤或屏蔽双绞线；应对无线链路加密；RJ45 接口：百兆与千兆直通双绞线应按 EIA/TIA 568B 线序制作，千兆交叉双绞线应按 802.3ab 千兆交叉线序制作，屏蔽双绞线应使用同类屏蔽接口；线路两端应标识清晰。

(四) 整体建设网络设计与承载设备

1. 设计原则。网络设计应遵循分层原则，层次划分为核心层、汇聚层和接入层。实际设计可根据网络规模和实际情况增减网络层次。

2. 核心层。核心设备：局域网应使用三层交换机；广域网应使用路由器，VPN 线路可使用防火墙或 VPN 专用设备；核心设备应具有热备份或冷备份机制，保证其可用性。

3. 汇聚层。有线汇聚：局域网应使用三层交换机；广域网应使用路由器；VPN 线路可使用防火墙或 VPN 专用设备；无线汇聚应使用无线控制器。

4. 接入层。外连：网间互联应使用路由器；VPN 连接可使用防火墙或专用 VPN 设备作为接入网关；以太网协议接入可只用防火墙作为接入网关；可直连核心层，与核心层连接应经必要的安全手段进行处理；与汇聚层连接应经必要的安全手段进行处理。内连：有线终端接入应使用二层交换机；无线终端接入应使用无线 AP；使用 802.1q 的 trunk 方式上联至汇聚层；应上连汇聚层，核心层与汇聚层合一时，应在核心层设备中划出单独区域作为接入汇聚区；服务器虚拟机可使用虚拟交换机接入组网。

(五) 整体建设服务器

服务器选型应保证充分满足各类应用；性能指标应有较大冗余；应具有高可靠性、可用性、易维护性，支持虚拟化技术，保证系统高可靠、可管理、易操作。应有良好的售后服务及技术支持。所选产品应遵循国际通用标准和行业规范；操作系统安全级别 $\geqslant$ C2。

(六) 整体建设存储设备

根据需求选用存储设备。应选择专用存储备份系统和专用备份服务器，制定相应存储备份方案和恢复方案。

(七) 综合布线

应充分考虑信息点数量和分布，统筹规划综合布线系统。信息点分布和数量应满足未来 5~10 年的应用需求。

(八)整体建设 IP 地址规划

1. 原则。统一规划网络地址,中央、地方分级管理,支持网络互联;IP 地址分配应具有层次性、连续性,提高利用率,减少路由表项。

2. 方式。用户地址和互联共享地址构成网络地址。内部网络使用用户地址,网间互通使用互联共享地址。用户地址:内部网络设备地址和接入内网所用地址,包括个人主机地址、部门网络设备地址、应用服务器地址等,该地址为网络内部地址专用,不用于网间互联;互联共享地址:包括链路地址(网络设备间的点对点互联地址)和设备管理地址,互联共享地址分配到用户接入设备上连(网络侧)端口。

(九)整体建设域名管理

1. 统一规划林业信息网络域名,中央、地方分级管理。

2. 林业信息网络域名应具有层次性,无二意性。

(十)整体建设局域网

1. 使用以太网协议。

2. 网络骨干带宽。国家级和省级 ≥10Gbps,具备平滑升级至 40G/100G 的能力;地市级和县级 ≥10Gbps;至桌面传输速率 ≥100Mbps,具备平滑升级至 1G 的能力;核心设备接口速率 ≥1Gbps,其他网络设备接口速率 ≥100Mbps。

(十一)整体建设网络管理软件平台

1. 拓扑管理。应准确提供网络三层、二层连接视图,反映网络实际物理连接和网络拓扑结构;连接应精确到物理端口;应针对不同用户,定制拓扑查看权限。

2. 性能管理。监测网络性能,监控网络运行,判断运行质量、效率、流量、流向、连通率等,分析网络服务趋势和方式;性能报告应提供实时和历史数据,可实时查看每性能当前状态和服务水平,查看性能曲线,报告应包括小时、三小时、天、周、月报表。性能报表应按照配置文件的要求分发到相应 Web 站点。不同地点的报表可定点汇集,集中完整反映服务的性能状况。

3. 故障管理。网络应全面监控,集合网络全部告警/故障事件,统一分析、处理、录入文档备案;实现告警/故障事件信息实时交换,集中进行事件信息相关性分析。

4. 综合视图呈现。网络管理系统应具备综合视图呈现功能,应具备以下特点：表现直观；界面统一集成，实现不同功能间互操作；分权，定义不同的管理界面，分布式统一管理各网络设备。

（十二）整体建设典型业务

应提供服务于业务实际的相关系统和内容。

（十三）整体建设前瞻性

所用网络设备应（或通过软件版本升级）支持 IPv6 及 IPv4 双协议栈。

二、林业信息系统安全评估准则

林业信息系统安全评估准则于 2013 年发布，标准编号为 LY/T 2170—2013，包括林业行业信息系统安全等级保护和第一级、第二级、第三级、第四级基本要求及应对措施等。部分内容摘录如下。

（一）林业行业信息系统安全保护等级

林业行业信息系统根据其在国家安全、经济建设、社会生活中的重要程度，遭到破坏后对国家安全、社会秩序、林业市场稳定、公共利益以及投资者、法人和其他组织的合法权益的危害程度，由低到高划分为 5 个等级，定级划分定义见 GB/T 22240—2008。

（二）不同等级的安全保护能力

不同等级的信息系统应具备的基本安全保护能力如下：第一级安全保护能力：应能够防护系统免受来自个人的、拥有很少资源的威胁源发起的恶意攻击、一般的自然灾难，以及其他相当危害程度的威胁所造成的关键资源损害，在系统遭到损害后，能够恢复部分功能。第二级安全保护能力：应能够防护系统免受来自外部小型组织的、拥有少量资源的威胁源发起的恶意攻击、一般的自然灾难，以及其他相当危害程度的威胁所造成的重要资源损害，能够发现重要的安全漏洞和安全事件，在系统遭到损害后，能够在一段时间内恢复部分功能。第三级安全保护能力：应能够在统一安全策略下防护系统免受来自外部有组织的团体、拥有较为丰富资源的威胁源发起的恶意攻击、较为严重的自然灾难，以及其他相当危害程度的威胁所造成的主要资源损害，能够发现安全漏洞和安全事件，在系统遭到损害后，能够较快恢复绝大部分功能。第四级安全保护能力：应能够在统一安全策略下防护系统免受来自国家级别的、敌对组织的、拥有丰富资源的威胁源发起的恶意攻击、严重的自然灾难，以及其他相当危害程度的威胁所造成的资源损害，能够发现安全漏洞和安全事件，在系统遭到损害后，能够迅速恢复所有功能。第五级安全保护能力（略）。

(三)基本安全要求

林业行业网络安全等级保护应依据信息系统的安全保护等级情况保证它们具有相应等级的基本安全保护能力,不同安全保护等级的林业行业信息系统要求具有不同的安全保护能力。基本安全要求是针对不同安全保护等级信息系统应该具有的基本安全保护能力提出的安全要求,根据实现方式的不同,基本安全要求分为基本技术要求和基本管理要求两大类。技术类安全要求与信息系统提供的技术安全机制有关,主要通过在信息系统中部署软硬件并正确地配置其安全功能来实现;管理类安全要求与信息系统中各种角色参与的活动有关,主要通过控制各种角色的活动,从政策、制度、规范、流程以及记录等方面作出规定来实现。基本技术要求从物理安全、网络安全、主机安全、应用安全和数据安全几个层面提出;基本管理要求从安全管理制度、安全管理机构、人员安全管理、系统建设管理和系统运维管理几个方面提出,基本技术要求和基本管理要求是确保信息系统安全不可分割的两个部分。基本安全要求从各个层面或方面提出了系统的每个组件应该满足的安全要求,信息系统具有的整体安全保护能力通过不同组件实现基本安全要求来保证。除了保证系统的每个组件满足基本安全要求外,还要考虑组件之间的相互关系,来保证信息系统的整体安全保护能力。对于涉及国家秘密的信息系统,应按照国家保密工作部门的相关规定和标准进行保护。对于涉及密码的使用和管理,应按照国家密码管理的相关规定和标准实施。

(四)基本技术要求的三种类型

根据保护侧重点的不同,技术类安全要求进一步细分为:保护数据在存储、传输、处理过程中不被泄漏、破坏和免受未授权的修改的信息安全类要求(简记为 S);保护系统连续正常的运行,免受对系统的未授权修改、破坏而导致系统不可用的服务保证类要求(简记为 A);通用安全保护类要求(简记为 G)。本标准中对基本安全要求使用了标记,其中的字母表示安全要求的类型,数字表示适用的安全保护等级。

延伸阅读

1. 李春田. 标准化概论(第五版). 北京:中国人民大学出版社,2010.
2. 李世东. 信息标准合作. 北京:中国林业出版社,2017.
3. 李世东. 中国林业信息化标准规范. 北京:中国林业出版社,2014.

第十章

项目管理

第一节 前期工作

项目管理前期工作包括：需求分析、项目立项、项目审批、项目招投标、合同签订等。开展国家电子政务工程建设项目管理需要严格遵循《国家电子政务工程建设项目管理暂行办法》（国家发展和改革委员会令第55号）、《全国林业信息化工作管理办法》等有关要求，确保国家级、省级及以下部门项目前期工作有序开展。

一、需求分析

需求分析的主要内容包括功能、业务（包括接口、资源、性能、可靠性、安全性、保密性等）和数据需求。给每个需求指定项目唯一标识符以支持测试和可追踪性。并以一种可以定义客观测试的方式来陈述需求。对每个需求都应说明相关合格性方法，如果是子系统，则还要给出从该需求至系统需求的可追踪性。

（一）要求的状态和方式

如果要求系统在多种状态和方式下运行，且不同状态和方式具有不同的需求的话，则要标识和定义每一个状态和方式。状态和方式的例子包括：空闲、就绪、活动、事后分析、训练、降级、紧急情况和后备等。

（二）需求概述

描述系统总体功能和业务的结构，说明对硬件系统的需求、软件系统的需求、硬件系统和软件系统之间的接口等。

（三）系统能力需求

分条详细描述与系统每一能力相关联的需求。"能力"被定义为一组相关的需求。可以用"功能""性能""主题""目标"或其他适合用来表示需求的词来替代"能力"。

(四)系统内部数据需求

指明分配给系统内部数据的需求,包括对系统中数据库和数据文件的需求。如果所有有关内部数据的决策都留待设计时或留待系统部件的需求规格说明中给出,则需在此如实说明。

(五)安全性需求

描述有关防止对人员、财产、环境产生潜在的危险或把此类危险减少到最低的系统需求,包括:危险物品使用的限制;为运输、操作和存储的目的而对爆炸物品进行分类;异常中止/异常出口规定;气体检测和报警设备;电力系统接地;排污;防爆。描述还应包括有关系统核部件的需求,如部件设计、意外爆炸的预防以及与核安全规则保持一致。

(六)保密性和私密性需求

指明维持保密性和私密性的系统需求,包括:系统运行的保密性/私密性环境、提供的保密性或私密性的类型和程度、系统必须经受的保密性/私密性的风险、减少此类危险所需的安全措施、系统必须遵循的保密性/私密性政策、系统必须提供的保密性/私密性审核、保密性/私密性必须遵循的确认/认可准则。

(七)系统环境需求

指明系统运行必需的与环境有关的需求。对软件系统而言,运行环境包括支持系统运行的计算机硬件和操作系统(其他有关计算机资源方面的需求在下条描述)。对硬软件系统而言,运行环境包括系统在运输、存储和操作过程中必须经受的环境条件,如自然环境条件(风、雨、温度、地理位置)、诱导环境(运动、撞击、噪声、电磁辐射)和对抗环境(爆炸、辐射)。

(八)计算机资源需求

根据系统性质,在以下各条中所描述的计算机资源应能够组成系统环境(对应软件系统)或系统部件(对应硬软件系统)。

1. 计算机硬件需求。描述系统使用的或引入到系统中的计算机硬件需求,(若适用)包括:各类设备的数量、处理器、存储器、输入/输出设备、辅助存储器、通信/网络设备、其他所需的设备的类型、大小、能力(容量)及其他所要求的特征。

2. 计算机硬件资源利用需求。描述系统的计算机硬件资源利用方面的需求,如最大许可使用的处理器能力、存储器容量、输入/输出设备能力、辅助存储器容量和通信/网络设备能力。这些要求(如每个计算机硬件资源能力的百分比)还包括测量资源时所要求具备的条件。

3. 计算机软件需求。描述系统必须使用的或引入系统的计算机软件的需求,包括:操作系统、数据库管理系统、通信/网络软件、实用软件、输入和设备模拟器、测试软件和生产用软件。必须提供每个软件项的正确名称、版本和引用文件。

4. 计算机通信需求。描述系统必须使用的或引入系统的计算机通信方面的需求,包括:连接的地理位置、配置和网络拓扑结构、传输技术、数据传输速率、网关、要求的系统使用时间、传送/接收数据的类型和容量、传送/接收/响应的时间限制、数据的峰值和诊断功能。

二、项目立项

项目经过项目实施组织决策者和政府有关部门的批准,并列入项目实施组织或者政府计划的过程叫作项目立项。立项种类包括鼓励类、许可类、限制类,分别对应的报批程序为备案制、核准制、审批制,报批程序结束即为项目立项完成。申请项目的立项时,应将项目建议文件按要求递交给有关审批部门审定,该文件是政府投资项目单位为推动某个项目开展,根据国民经济的发展、国家和地方中长期规划、产业政策、生产力布局、国内外市场、所在地的内外部条件,提出的具体项目的建议,是专门对拟建项目提出的框架性的总体设想,包括项目实施前所涉及的各种文字、图纸、图片、表格、电子数据等。

林业信息化项目包含国家重大建设项目、国家电子政务项目、国家林业局项目、省级及以下林业主管部门项目等。

(一)国家重大建设项目

国家重大建设项目是指按照《国家发展改革委办公厅关于使用国家重大建设项目库加强项目储备编制三年投资计划有关问题的通知》(发改办投资〔2015〕2942号)要求,纳入国家重大建设项目库的项目。在林业信息化项目建设中,列入国家重大建设库项目目前主要包括:"互联网+"重大工程项目和促进大数据发展重大工程项目。

国家重大建设项目立项应遵循国家发展和改革委员会有关要求,按照国务院批准的《专项建设基金项目设立组建方案》,依托专项建设基金,采取政府与社会资本合作建设模式(PPP模式)开展。

(二)国家电子政务项目

根据《国家电子政务工程建设项目管理暂行办法》,项目建设单位应依据中央和国务院的有关文件规定和国家电子政务建设规划,研究提出电子政务项目的立项申请,并对国家电子政务项目、项目建设单位、项目审批部门等作出诠释。

国家电子政务项目主要是指国家统一电子政务网络、国家重点业务信息系统、国家基础信息库、国家电子政务网络与信息安全保障体系相关基础设施、国家电子政务标准化体系和电子政务相关支撑体系等建设项目。国家电子政务项目建设应以政务信息资源开发利用为主线,以国家统一电子政务网络为依托,以提高应用水平、发挥系统效能为重点,深化电子政务应用,推动应用系统的互联互通、信息共享和业务协同,建设符合中国国情的电子政务体系,提高行政效率,降低行政成本,发挥电子政务对加强经济调节、市场监管和改善社会管理、公共服务的作用。

项目建设单位是指中央政务部门和参与国家电子政务项目建设的地方政务部门。项目建设单位负责提出电子政务项目的申请,组织或参与电子政务项目的设计、建设和运行维护。

项目审批部门是国家发展和改革委员会。项目审批部门负责国家电子政务建设规划的编制和电子政务项目的审批,会同有关部门对电子政务项目实施监督管理。

《全国林业信息化工作管理办法》提出了国家林业局开展国家重大林业信息化项目的有关要求,在严格执行《国家电子政务工程建设项目管理暂行办法》的基础上,明确:"关系全局的重大林业信息化建设项目,立项前须将项目建设方案报全国林业信息化工作领导小组批准。未经领导小组批准的建设项目,不得开展相关前期工作,不得自行筹集经费建设。""国家林业局信息化管理办公室(以下简称信息办)根据全国林业信息化建设发展规划有关要求,负责组织起草重大林业信息化项目的立项申请、可行性研究报告等相关文件,经专家评审后,按基本建设程序报国家林业局或者国家有关部委批准后组织实施。"

(三)国家林业局项目

国家林业局信息化建设项目的确定应当符合《全国林业信息化建设纲要》《全国林业信息化建设技术指南》和全国林业信息化工作会议精神,并基于林业信息化统一平台上建设。项目建设主要内容包括:林业网站、应用系统、应用支撑、数据库、信息化基础设施、标准规范体系、安全与综合管理体系、林业信息资源开发利用项目的建设、运维、升级改造等。

国家林业局各司局、各直属单位提出的信息化拟建项目,以及各省级林业主管部门向国家申请立项的信息化拟建项目,应当于每年2月底前,提出下一年度本单位、本地区林业信息化建设需求,经国家林业局信息办初审后,按基本建设程序向国家林业局或者国家有关部委申请立项并组织实施。

涉及国家秘密的林业信息化建设项目,需同步制定保密方案,报国家林业局保密管理部门或者当地保密局审批同意后申报立项。

涉密信息系统应当由具有国家保密局认可的具有相应涉密资质的机构设计开发,建设必须选用国家保密局、国家密码管理局认定的产品,建成后应当由国家保密局或者其认定的测评机构进行测评。未经测评或者测评未通过的,不得交付使用。

除涉及国家秘密或者法律法规另有规定的外,建成后的国家林业局信息化应用系统、基础数据库和网站必须统一集成于国家林业局内网或外网,在一个平台上经授权后管理使用。

(四)省级及以下林业主管部门项目

各省级林业主管部门按照全国林业信息化建设发展规划有关要求,结合当地工作实际,组织开展当地重大林业信息化项目立项申请工作。相关项目,按基本建设程序报有关部门批准后组织实施。

各省级林业主管部门组织编制本地林业信息化建设发展规划,并报国家林业局备案。

各省级林业主管部门信息化项目应当与国家林业局内网或者外网实现资源共享。

三、项目审批

项目审批适用于政府投资项目。政府投资项目是指全部或部分使用中央预算内资金、国债专项资金、省级预算内基本建设和更新改造资金投资建设的地方项目。政府投资主要用于社会公益事业、公共基础设施和国家机关建设,改善农村生产生活条件,保护和改善生态环境,调整和优化产业结构,促进科技进步和高新技术产业化。

政府投资项目根据建设性质、资金来源和投资规模,分别由国家、省级和市、州政府投资主管部门或由政府投资主管部门会同相关部门审批项目建议书、可行性研究报告、初步设计及投资概算。可行性研究报告、初步设计,由政府投资主管部门委托咨询评估机构进行咨询评估或评审,重大项目应当进行专家评议。咨询评估没有通过的不予审批。

(一)有关材料

1. 项目建议书。项目建议书是要求建设某一具体项目的建议文件,是基本建设程序中最初阶段的工作,是投资决策前对拟建设项目的轮廓设想。

2. 可行性研究。项目建议书一经批准,即可着手进行可行性研究。可行性研究是指在项目决策前,通过对项目有关的工程、技术经济等各方面条件和情况进行调查、研究、分析,对各种可能的建设方案和技术方案进行比较论证,并对项目建成后的效益进行预测和评价的一种科学分析方法,由此考察项目技术上的先进性和实用性,经济上的盈利性和合理性,建设的可能性和可行性。

3. 初步设计。初步设计的内容是指项目的总体设计、布局设计,主要的工艺流程、设备的选项和安装设计,土建工程量及费用的估算等。

4. 投资概算。投资概算是指在项目计划书里对投资资金进行使用说明,用于让评委知道项目投资的基本情况。

(二)审批流程

1. 国家电子政务项目。国家电子政务项目原则上包括以下审批环节:项目建议书、可行性研究报告、初步设计方案和投资概算。对总投资在3000万元以下及特殊情况的,可简化为审批项目可行性研究报告(代项目建议书)、初步设计方案和投资概算。

项目建设单位应按照《国家电子政务工程建设项目项目建议书编制要求》的规定,组织编制项目建议书,报送项目审批部门。项目审批部门在征求相关部门意见,并委托有资格的咨询机构评估后审核批复,或报国务院审批后下达批复。项目建设单位在编制项目建议书阶段应专门组织项目需求分析,形成需求分析报告送项目审批部门组织专家提出咨询意见,作为编制项目建议书的参考。

项目建设单位应依据项目建议书批复,按照《国家电子政务工程建设项目可行性研究报告编制要求》的规定,招标选定或委托具有相关专业甲级资质的工程咨询机构编制项目可行性研究报告,报送项目审批部门。项目审批部门委托有资格的咨询机构评估后审核批复,或报国务院审批后下达批复。

项目建设单位应依据项目审批部门对可行性研究报告的批复,按照

《国家电子政务工程建设项目初步设计方案和投资概算报告编制要求》的规定，招标选定或委托具有相关专业甲级资质的设计单位编制初步设计方案和投资概算报告，报送项目审批部门。项目审批部门委托专门评审机构评审后审核批复。

中央和地方政务部门共建的电子政务项目，由中央政务部门牵头组织地方政务部门共同编制项目建议书，涉及地方的建设内容及投资规模，应征求地方发展改革部门的意见。项目审批部门整体批复项目建议书后，其项目可行性研究报告、初步设计方案和投资概算，由中央和地方政务部门分别编制，并报同级发展改革部门审批。地方发展改革部门应按照项目建议书批复要求审批地方政务部门提交的可行性研究报告，并事先征求中央政务部门的意见。地方发展改革部门在可行性研究报告、初步设计方案和投资概算审批方面有专门规定的，可参照地方规定执行。

项目审批部门对电子政务项目的项目建议书、可行性研究报告、初步设计方案和投资概算的批复文件是项目建设的主要依据。批复中核定的建设内容、规模、标准、总投资概算和其他控制指标原则上应严格遵守。

2. 国家林业局项目。国家林业局项目的审批包括项目建议书、可行性研究报告、初步设计的审批。

中央投资3000万元以上（含3000万元）的林业建设项目建议书、可行性研究报告按照国家规定履行审批程序；其他林业建设项目可行性研究报告由国家林业局审批。需要批复林业建设项目建议书的由国家林业局审批，批复的项目建议书不作为安排投资的依据，批复的可行性研究报告及初步设计是安排投资的依据。

项目批复后，3年以上未落实投资且建设条件已发生明显变化的，需重新履行项目立项审批程序。中央投资3000万元以上（含3000万元）的林业建设项目的初步设计按照国家规定履行审批程序；其他林业建设项目初步设计（实施方案）由省级林业主管部门审批，报国家林业局备案。

四、项目招投标

项目采购货物、工程和服务应按照《中华人民共和国招标投标法》和《中华人民共和国政府采购法》的有关规定执行，并遵从优先采购本国货物、工程和服务的原则。在中华人民共和国境内进行下列工程建设项目，包括项目的勘察、设计、施工、监理以及与工程建设有关的重要设备、材料等的采购；包括大型基础设施、公用事业等关系社会公共利益、公众安全的项目；全部或者部分使用国有资金投资或者国家融资的项目；使用国际组织或者外国政府贷款、援助资金的项目，必须进行招标。

任何单位和个人不得将依法必须进行招标的项目化整为零或者以其他任何方式规避招标。招标投标活动应当遵循公开、公平、公正和诚实信用的原则。依法必须进行招标的项目，其招标投标活动不受地区或者部门的限制。任何单位和个人不得违法限制或者排斥本地区、本系统以外的法人或者其他组织参加投标，不得以任何方式非法干涉招标投标活动。招标投标活动及其当事人应当接受依法实施的监督。

有关行政监督部门依法对招标投标活动实施监督，依法查处招标投标活动中的违法行为。对招标投标活动的行政监督及有关部门的具体职权划分，由国务院规定。招标人是依照本法规定提出招标项目、进行招标的法人或者其他组织。招标项目按照国家有关规定需要履行项目审批手续的，应当先履行审批手续，取得批准。

招标人应当有进行招标项目的相应资金或者资金来源已经落实，并应当在招标文件中如实载明。招标分为公开招标和邀请招标。公开招标，是指招标人以招标公告的方式邀请不特定的法人或者其他组织投标。邀请招标，是指招标人以投标邀请书的方式邀请特定的法人或者其他组织投标。

（一）公开招投标流程

1. 招标。招标人采用公开招标方式的，应当发布招标公告。依法必须进行招标的项目的招标公告，应当通过国家指定的报刊、信息网络或者其他媒介发布。

2. 投标。投标人是响应招标、参加投标竞争的法人或者其他组织。

（二）邀请招投标流程

招标人采用邀请招标方式的，应当向三个以上具备承担招标项目的能力、资信良好的特定的法人或者其他组织发出投标邀请书。

投标邀请书应当载明招标人的名称和地址、招标项目的性质、数量、实施地点和时间以及获取招标文件的办法等事项。

其他招投标流程参考公开招标流程。

（三）非招标方式流程

1. 非招标采购概念。非招标采购方式，是指竞争性谈判、单一来源采购和询价采购方式。

竞争性谈判是指谈判小组与符合资格条件的供应商就采购货物、工程和服务事宜进行谈判，供应商按照谈判文件的要求提交响应文件和最后报价，采购人从谈判小组提出的成交候选人中确定成交供应商的采购方式。

单一来源采购是指采购人从某一特定供应商处采购货物、工程和服务的采购方式。

询价是指询价小组向符合资格条件的供应商发出采购货物询价通知书，要求供应商一次报出不得更改的价格，采购人从询价小组提出的成交候选人中确定成交供应商的采购方式。

2. 适用范围。采购人、采购代理机构采购以下货物、工程和服务之一的，可以采用竞争性谈判、单一来源采购方式采购；采购货物的，还可以采用询价采购方式：依法制定的集中采购目录以内，且未达到公开招标数额标准的货物、服务；依法制定的集中采购目录以外、采购限额标准以上，且未达到公开招标数额标准的货物、服务；达到公开招标数额标准、经批准采用非公开招标方式的货物、服务；按照招标投标法及其实施条例必须进行招标的工程建设项目以外的政府采购工程。

五、合同签订

合同的签订应按照《中华人民共和国合同法》，在确定项目承建单位后的一个月内，与项目承建单位签署合同，项目建设方案作为合同有效附件。

签署合同时，经双方协商一致，并认真填写合同相关栏目，经双方法人代表或授权代理人签字并加盖单位公章后正式生效。

当事人订立合同，应当具有相应的民事权利能力和民事行为能力。当事人依法可以委托代理人订立合同。

当事人订立合同，有书面形式、口头形式和其他形式。法律、行政法规规定采用书面形式的，应当采用书面形式。当事人约定采用书面形式的，应当采用书面形式。书面形式是指合同书、信件和数据电文（包括电报、电传、传真、电子数据交换和电子邮件）等可以有形地表现所载内容的形式。

第二节　项目实施

经过需求分析、项目立项、审批、招投标、合同签订等项目前期工作后，项目建设进入实施阶段，在项目实施阶段，主要包含项目施工设计、建设实施等步骤。

一、项目施工设计

(一) 系统总体设计

1. 概述。一是功能描述，说明本系统要实现的功能、性能(包括响应时间、安全性、兼容性、可移植性、资源使用等)。二是运行环境，参考本系统的《系统/子系统需求规格说明》，简要说明对本系统的运行环境(包括硬件环境和支持环境)的规定。

2. 设计思想。一是系统构思，说明本系统设计的系统构思。二是关键技术与算法，简要说明本系统设计采用的关键技术和主要算法。三是关键数据结构，简要说明本系统实现中的最主要的数据结构。

3. 基本处理流程。一是系统流程图，用流程图表示本系统的主要控制流程和处理流程。二是数据流程图，用数据流程图表示本系统的主要数据通路，并说明处理的主要阶段。

4. 系统体系结构。一是系统配置项，说明本系统中各配置项(子系统、模块、子程序和公用程序等)的划分，简要说明每个配置项的标识符和功能等(用一览表和框图的形式说明)。二是系统层次结构，分层次地给出各个系统配置项之间的控制与被控制关系。三是系统配置项设计，确定每个系统配置项的功能，若是较大的系统，可以根据需要对系统配置项作进一步的划分及设计。

5. 功能需求与系统配置项的关系。说明各项系统功能的实现同各系统配置项的分配关系(最好用矩阵图的方式)。

6. 人工处理过程。说明在本系统的运行过程中包含的人工处理过程(若有的话)。

(二) 系统部件

1. 标识所有系统部件，应为每个部件指定一个项目唯一标识符。

2. 说明部件之间的静态关系。根据所选择的设计方法学，可能会给出多重关系。

3. 陈述每个部件的用途，并标识部件相对应的系统需求和系统级设计决策。

4. 标识每个部件的开发状态/类型，如果已知的话(如新开发的部件、对已有部件进行重用的部件、对已有设计进行重用的部件、再工程的已有设计或部件、为重用而开发的部件和计划用于第 N 开发阶段的部件等)，对已有的设计或部件，此描述应提供诸如名称、版本、文档引用、地点等标识信息。

5. 对被标识用于该系统的每个计算机系统或其他计算机硬件资源的集合，描述其计算机硬件资源（如处理器、存储器、输入/输出设备、辅存器、通信/网络设备）。

计算机处理器描述。应包括：制造商名称和型号、处理器速度/能力、指令集体系结构、适用的编译程序、字长（每个计算机字的位数）、字符集标准（如 GB 2312—1980、GB 18030—2005 等）和中断能力等。

存储器描述。应包括：制造商名称和型号，存储器大小、类型、速度和配置[如 256K 高速缓冲存储器、16MB RAM（4MB×4）]。

输入/输出设备描述。应包括：制造商名称和型号、设备类型和设备的速度或能力。

外存描述。应包括：制造商名称和型号、存储器类型、安装存储器的数量、存储器速度。

通信/网络设备。如：调制解调器、网卡、集线器、网关、电缆、高速数据线以及这些部件或其他部件的集合体的描述。应包括：制造商名称和型号、数据传送速率/能力、网络拓扑结构、传输技术、使用的协议。

每个描述应包括：增长能力、诊断能力以及与本描述相关的其他的硬件能力。

（三）执行概念

描述系统部件之间的执行概念。用图示和说明表示部件之间的动态关系，即系统运行期间它们是如何交互的，（若适用）包括：执行控制流，数据流，动态控制序列，状态转换图，时序图，部件的优先级别，中断处理，时序/序列关系，异常处理，并发执行，动态分配/去分配，对象、进程、任务的动态创建/删除，以及动态行为的其他方面。

（四）接口设计

分条描述系统部件的接口特性，应包括：部件之间的接口及它们与外部实体（如其他系统、配置项、用户）之间的接口。目的是为了把它们作为系统体系结构设计的一部分所做的接口设计决策记录下来如果在接口设计说明或其他文档中含有部分或全部的该类信息，可以加以引用。

本条用项目唯一标识符标识每个接口，（若适用）并用名称、编号、版本、文档引用来指明接口实体（如系统、配置项、用户等）。该标识应叙述哪些实体具有固定接口特性（从而要把接口需求强加给接口实体）、哪些实体正被开发或修改（因而已把接口需求强加于它们）。应提供一个或多个接口图表来描述这些接口。

（五）运行设计

1. 系统初始化。说明本系统的初始化过程。

2. 运行控制。说明对系统施加不同的外界运行控制时所引起的各种不同的运行模块组合，说明每种运行所历经的内部模块和支持软件。说明每一种外界运行控制的方式方法和操作步骤。说明每种运行模块组合将占用各种资源的情况。说明系统运行时的安全控制。

3. 运行结束。说明本系统运行的结束过程。

（六）系统出错处理设计

1. 出错信息。包括出错信息表、故障处理技术等。

2. 补救措施。说明故障出现后可能采取的补救措施。

（七）尚待解决的问题

说明在本设计中没有解决而系统完成之前应该解决的问题。

（八）注解

注解包含有助于理解本文档的一般信息（如背景信息、词汇表、原理），应包含为理解本文档需要的术语和定义，所有缩略语和它们在文档中的含义的字母序列表。

二、建设实施

（一）思路和原则

1. 电子政务建设思路要实现"三个转变"。一是在建设目标上，要从过去注重业务流程电子化、提高办公效率，向更加注重支撑部门履行职能、提高政务效能、有效解决社会问题转变；二是在建设方式上，要从部门独立建设、自成体系，向跨部门、跨区域的协同互动和资源共享转变；三是在系统模式上，要从粗放离散的模式，向集约整合的模式转变，确保电子政务项目的可持续发展。

2. 电子政务项目建设要坚持三个原则。一是解决社会问题的原则，电子政务项目建设内容的确定，要以解决广大人民群众最关心、最直接、最现实的利益问题为出发点，以服务公众为落脚点，加快促进政府职能转变；二是提升政务部门信息能力的原则，要充分利用信息化手段，提升政务部门宏观调控、市场调节、社会管理和公共服务的能力，切实发挥电子政务支撑政务部门履行职能的作用；三是注重顶层设计的原则，要推进部门间的互联互通、业务协同和信息共享，发挥电子政务项目促进多部门协同解决经济社会问题的作用，避免重复投资、重复建设，发挥投资效益。

(二) 强化电子政务项目"一把手"负责制

1. 落实电子政务项目建设的责任机制。项目建设部门的"一把手"，应按照"三个转变"的建设思路，强化责任机制，有效落实顶层设计的思想，强化需求分析工作的指导，推动业务流程优化和业务模式创新，促进部门内部和部门之间的信息共享和业务协同，加强电子政务项目全过程的统筹指导，切实保障电子政务项目的建设实效。

2. 加强电子政务项目跨部门统筹协调。涉及多部门建设的电子政务项目，应建立跨部门统筹协调机制。项目牵头部门应会同共建部门，基于《规划》提出的建设目标和任务，细化项目体系架构，明确具体建设任务，确定部门间的业务协同关系和信息共享需求，落实共建部门的建设范围和责任义务。项目建成后，应进一步完善跨部门的共享共用机制，保障部门间的业务协同和信息共享，切实提高投资效益。

(三) 项目实施要求

项目建设单位应按照《国家电子政务工程建设项目档案管理暂行办法》（档发〔2008〕3号）及国家林业局相关规定，在项目申报立项、建设实施、验收和运行管理等过程中同步开展项目档案管理工作，及时对项目文件材料进行收集、整理和归档，同时加强对各类型电子文件材料的归档管理。项目建设完成后，相关文档经监理初审核，主办处室复审后，报项目处和综合处备案。

项目建设单位应确定项目实施机构和项目责任人，并建立健全项目管理制度。项目责任人应向项目审批部门报告项目建设过程中的设计变更、建设进度、概算控制等情况。项目建设单位主管领导应对项目建设进度、质量、资金管理及运行管理等负总责。项目建设单位应依法并依据可行性研究报告审批时核准的招标内容和招标方式组织招标采购，确定具有相应资质和能力的中标单位。项目建设单位与中标单位订立合同，并严格履行合同。

电子政务项目实行工程监理制。项目建设单位应按照信息系统工程监理的有关规定，委托具有信息系统工程相应监理资质的工程监理单位，对项目建设进行工程监理。

项目建设单位必须严格按照项目审批部门批复的初步设计方案和投资概算实施项目建设。如有特殊情况，主要建设内容或投资概算确需调整的，必须事先向项目审批部门提交调整报告，履行报批手续。对未经批准擅自进行重大设计变更而导致超概算的，项目审批部门不再受理事后调整申请。

项目建设过程中出现工程严重逾期、投资重大损失等问题，项目建设单位应及时向项目审批部门报告，项目审批部门依照有关规定可要求项目建设单位进行整改和暂停项目建设。

（四）资金管理

项目建设单位在可行性研究报告批复后，可申请项目前期工作经费。项目前期工作经费主要用于开展应用需求分析、项目建议书、可行性研究、初步设计方案和投资概算的编制、专家咨询评审等工作。项目审批部门根据项目实际情况批准下达前期工作经费，前期工作经费计入项目总投资。

项目建设单位应在初步设计方案和投资概算获得批复及具备开工建设条件后，根据项目实施进度向项目审批部门提出年度资金使用计划申请，项目审批部门将其作为下达年度中央投资计划的依据。

初步设计方案和投资概算未获批复前，原则上不予下达项目建设资金。对确需提前安排资金的电子政务项目（如用于购地、购房、拆迁等），项目建设单位可在项目可行性研究报告批复后，向项目审批部门提出资金使用申请，说明要提前安排资金的原因及理由，经项目审批部门批准后，下达项目建设资金。

项目建设单位应严格按照财政管理的有关规定使用财政资金，专账管理、专款专用。

（五）监督管理

项目建设单位应接受项目审批部门及有关部门的监督管理。

项目审批部门负责对电子政务项目进行稽查，主要监督检查在项目建设过程中，项目建设单位执行有关法律、法规和政策的情况，以及项目招标投标、工程质量、进度、资金使用和概算控制等情况。对稽查过程中发现有违反国家有关规定及批复要求的，项目审批部门可要求项目建设单位限期整改或遵照有关规定进行处理。对拒不整改或整改后仍不符合要求的，项目审批部门可对其进行通报批评、暂缓拨付建设资金、暂停项目建设、直至终止项目。

有关部门依法对电子政务项目建设中的采购情况、资金使用情况，以及是否符合国家有关规定等实施监督管理。

项目建设单位及相关部门应当协助稽查、审计等监督管理工作，如实提供建设项目有关的资料和情况，不得拒绝、隐匿、瞒报。

第三节　项目验收

一、验收准备

项目验收是项目建设单位和项目相关单位，在信息化项目按招标文件和合同约定事项完成并试运行，用户出具用户试用报告后，依照相关标准组织用户单位、承建单位对信息化项目工程质量的认定。

项目验收准备工作是指对项目的交付成果进行审核并确认的过程。项目验收准备工作是项目验收会议能够取得圆满成功的前提。

项目具备下列条件后，可申请工程验收：

(1) 按照合同和建设方案完成建设内容。

(2) 各类测试报告准备齐全，包括承建单位测试报告、用户测试报告、第三方安全测试报告。

(3) 项目文档齐全，经监理单位、项目建设单位审核。

(4) 完成项目培训，并附相关培训资料。

(5) 完成项目上线试运行，并附试运行报告。

二、验收分类

(一) 竣工预验收

工程竣工预验收也称工程竣工初验，属于对专项工程竣工验收、工程竣工验收的工作的检查管理行为，一般指在专项竣工验收或工程竣工验收前，为了避免验收承包商不严格履行质量管理职责，可能影响验收工作的质量和进度，进行的一种预验收形式的质量验收。

按照项目主管部门规定，先是由监理组织相关各施工单位（总、分包）进行预验收，预验收合格后，再由建设单位组织各责任主体进行竣工验收。工程竣工预验收阶段，往往根据计划组织情况，穿插进行专项工程竣工验收。

(二) 竣工验收

工程竣工验收也称工程竣工终验，指建设工程项目竣工后开发建设单位会同设计、施工、设备供应单位及工程质量监督部门，对该项目是否符合规划设计要求以及建筑施工和设备安装质量进行全面检验，取得竣工合格资料、数据和凭证。竣工验收是建立在分阶段验收的基础之上，是全面考核建设工作，检查是否符合设计要求和工程质量的重要环节，对促进建设项目（工程）及时投产、发挥投资效果、总结建设经验有重要作用。

（三）项目后评价

项目后评价是指对已经完成的项目或规划的目的、执行过程、效益、作用和影响所进行的系统的客观的分析。通过对投资活动实践的检查总结，确定投资预期的目标是否达到，项目或规划是否合理有效，项目的主要效益指标是否实现，通过分析评价找出成败的原因，总结经验教训，并通过及时有效的信息反馈，为未来项目的决策和提高完善投资决策管理水平提出建议，同时也为被评项目实施运营中出现的问题提出改进建议，从而达到提高投资效益的目的。

项目后评价基本内容包括：项目目标评价、项目实施过程评价、项目效益评价、项目影响评价和项目持续性评价。

三、验收核查

项目验收，也称范围核实或移交。它是核查项目计划规定范围内各项工作或活动是否已经全部完成，可交付成果是否令人满意，并将核查结果记录在验收文件中的一系列活动。

项目验收时，要关注如下三个方面：要明确项目的起点和终点；要明确项目的最后成果；要明确各子项目成果的标志。

（一）项目验收的标准

项目验收的标准是指判断项目产品是否合乎项目目标的根据。项目验收的标准一般包括：项目合同书；国际惯例；国际标准；行业标准；国家和企业的相关政策、法规。

（二）项目验收的依据

1. 工作成果。工作成果是项目实施的结果，项目收尾时提交的工作成果要符合项目目标。工作成果验收合格，项目才能终止。因此，项目验收的重点是对项目的工作成果进行审查。

2. 成果说明。项目团队还要向客户提供说明项目成果的文件，如技术要求说明书、技术文件、图纸等，以供验收审查。项目成果文件随着项目类型的不同而有所不同。

乙方应按照合同约定时间，及时提交工作成果。在提交工作成果前，乙方应对工作成果进行详细而全面的检验与测试，并出具证明符合规定要求的报告。甲方有权对乙方检验与测试过的工作成果进行检验和测试，以确认工作成果是否符合约定目标与要求。如果被检验或测试的工作成果不能满足约定要求，甲方可以拒绝接受该工作成果，乙方应在甲方要求的期限内重新提交符合合同约定要求的工作成果。乙方提交的工作成果通过检验和测试后，应向甲方提出正式验收申请，由甲方按合同约定要求组织人员进行验收。验收合格后，甲方出具正式验收报告。

四、验收实施

工程验收完成后，项目建设单位须将项目相关文档及项目检查表提交项目处。项目处会同项目建设处室、监理单位对项目进行检查，并将项目检查结果按季度向领导汇报。最终文档资料由项目建设处室负责存档。

经国家林业局计财司批复的项目在工程验收合格并完成项目决算后，应向计财司提出竣工验收申请。按照《林业建设项目竣工验收实施细则》等有关规定，项目建设处室在会签项目处的基础上以中心名义向计财司提交竣工验收申请报告、项目建设总结、验收报告、财务报告、审计报告和信息安全风险评估报告等。经批准后方可组织竣工验收，因故不能按期提出竣工验收申请的，应向计财司提出延期验收申请。

经国家林业局计财司批复的项目竣工验收后，按照《中央政府投资项目后评价管理办法》(发改投资〔2014〕2129号)、《关于开展国家电子政务工程项目绩效评价工作的意见》(发改高技〔2015〕200号)等对项目进行评价，形成绩效评价报告。

项目建设形成的资产，应按照《中央行政事业单位国有资产管理暂行办法》相关规定，由综合处及时办理资产登记相关手续。

电子政务项目应遵循《国家电子政务工程建设项目验收工作大纲》(以下简称《验收工作大纲》)的相关规定开展验收工作。项目验收包括初步验收和竣工验收两个阶段。初步验收由项目建设单位按照《验收工作大纲》要求自行组织；竣工验收由项目审批部门或其组织成立的电子政务项目竣工验收委员会组织；对建设规模较小或建设内容较简单的电子政务项目，项目审批部门可委托项目建设单位组织验收。

项目建设单位应在完成项目建设任务后的半年内，组织完成建设项目的信息安全风险评估和初步验收工作。初步验收合格后，项目建设单位应向项目审批部门提交竣工验收申请报告，并将项目建设总结、初步验收报告、财务报告、审计报告和信息安全风险评估报告等文件作为附件一并上报。项目审批部门应适时组织竣工验收。项目建设单位未按期提出竣工验收申请的，应向项目审批部门提出延期验收申请。

五、移交运维

（一）运维管理

国家林业局项目验收后的运行维护管理由信息中心网络处与网站处等处室按分工分别负责。项目建设处室填写运维移交申请，报信息办领导审核后，移交给网络处与网站处等处室进入运维阶段。

电子政务项目建成后的运行管理实行项目建设单位负责制。项目建设单位应确立项目运行机构，制定和完善相应的管理制度，加强日常运行和维护管理，落实运行维护费用。鼓励专业服务机构参与电子政务项目的运行和维护。

项目建设单位或其委托的专业机构应按照风险评估的相关规定，对建成项目进行信息安全风险评估，检验其网络和信息系统对安全环境变化的适应性及安全措施的有效性，保障信息安全目标的实现。

（二）风险评估

国家的电子政务网络、重点业务信息系统、基础信息库以及相关支撑体系等国家电子政务工程建设项目（以下简称电子政务项目），应开展信息安全风险评估工作。

电子政务项目信息安全风险评估的主要内容包括：分析信息系统资产的重要程度，评估信息系统面临的安全威胁、存在的脆弱性、已有的安全措施和残余风险的影响等。

电子政务项目信息安全风险评估工作按照涉及国家秘密的信息系统（以下简称涉密信息系统）和非涉密信息系统两部分组织开展。

涉密信息系统的信息安全风险评估应按照《涉及国家秘密的信息系统分级保护管理办法》《涉及国家秘密的信息系统审批管理规定》《涉及国家秘密的信息系统分级保护测评指南》等国家有关保密规定和标准，进行系统测评并履行审批手续。

非涉密信息系统的信息安全风险评估应按照《信息安全等级保护管理办法》《信息系统安全等级保护定级指南》《信息系统安全等级保护基本要求》《信息系统安全等级保护实施指南》和《信息安全风险评估规范》等有关要求，可委托同一专业测评机构完成等级测评和风险评估工作，并形成等级测评报告和风险评估报告。等级测评报告参照公安部门制订的格式编制，风险评估报告参考《国家电子政务工程建设项目非涉密信息系统信息安全风险评估报告格式》编制。

电子政务项目涉密信息系统的信息安全风险评估，由国家保密局涉密信息系统安全保密测评中心承担。非涉密信息系统的信息安全风险评估，由国家信息技术安全研究中心、中国信息安全测评中心、公安部信息安全等级保护评估中心三家专业测评机构承担。

项目建设单位应在项目建设任务完成后试运行期间，组织开展该项目的信息安全风险评估工作，并形成相关文档，该文档应作为项目验收的重要内容。

项目建设单位向审批部门提出项目竣工验收申请时，应提交该项目信息安全风险评估相关文档，主要包括《涉及国家秘密的信息系统使用许可证》和《涉及国家秘密的信息系统检测评估报告》，非涉密信息系统安全保护等级备案证明，以及相应的安全等级测评报告和信息安全风险评估报告等。

电子政务项目信息安全风险评估经费计入该项目总投资。

电子政务项目投入运行后，项目建设单位应定期开展信息安全风险评估，检验信息系统对安全环境变化的适应性及安全措施的有效性，保障信息系统的安全可靠。

中央和地方共建电子政务项目中的地方建设部分信息安全风险评估工作参照本通知执行。

第四节 规章制度

为规范林业信息化管理、林业建设项目的可行性研究咨询、勘察设计等工作，国家林业局相继出台了《全国林业信息化工作管理办法》《林业建设项目可行性研究报告编制规定》《林业建设项目初步设计编制规定》《中央财政林业补助资金管理办法》《林业基本建设项目竣工财务决算编制办法》等规章制度。

一、信息化工作管理办法

2010年，为规范全国林业信息化建设，提升林业现代化发展支撑保障能力，国家林业局印发了《全国林业信息化工作管理办法》（林办发〔2010〕187号）。2016年3月，经进一步修改完善，国家林业局再次印发《全国林业信息化工作管理办法》(林信发〔2016〕25号),对《全国林业信息化工作管理办法》进行了全面修订和系统完善。在修订过程中,始终坚持连续稳定、精准到位、创新务实三个原则,在保持《全国林业信息化工作管理办法》总体框架不变的前提下,将已经形成共识的大部分内容保留使用,对需要完善的内容予以修订。修订后的《全国林业信息化工作管理办法》积极适应信息化发展新形势、新任务、新要求,结合林业改革发展出现的新情况、新问题,创新方式、创新手段,深入推进信息化与林业核心业务相融合,鼓励拓宽融资渠道。

二、可研报告编制规定

2006年,国家林业局颁布了《林业建设项目可行性研究报告编制规定》(林计发〔2006〕156号),规范了可行性研究报告编制,保证了可行性研究报告质量,是加强林业工程建设项目可行性研究报告文件编制管理工作的文件,是林业行业编制林业建设项目可行性研究报告的依据。

《林业建设项目可行性研究报告编制规定》共分4个章节,分别是总则、一般规定、编制要求和有关样式。

在总则中,介绍了《林业建设项目可行性研究报告》(以下简称《可研报告》)编制的目的意义、适用范围;明确了《可研报告》编制的依据、主要内容、深度;明确了《可研报告》编制单位的资质要求及编制人员应遵循的法规、规定、原则等。

在一般规定中,明确了《可研报告》的文档名称;明确了《可研报告》应由前引部分、正文部分及附表、附件、附图部分组成;明确了基本术语应符合的标准及应对基本术语作出必要的定义;明确了各类附图及符号应符合有关标准规定;明确了词汇语言的使用;明确了使用缩略词汇、简称、计量单位等应符合的标准和规定;明确了编排与印制的具体要求。

在编制要求中,明确了前引部分、正文部分、附表、附件、附图的具体编制要求。前引部分包括封面、《可研报告》编制单位资质证书影印件、《可研报告》编制单位职签页、编制人员名单页、前言(可选)、目录。正文部分包括《可研报告》编制大纲、编制大纲的说明、正文编制要求(包括总论、项目建设的必要性、项目建设条件分析、建设目标、指导思想及原则、项目建设方案、项目消防、劳动安全与职业卫生、节能措施、环境影响评价、招标方案、项目组织管理、项目实施进度、投资估算与资金来源、综合评价、结论与建议)。附表包括要求、项目(工程)指标计量单位、附件包括要求、《可研报告》的附件。附图包括要求。

在有关样式中，明确了封面样式、职签页样式。

三、初步设计编制规定

2006年，国家林业局颁布了《林业建设项目初步设计编制规定》（林计发〔2006〕156号），规范初步设计文件，保证初步设计质量，加强林业工程建设项目初步设计编制管理的文件，是林业行业编制林业工程建设项目初步设计的依据。

《林业建设项目初步设计编制规定》共分4个章节，分别是总则、一般规定、编制要求和有关样式。

在总则中，介绍了《林业建设项目初步设计》（以下简称《设计》）编制的目的意义、适用范围；明确了《设计》编制的依据、主要内容、深度；明确了营造林建设项目可以总体设计代替初步设计；明确了《设计》编制单位的资质要求及设计人员应遵循的法规、规定、原则等。

在一般规定中，明确了《设计》的文档名称；明确了《设计》应由设计说明书、设计图纸、设计概（预）算书和工程主要设备材料表四部分组成；明确了基本术语应符合的标准及应对基本术语作出必要的定义；明确了各类附图及符号应符合有关标准规定；明确了词汇语言的使用；明确了使用缩略词汇、简称、计量单位等应符合的标准和规定；明确了编排与印制的具体要求。

在编制要求中，明确了设计说明书、设计图纸、设计概（预）算书和工程主要设备材料表的具体编制要求。《设计》说明书包括《设计》说明书前引部分、《设计》总说明书通用编制大纲、《设计》总说明书通用编制大纲的说明、总说明书编制要求［包括总论、项目总平面设计（功能区划）、各专业（单项工程）生产（功能）工艺（或技术路线）设计及工程设计、设备选型、建筑设计、结构设计、供电与通信设计、给排水设计、采暖通风设计］。《设计》图纸包括《设计》图纸要求、专业（单项工程）设计图纸参考表。《设计》概算包括《设计》概算文件组成、《设计》概算文件要求、技术经济指标、工程（项目）指标计量单位。

在有关样式中，明确了封面样式、职签页样式。封面样式包括总说明书封面样式、单项（专业）工程说明书封面样式、设计图纸封面样式、设计概（预）算书封面样式、设备材料表封面样式。

四、财务管理制度

2006年,根据财政部《基本建设财务管理规定》等相关规定,国家林业局印发了《林业基本建设项目竣工财务决算编制办法》(林计发〔2006〕17号),进一步规范林业基本建设项目竣工财务决算的编制工作。

《林业基本建设项目竣工财务决算编制办法》共分14条。第1~3条介绍了该办法的目的意义和适用范围。第4条明确了编制基本建设项目竣工财务决算的编制流程和收尾工程有关要求。第5条明确了林业基本建设项目竣工财务决算的审批权限。第6条明确了基本建设项目竣工财务决算的编制依据。第7条规定了项目建设单位及其主管部门应加强对基本建设项目竣工财务决算工作的组织领导,及时、准确、完整地编制竣工财务决算。第8条明确了已具备竣工验收条件的基本建设项目不办理竣工验收和固定资产移交手续的有关规定。第9条明确了在编制基本建设项目竣工财务决算前,建设单位要认真做好各项财产物资及债权债务等的清理工作。第10条明确了基本建设项目竣工财务决算内容,包括基本建设项目竣工财务决算报表和竣工财务决算说明书两部分。第11条明确了国家林业局直属单位向国家林业局报送申请批复的基本建设项目竣工财务决算的方式和材料。第12条明确了建设项目竣工验收后,清理出来的结余资金分别不同情况进行财务处理。第13条明确了本办法由国家林业局负责解释。第14条明确了本办法的施行时间。

第五节 示范建设

开展全国林业信息化示范建设是发展林业信息化的重要手段之一。为充分发挥先进典型的示范引领作用,全面加快林业信息化建设步伐,按照全国林业厅局长会议、全国林业信息化工作会议有关要求,国家林业局于2009年起,分别组织开展了两批全国林业局信息化示范省、两批全国林业信息化示范市、县和一批全国林业信息化示范基地建设,确定了12个示范省、47个示范市、78个示范县和41个示范基地(表10-1~表10-4),明确了各示范单位的示范主题,以此建立一批水平先进、成效显著、影响力大的示范点,辐射带动全国林业信息化工作。

2009年12月,国家林业局确定辽宁、福建、湖南、吉林为第一批全国林业信息化示范省,辽宁省林业厅、福建省林业厅、湖南省林业厅、吉

表 10-1　全国林业信息化示范省

序号	示范省	实施单位	示范主题	批次
1	辽宁省	辽宁省林业厅	外网建设，基础平台建设	第一批
2	福建省	福建省林业厅	在线行政审批、省市县乡四级联动协同办公	第一批
3	湖南省	湖南省林业厅	资源整合，内网建设	第一批
4	吉林省	吉林森工集团	"三网融合"，电子商务	第一批
5	北京市	北京市园林绿化局	网格化管理及统一数据库建设	第二批
6	山西省	山西省林业厅	森林远程视频监控和集体林权信息采集管理系统建设	第二批
7	内蒙古	内蒙古自治区林业厅	信息化技术在林业主题业务管理中的应用	第二批
8	江西省	江西省林业厅	林权交易电子商务平台建设	第二批
9	山东省	山东省林业厅	市县林政资源管理和基本建设投资项目动态跟踪系统建设	第二批
10	河南省	河南省林业厅	基于空间数据分析技术的营造林管理系统和林业综合执法管理平台建设	第二批
11	广东省	广东省林业厅	核心业务系统建设	第二批
12	陕西省	陕西省林业厅	省市县三级林业电子政务建设	第二批

表 10-2　全国林业信息化示范市

序号	示范市	实施单位	示范主题	批次
1	辽宁沈阳市	沈阳市林业局	终端入户辐射带动信息服务	第一批
2	河北张家口市	张家口市林业局	林业空间信息管理服务系统	第一批
3	山西临汾市	临汾市林业局	远程监控系统	第一批
4	内蒙古鄂尔多斯市	鄂尔多斯市林业局	数字林业核心平台	第一批
5	辽宁本溪市	本溪市林业局	掌上林业应用系统	第一批
6	辽宁阜新市	阜新市林业局	行政审批系统	第一批
7	吉林延边朝鲜族自治州	延边朝鲜族自治州林业管理局	林业综合办公平台	第一批
8	黑龙江佳木斯市	佳木斯市林业局	森林防火预防扑救决策系统	第一批
9	浙江杭州市	杭州市林业水利局	森林防控体系	第一批
10	浙江湖州市	湖州市林业局	林业电子政务平台	第一批
11	安徽合肥市	合肥市林业和园林局	森林资源管理地理信息系统	第一批

（续）

序号	示范市	实施单位	示范主题	批次
12	安徽黄山市	黄山市林业局	林权交易信息平台	第一批
13	江西吉安市	吉安市林业局	森林防火信息系统	第一批
14	山东济南市	济南市林业局	林业电子政务建设	第一批
15	山东济宁市	济宁市林业局	林业网站集群系统	第一批
16	河南新乡市	新乡市林业局	森林资源数据库系统	第一批
17	湖北襄阳市	襄阳市林业局	市级内网和基础平台建设	第一批
18	湖北荆门市	荆门市林业局	林政管理系统	第一批
19	湖南娄底市	娄底市林业局	资源整合和综合办公平台建设	第一批
20	湖南湘西土家族苗族自治州	湘西土家族苗族自治州林业局	林权数据库系统	第一批
21	广东东莞市	东莞市林业局	基于云计算的林业基础数据共享平台	第一批
22	广西南宁市	南宁市林业局	市级森林病虫害防治系统	第一批
23	四川甘孜藏族自治州	甘孜藏族自治州林业局	信息化在森林防火方面的应用	第一批
24	云南临沧市	临沧市林业局	数字林业建设	第一批
25	甘肃张掖市	张掖市林业局	门户网站建设	第一批
26	青海西宁市	西宁市林业局	信息技术在林业主体业务中的应用	第一批
27	内蒙古呼伦贝尔市	呼伦贝尔市林业局	智能林业服务平台建设示范	第二批
28	黑龙江黑河市	黑河市林业局	数据共享云平台应用示范	第二批
29	山东淄博市	淄博市林业局	互联共享信息服务体系建设示范	第二批
30	湖北咸宁市	咸宁市林业局	森林防火视频智能分析平台建设示范	第二批
31	湖南衡阳市	衡阳市林业局	卫星遥感防火指挥系统建设示范	第二批
32	广东广州市	广州市林业和园林局	智慧绿化平台建设示范	第二批
33	广西梧州市	梧州市林业局	综合办公云平台建设示范	第二批
34	四川广安市	广安市林业局	智能应急指挥系统建设示范	第二批
35	贵州贵阳市	贵阳市林业绿化局	生态云计算平台建设示范	第二批

（续）

序号	示范市	实施单位	示范主题	批次
36	甘肃武威市	武威市林业局	地理信息大数据处理系统建设示范	第二批
37	北京海淀区	北京海淀区园林绿化局	智慧园林与古树名木保护示范	第三批
38	浙江绍兴市	浙江绍兴市林业局	智慧林业系统建设示范	第三批
39	福建龙岩市	福建龙岩市林业局	智慧林业工程示范	第三批
40	山东威海市	山东威海市林业局	智慧管理和生态文化服务示范	第三批
41	河南洛阳市	河南洛阳市林业局	信息化助力林业现代化建设示范	第三批
42	湖北武汉市	湖北武汉市园林和林业局	智能生态资源监测应用示范	第三批
43	湖北宜昌市	湖北宜昌市林业局	智慧林业建设示范	第三批
44	湖南郴州市	湖南郴州市林业局	智慧林业平台建设示范	第三批
45	云南昆明市	云南昆明市林业局	林业综合业务信息化建设示范	第三批
46	甘肃酒泉市	甘肃酒泉市林业局	森林防火智慧监测系统应用示范	第三批
47	宁夏银川市	宁夏银川市林业局	湿地生态监测系统应用示范	第三批

表10-3 全国林业信息化示范县

序号	示范县	实施单位	示范主题	批次
1	北京西城区	西城区园林绿化局	园林植物条码化管理	第一批
2	天津蓟县	蓟县林业局	退耕还林管理系统	第一批
3	河北塞罕坝机械林场	河北省塞罕坝机械林场	森林防火火源监控系统	第一批
4	内蒙古林西县	林西县林业局	门户网站建设	第一批
5	内蒙古东胜区	鄂尔多斯市东胜区林业局	数字林业核心平台	第一批
6	辽宁本溪县	本溪满族自治县林业局	掌上林业应用	第一批
7	辽宁桓仁县	桓仁满族自治县林业局	林业综合服务平台	第一批
8	辽宁省实验林场	辽宁省实验林场	林火视频智能监控系统	第一批
9	吉林通化县	通化县林业局	林权管理信息系统	第一批
10	吉林蛟河林业实验区	蛟河林业实验区管理局	营造林工程管理系统	第一批
11	吉林龙湾国际级自然保护区	龙湾国家级自然保护区管理局	生态旅游管理系统	第一批

(续)

序号	示范县	实施单位	示范主题	批次
12	黑龙江嘉荫县	嘉荫县林业局	智能办公系统	第一批
13	浙江龙泉市	龙泉市林业局	林业基础信息库平台	第一批
14	浙江安吉县	安吉县林业局	国家、省、市、县四级数据交换系统	第一批
15	浙江庆元县	庆元县林业局	森林资源价值动态评估模型	第一批
16	安徽石台县	石台县林业局	整合资源搭建信息网络	第一批
17	安徽滁州市南谯区	滁州市南谯区林业局	林业政务公开	第一批
18	安徽望江县	望江县林业局	电子政务网建设	第一批
19	福建延平区	南平市延平区林业局	"三防"监管一体化信息平台	第一批
20	福建沙县	沙县林业局	林业行政许可系统	第一批
21	江西遂川县	遂川县林业局	森林防火指挥中心建设	第一批
22	江西安福县	安福县林业局	林权地理信息系统	第一批
23	江西靖安县	靖安县林业局	林区警务信息平台	第一批
24	山东郯城县	郯城县林业局	网上办案系统	第一批
25	山东沂源县	沂源县林业局	林业行政案件管理信息化	第一批
26	河南嵩县	嵩县林业局	无纸化办公	第一批
27	湖北潜江市	潜江市林业局	服务林农林企信息化系统	第一批
28	湖北谷城县	谷城县林业局	森林资源地理信息系统	第一批
29	湖南隆回县	隆回县林业局	林地测土配方系统	第一批
30	湖南常宁市	常宁市林业局	林权数据库管理系统	第一批
31	湖南新化县	新化县林业局	生态公益林管理系统	第一批
32	广西融水县	融水苗族自治县林业局	林政综合信息管理系统	第一批
33	重庆永川区	永川区林业局	数字林业系统	第一批
34	重庆武隆县	武隆县林业局	林业综合服务平台	第一批
35	四川温江区	成都市温江区花卉园林局	林业花木信息化体系	第一批
36	四川剑阁县	剑阁县林业和园林局	县乡两级林业信息网络平台	第一批
37	四川北川县	北川羌族自治县林业局	林火及野生动物智能监测应急指挥系统	第一批
38	云南石林县	石林彝族自治县农林局	林权宗地管理地理信息系统	第一批
39	云南腾冲县	腾冲县林业局	森林资源管理	第一批

(续)

序号	示范县	实施单位	示范主题	批次
40	陕西城固县	城固县林业局	集体林权信息采集管理系统	第一批
41	陕西石泉县	石泉县林业局	综合办公服务系统和行政审批系统	第一批
42	甘肃祁连山国家级自然保护区	祁连山国家级自然保护区管理局	森林资源数据库建设	第一批
43	甘肃兴隆山国家级自然保护区	兴隆山国家级自然保护区管理局	森林防火地理信息系统和林业资源管理平台	第一批
44	青海大通县	大通县林业局	林业信息化管理体系	第一批
45	宁夏青铜峡市	青铜峡市林业局	数字林业平台	第一批
46	新疆阜康市	阜康市林业局	电子政务平台	第一批
47	吉林森工松江河林业局	吉林森工集团松江河林业有限公司	企业综合管理网络平台	第一批
48	龙江森工柴河林业局	柴河林业局	社会管理服务信息化系统	第一批
49	龙江森工友好林业局	友好林业局	森林信息化生态保护	第一批
50	大兴安岭塔河县	塔河县林业局	数字林业信息系统平台应用及推广	第一批
51	内蒙古多伦县	多伦县林业局	智慧林业建设示范	第二批
52	辽宁昌图县	昌图县林业局	林业智能服务体系建设示范	第二批
53	吉林蛟河市	蛟河市林业局	森林资源大数据管理建设示范	第二批
54	吉林抚松县	抚松县林业局	智能植物检疫信息平台建设示范	第二批
55	山东昌邑市	昌邑市林业局	智慧管理平台建设示范	第二批
56	山东利津县	利津县林业局	林业智能管理系统建设示范	第二批
57	湖北南漳县	南漳县林业局	森林资源智慧管理应用示范	第二批
58	湖北老河口市	老河口市林业局	数据开放平台建设示范	第二批
59	湖南洞口县	洞口县林业局	林农智能服务平台应用示范	第二批
60	湖南衡东县	衡东县林业局	病虫害自动诊断信息系统建设示范	第二批
61	广西百色市右江区	右江区林业局	智慧林政管理应用示范	第二批
62	四川江油市	江油市林业局	森林资源大数据动态监测示范	第二批

(续)

序号	示范县	实施单位	示范主题	批次
63	四川宝兴县	宝兴县林业局	生态智能监管平台建设示范	第二批
64	龙江森工东方红林业局	龙江森工东方红林业局	野生动物保护监测物联网应用示范	第二批
65	龙江森工迎春林业局	龙江森工迎春林业局	智能林火监控系统应用示范	第二批
66	吉林敦化市	吉林省敦化市林业局	东北智慧林业建设示范	第三批
67	浙江开化县	浙江省开化县林业局	智慧国家生态公园建设示范	第三批
68	浙江德清县	浙江省德清县林业局	智慧林业技术惠民示范	第三批
69	山东邹城市	山东省邹城市林业局	"互联网+"林业智能管理系统示范	第三批
70	河南栾川县	河南省栾川县林业局	"互联网+"森林资源管控建设示范	第三批
71	河南汝州市	河南省汝州市林业局	华中智慧林业建设示范	第三批
72	湖南靖州苗族侗族自治县	湖南省靖州苗族侗族自治县林业局	"互联网+林业"建设示范	第三批
73	湖南常德市鼎城区	湖南省常德市鼎城区林业局	信息化服务基层林业站建设示范	第三批
74	海南陵水县	海南省陵水县林业局	"互联网+"红树林建设示范	第三批
75	四川雨城区	四川省雨城区林业局	林业生态价值和森林资源大数据监管体系示范	第三批
76	四川邛崃市	四川省邛崃市农业林业局	信息化助推现代林业产业发展示范	第三批
77	陕西宁陕县	陕西省宁陕县林业局	西北智慧林业建设示范	第三批
78	湖北神农架林区	湖北神农架林区林业管理局	森林资源网格信息化管理平台建设示范	第三批

表10-4 全国林业信息化示范基地

序号	示范基地	示范主题	批次
1	北京大东流苗圃	智慧苗圃建设示范	第一批
2	河北木兰围场国有林场	华北智慧林场建设示范	第一批
3	内蒙古贺兰山国家级自然保护区	自然保护区智慧管理建设示范	第一批
4	安徽舒城金桥农林科技有限公司	智慧育苗应用示范	第一批

（续）

序号	示范基地	示范主题	批次
5	福建金森林业股份有限公司	智慧林业一体化应用示范	第一批
6	山东日照市国有大沙洼林场	智慧林区建设示范	第一批
7	河南二仙坡绿色果业有限公司	智能果园物联网建设示范	第一批
8	湖北太子山林场	智慧网络服务平台建设示范	第一批
9	湖北荆门市十里牌林场	华中智慧林场建设示范	第一批
10	湖南张家界国家森林公园	智慧森林公园建设示范	第一批
11	湖南林业种苗中心	林木种苗电子商务平台建设示范	第一批
12	广东湛江红树林国家级自然保护区	红树林生态智能监管建设示范	第一批
13	广东车八岭国家级自然保护区	智慧感知平台建设示范	第一批
14	广西国有高峰林场	华南智慧林场建设示范	第一批
15	广西南宁树木园	智慧树木园建设示范	第一批
16	四川卧龙国家级自然保护区	智慧卧龙建设示范	第一批
17	四川唐家河国家级自然保护区	"空天地"一体智慧保护建设示范	第一批
18	四川攀枝花苏铁国家级自然保护区	智能生态系统建设示范	第一批
19	云南昆明市海口林场	智能监控系统建设示范	第一批
20	甘肃莲花山国家级自然保护区	森林资源智能监测预警建设示范	第一批
21	青海西宁野生动物园	智慧旅游景区示范	第一批
22	青海青海湖国家级自然保护区	智慧生态旅游建设示范	第一批
23	青海三江源国家级自然保护区	智慧自然保护区建设示范	第一批
24	宁夏中宁国际枸杞交易中心	智能商务平台建设示范	第一批
25	吉林森工露水河国家森林公园	物联网与移动互联应用示范	第一批
26	北京市黄垡苗圃	智能苗圃管理示范应用	第二批
27	河北雾灵山国家级自然保护区管理局	智慧保护区平台建设示范	第二批
28	辽宁仙人洞国家级自然保护区管理局	地理信息智能管理系统建设示范	第二批
29	江苏省连云港市林业技术指导站	智慧苗圃建设示范	第二批
30	浙江省乐清市雁荡山林场	智能护林与移动办公示范	第二批
31	安徽森博农业科技有限公司	智慧花卉科技产业应用示范	第二批
32	安徽中林朗坤信息技术有限公司	"可视、可溯、可信"特色林产品电商平台示范	第二批
33	山东省林木种质资源中心	种质资源智能共享体系示范	第二批

(续)

序号	示范基地	示范主题	批次
34	山东省淄博市原山林场	互联网+林业旅游示范	第二批
35	湖北五峰后河国家级自然保护区	信息化助力"空天地"一体化保护区建设示范	第二批
36	湖南省森林植物园	智慧公园建设示范	第二批
37	广西壮族自治区国有七坡林场	"科信助能"示范	第二批
38	贵州佛顶山国家级自然保护区管理局	智慧保护区管理系统建设示范	第二批
39	陕西太白山国家森林公园	"互联网+"森林旅游建设示范	第二批
40	甘肃安南坝野骆驼国家级自然保护区管理局	智慧林业综合管理平台建设示范	第二批
41	甘肃林业工作站管理局	林果网建设示范	第二批

林森工集团分别为示范省实施单位，示范主题分别为"外网建设，基础平台建设""在线行政审批，省市县乡四级联网协同办公""资源整合，内网建设""三网融合，电子商务"。在第一批林业信息化示范省建设成绩斐然、带动作用明显的基础上，2011年5月，国家林业局确定了北京、山西、内蒙古等8个省（自治区、直辖市）为第二批全国林业信息化示范省，示范主题分别为"网格化管理及统一数据库改建""林业远程视频监控和集体林权信息采集管理系统建设""信息化建设在林业主体业务中的应用"等。为将示范作用进一步深入基层，2013年1月，国家林业局确定了第一批全国林业信息化示范市、县，包括河北张家口市、山西临汾市等25个示范市及北京市西城区、天津蓟县等50个示范县，并针对各地自身特点，开展有针对性的示范主题建设。2015年1月，国家林业局确定了第二批全国林业信息化示范市、县和首批全国林业信息化示范基地，包括内蒙古呼伦贝尔市等10个示范市，辽宁省昌图县等15个示范县及北京市大东流苗圃等25个示范基地，结合各自实际，开展智慧林业相关示范建设。2017年10月，国家林业局确定了第三批全国林业信息化示范市县和第二批全国林业信息化示范基地，包括浙江绍兴市等11个示范市，吉林省敦化市等13个示范县和北京市黄垡苗圃等16个示范基地，不断深化新一代信息技术在林业中的推广应用，为智慧林业深入开展奠定基础。

随着示范建设的深入开展，各示范单位按照"加快林业信息化，带动林业现代化"总体思路、"五个统一"基本原则和"四个服务"根本宗旨，围绕示范主题做了大量卓有成效的工作，为建设林业现代化作出了新的贡献。

第六节　信息化率评测

一、总体要求

(一)基本思路

全面贯彻党中央、国务院关于信息化工作的系列决策部署，深入落实国家林业局关于林业信息化工作的会议和文件精神，以提升林业信息化水平为目标，科学评测全国林业信息化率，明确林业信息化发展的着力点和努力方向，以评促建，以评促用，推动全国林业信息化水平不断提升，为林业现代化建设作出更大贡献。

(二)基本原则

综合考核，全面覆盖。综合考核各地各单位林业信息化发展情况，实现考核单位全覆盖，确保全国林业信息化率测结果真实可信。

科学评估，有效提升。邀请第三方专业评测机构，采用权威方法，科学评估全国各级林业信息化率，以评促建，有效提升各地各单位林业信息化发展水平。

重点突出，指标统一。结合《全国林业信息化"十三五"发展规划》主要工作，遵循信息化发展规律，重点考核各项工作完成情况，整体评测指标体系保持统一，保障考核结果持续有效。

逐级负责，整体推进。按照逐级报送的方式，从县级到市级、市级到省级、省级到国家级，层层审核，形成合力，整体推进林业信息化率评测工作。

(三)总体目标

通过科学评估，把握全国各级林业主管部门信息化发展情况，针对存在问题，提出可行性建议，保障《"互联网+"林业行动计划——全国林业信息化"十三五"发展规划》各项工作全面落实，实现"到2020年全国林业信息化率达到80%"，其中"国家级林业信息化率要达到90%，省、市、县三级依次要达到80%、70%、60%"。

二、方式方法

(一)评测范围

国家林业局各司局、各直属单位；各省、自治区、直辖市林业厅(局)，内蒙古、吉林、龙江、大兴安岭、长白山森工(林业)集团公司，新疆生产建设兵团林业局，各计划单列市林业局；各市、县级林业主管部门。

(二)评测方式和步骤

评测工作采用各地各单位自查、上级单位核查和抽查、专家评审等方式，保障全国林业信息化率评测结果科学准确。具体步骤如下：

1. 县级林业主管部门对林业信息化发展水平调查摸底后，填写县级《全国林业信息化率评测数据调查表》(以下简称《调查表》)，报市级林业主管部门检查。

2. 市级林业主管部门按照30%的比例，采用实地调研、电话调研、远程访谈等形式，抽查县级《调查表》准确性，经核实后将所有县级《调查表》数据汇总到县级《全国林业信息化率评测调查数据统计表》(以下简称《统计表》)，同时填写本市《调查表》，并将县级《统计表》和本市《调查表》报省级林业主管部门。

3. 省级林业主管部门按照30%的比例，采用实地调研、电话调研、远程访谈等形式，抽查市级《调查表》和县级《统计表》准确性，经核实无误后将所有市级《调查表》数据汇总到市级《统计表》中，同时填写本省《调查表》，将本省《调查表》连同市、县级《统计表》，以正式文件形式，通过公文传输系统报送国家林业局信息办；国家林业局各司局、各直属单位直接将国家级《调查表》通过公文传输系统报送国家林业局信息办。

4. 国家林业局信息办汇总各省级及国家林业局各司局、各直属单位《调查表》，市、县级《统计表》，形成《全国林业信息化率评测数据统计总表》，同时组织专家集中评测，对存在问题的数据进行复核，最终根据评测结果撰写《2017年全国林业信息化率评测总报告》。

5. 根据评测结果，正式发布2017年全国林业信息化率评测结果。

(三)评测指标

评测指标由建设水平、应用水平和保障水平三方面组成。近年来，林业信息化基础建设水平已显著提升。为全面提升林业信息化整体水平，此次指标体系的设计重心侧重于应用和保障层面，评测指标体系包含国家级、省级、市级和县级四级单位的林业信息化率评测指标体系,每级指标体系针对本级单位的工作性质和信息化发展水平做适当调整。

1. 国家级林业信息化率评测指标体系。国家级林业信息化率评测指标体系重点考查国家林业局各司局、各直属单位的信息化建设、应用和保障水平。信息化建设水平主要从机房部署、网络建设、数据资源整合、业务平台整合四个方面考查各单位是否按照《全国林业信息化"十三五"发展规划》要求统一部署、统一建设、统一整合。信息化应用水平主要从数据开放、数据库、业务系统、网站建设、综合办公等方面考查应用水平,同时考查是否应用国家林业局统一的技术平台。信息化保障水平主要从制度执行、规划执行、人员培训、制式规范、安全运维等方面考查各单位对国家林业局相关要求的执行情况。国家级林业信息化率评测指标共设置18个二级指标。

2. 省级林业信息化率评测指标体系。省级林业信息化率评测指标体系重点考查各省级林业主管单位的信息化建设、应用和保障水平。信息化建设水平从硬件、网络、数据库、应用系统、政府网站五个方面考查,从基础层的机房、电脑终端,至市、州、县的网络设施建设,再到各大数据库、应用系统、政府网站的建设水平全面考查,同时结合《全国林业信息化"十三五"发展规划》考查是否实现统一建设、统一开发。信息化应用水平从数据开放、数据库、应用系统、综合办公、政府网站、新媒体等方面考查,涵盖了《全国林业信息化"十三五"发展规划》提出的八大主要任务与重点工程。信息化保障水平考查内容涵盖林业信息化建设的顶层规划、人才物保障、制度和安全保障、示范建设,以及对国家林业局工作的支撑情况。省级林业信息化率评测指标体系共设置有20个二级指标和40个三级指标。

3. 市级林业信息化率评测指标体系。市级林业信息化率评测指标体系重点考查各市级林业主管单位的信息化建设、应用和保障水平。信息化建设水平从基础设施、应用系统、网站建设三个方面考查各单位是否按照《全国林业信息化"十三五"发展规划》要求统一部署、统一建设、统一整合。信息化应用水平从部门数据、应用系统使用、综合办公、政府网站、新媒体等方面考查各单位的部门数据的采集、处理、应用能力以及电子政务方面的应用水平。信息化保障水平考查点同省级林业主管单位相同,权重根据本级单位的特点略做调整。重点包括顶层规划、人才物保障、制度和安全保障、示范建设,以及对上级主管单位工作的支撑情况。市级林业信息化率评测指标体系共设置 15 个二级指标和 26 个三级指标。

4. 县级林业信息化率评测指标体系。县级林业信息化率评测指标体系重点考查各县级林业主管单位的信息化建设、应用和保障水平。信息化建设水平从基础设施建设和网站建设两个方面考查各单位是否按照《全国林业信息化"十三五"发展规划》要求统一部署、统一建设、统一整合。信息化应用水平从部门数据、应用系统使用、OA 系统应用、政府网站四个方面考查，重点考查县级林业主管部门信息化基础业务的应用情况。信息化保障水平主要考查人力和财政等基本的投入保障，同时考查对上级主管单位工作的支撑情况。具体包括 9 个二级指标和 11 个三级指标。

(四) 林业信息化率的计算方法

林业信息化率以林业信息化率评测指标体系为依据，由建设水平、应用水平和保障水平三大指标加权计算得出，全国林业信息化率由各级林业信息化率加权之和得出。

各级林业信息化率为本行政级别内各级林业主管单位林业信息化率算数平均值。各单位林业信息化率由本单位林业信息化建设水平、林业信息化应用水平、林业信息化保障水平三大指标体系加权算出。采用权重分配的常用方法——德尔菲法①，最终确定林业信息化建设水平、林业信息化应用水平、林业信息化保障水平权重分别为 30 分、35 分和 35 分；国家级林业信息化率、省级林业信息化率、市级林业信息化率、县级林业信息化率分别占比 40%、30%、20% 和 10%。

具体计算方法如下：

1. 全国林业信息化率具体计算公式为：

$$R_{全国} = 40\% \times R_{国家级} + 30\% \times R_{省级} + 20\% \times R_{市级} + 10\% \times R_{县级}$$

2. 国家级、省级、市级、县级四级林业信息化率 R_X：

$$R_X = \frac{R_{X1} + R_{X2} + R_{X3} + \cdots + R_{Xi}}{X_n} (i = 1, 2, 3, \cdots, n)$$

3. 各地各单位林业信息化率 R_{X_i}：

$$R_{X_i} = (B_{建设} + A_{应用} + E_{保障})/100 \times 100\%$$

注：林业信息化率用 R 表示；国家级、省级、市级、县级四级名称用

---

① 德尔菲法：也称专家意见征求法。招集若干位业界内专家组成专家小组，专家之间不得互相讨论，不发生横向联系，只能与调查人员发生关系，通过多轮次调查专家对问卷所提问题的看法，经过反复征询、归纳、修改，最后汇总成专家基本一致的看法，作为最终结果。

字母 X 表示；n 表示各级林业主管部门的数量，i 表示各级的第 i 个林业主管部门，即 $i=1, 2, 3, \cdots, n$；各级评估范围用 X_n 表示；林业信息化建设水平用 $B_{建设}$ 表示，林业信息化应用水平用 $A_{应用}$ 表示，林业信息化保障水平用 $E_{保障}$ 表示。

三、成果应用

(一)以评促建

每年根据对各地各单位的评测结果，编写《全国林业信息化率评测总报告》，梳理出我国林业信息化发展经验和优秀案例，为各地林业信息化主管部门科学决策提供参考和建议，促进全国林业信息化快速、健康、持续发展，为林业现代化建设作出更大贡献。

(二)绩效考核

从 2016 年开始，国家林业局把信息化率列为考核各地各单位工作业绩的重要指标。通过信息化率考核，进一步提高各地各单位信息化建设的积极性，加强各级信息化专业人员的培养，提高综合管理能力，提升林业信息化发展水平。

四、2016 年林业信息化率评测结果

2016 年全国林业信息化率为 66.04%，林业信息化率评测结果呈现几个特点：一是全国林业信息化水平持续提升，部分单位表现突出；二是各级林业信息化率差距正在减小，整体发展态势良好；三是"十三五"发展蓝图确定，"五个统一"得到进一步深化；四是林业信息化三大水平发展态势良好，建设水平与保障水平成为整体水平的有力支撑；五是国家级和省级引领全国林业信息化发展，市县两级进步明显；六是林业信息化示范建设成效显著，示范单位信息化水平明显较高；七是林业专网建设基本到位，为信息化整体发展奠定基础；八是综合办公整体能力进一步优化，办公效率有效提升。2016 年国家级、省级、市级、县级林业信息化率评测出十佳单位(表 10-5 ~ 表 10-8)。

表10-5 2016年全国林业信息化建设十佳司局单位

序号	单位名称	信息化率(%)
1	信息办	95.1
2	公安局(防火办)	92
3	资源司	91.8
4	造林司	91
5	计财司	90.5
6	科技司	90.2
7	人才中心	89
8	政法司	87.5
9	场圃总站	87.3
10	办公室	86.5

表10-6 2016年全国林业信息化建设十佳省级单位

序号	单位名称	信息化率(%)
1	湖南省	93.9
2	北京市	91.2
3	湖北省	88.8
4	辽宁省	83.8
5	四川省	82.8
6	上海市	82.6
7	江西省	79.7
8	广东省	76.4
9	浙江省	75.2
10	甘肃省(并列)	75
10	福建省(并列)	75

表10-7 2016年全国林业信息化建设十佳市级单位

序号	单位名称	信息化率(%)
1	湖南省郴州市	90.6
2	内蒙古自治区鄂尔多斯市	90.1
3	湖北省襄阳市	90
4	湖南省湘潭市	89.6
5	广东省广州市	89.5
6	浙江省杭州市	89
7	辽宁省沈阳市	89

(续)

序号	单位名称	信息化率(%)
8	四川省甘孜藏族自治州	88.9
9	贵州省贵阳市	88.8
10	北京市昌平区	88.5

表10-8　2016年全国林业信息化建设十佳县级单位

序号	单位名称	信息化率(%)
1	湖南省衡东县	93.3
2	湖南省新化县	92.6
3	河南省嵩县	92.5
4	江西省新余市渝水区	92.3
5	云南省泸西县	92.3
6	湖南省洞口县	92.1
7	河南省栾川县	92.1
8	湖北省谷城县	91.6
9	浙江省龙泉市	91.5
10	四川省江油市	91.5

延伸阅读

1. 李世东. 中国林业信息化政策解读. 北京：中国林业出版社，2014.
2. 李世东. 中国林业信息化示范建设. 北京：中国林业出版社，2014.
3. 李世东. 信息项目建设. 北京：中国林业出版社，2017.
4. 克利福德·格雷. 项目管理. 北京：人民邮电出版社，2013.

参考文献

蔡自兴，徐光祐. 人工智能及其应用[M]. 北京：清华大学出版社，2010.

陈康，郑纬民. 云计算：系统实例与研究现状[J]. 软件学报，2009，20(5)：1337－1348.

陈全，邓倩妮. 云计算及其关键技术[J]. 计算机应用，2009，29(09)：2562－2567.

迟楠. 未来网络用灯光[N]. 光明日报，2014－05－22(012).

淳于江民，张珩. 无人机的发展现状与展望[J]. 飞航导弹，2005(2)：23－27.

崔凤岐. 标准化管理教程[M]. 天津：天津大学出版社，2006.

杜崇铭，林湖彬，张姿，等. 3D打印设备的发展及应用[J]. 科技视界，2015(04)：106.

范渊. 智慧城市与信息安全[M]. 2版. 北京：电子工业出版社，2016.

冯博琴. 计算机文化基础教程[M]. 北京：清华大学出版社，2005.

封会娟，闫旭，唐彦峰，等. 3D打印技术综述[J]. 数字技术与应用，2014(09)：202－203.

封顺天. 可穿戴设备发展现状及趋势[J]. 信息通信技术，2014(03)：52－57.

耿怡，安晖，李扬，等. 可穿戴设备发展现状和前景探析[J]. 电子科学技术，2014(02)：238－245.

龚静. 浅谈网络安全与信息加密技术[J]. 华南金融电脑，2005，13(6)：48－51.

顾沈明. 计算机基础[M]. 北京：清华大学出版社，2014.

郭启全. 信息安全等级保护政策培训教程[M]. 北京：电子工业出版社，2016.

国家林业局. 关于促进中国林业移动互联网发展的指导意见[EB/OL]. 中国林业网 www.forestry.gov.cn，2017.

国家林业局. 关于促进中国林业云发展的指导意见[EB/OL]. 中国林业网 www.forestry.gov.cn，2017.

国家林业局. 关于加快中国林业大数据发展的指导意见[EB/OL]. 中国林业网 www.forestry.gov.cn，2016.

国家林业局. 关于推进中国林业物联网发展的指导意见[EB/OL]. 中国林业网 www.forestry.gov.cn，2016.

国家林业局. 关于推进全国林业电子商务发展的指导意见[EB/OL]. 中国林业网 www.forestry.gov.cn，2016.

国家林业局. "互联网＋"林业行动计划——全国林业信息化"十三五"发展规划[EB/

OL]．中国林业网 www.forestry.gov.cn，2016 年 3 月 23 日．
国家林业局．建设生态文明建设美丽中国[M]．北京：中国林业出版社，2014．
国脉互联网技术研究中心．物联网 100 问[M]．北京：北京邮电大学出版社，2010．
国务院办公厅．国家卫星导航产业中长期发展规划[EB/OL]．中央政府门户网站 www.gov.cn，2013 年 10 月 9 日．
国务院．促进大数据发展行动纲要[EB/OL]．中央政府门户网站 www.gov.cn，2015．
国务院．关于促进云计算创新发展培育信息产业新业态的意见[EB/OL]．中央政府门户网站 www.gov.cn，2015．
国务院．关于大力发展电子商务加快培育经济新动力的意见[EB/OL]．中央政府门户网站 www.gov.cn，2015．
国务院．关于加快推进"互联网+政务服务"工作的指导意见[EB/OL]．中央政府门户网站 www.gov.cn，2016 年 9 月 29 日．
国务院．关于推进物联网有序健康发展的指导意见[EB/OL]．中央政府门户网站 www.gov.cn，2013 年 2 月 17 日．
户根勤．网络是怎么样连接的[M]．北京：人民邮电出版社，2017．
胡勤．人工智能概述[J]．电脑知识与技术，2010(13)：3507 - 3509．
胡小强．虚拟现实技术[M]．北京：机械工业出版社，2005．
克利福德·格雷．项目管理[M]．北京：人民邮电出版社，2013．
寇晓蕤，王清贤．网络安全协议：原理、结构与应用[M]．北京：高等教育出版社，2016．
邝兵．标准化战略的理论与实践研究[M]．武汉：武汉大学出版社，2011．
贾铁军．网络安全技术及应用[M]．2 版．北京：机械工业出版社，2014．
蒋庆全．国外 VR 技术发展综述[J]．飞航导弹，2002(1)：27 - 34．
李春田．标准化概论[M]．5 版．北京：中国人民大学出版社，2010．
黎纲榭．中国网络安全产业现状剖析与对策建议从产业之"火"到应对之"策"[J]．信息安全与通信保密，2016(4)：22 - 31．
李善友．互联网世界观[M]．北京：机械工业出版社，2015．
李世东．把握互联网时代拓展互联网思维[EB/OL]．中国林业网 www.forestry.gov.cn，2015 年 1 月 20 日．
李世东．从"数字林业"到"智慧林业"[J]．中国信息化，2013(20)：64 - 67．
李世东．大数据时代中国智慧林业门户网站建设[J]．电子政务，2014(3)：111 - 117．
李世东．打造智慧林业门户服务生态文明建设[J]．信息化建设，2014(10)：30 - 32．
李世东，林震，杨冰之．信息革命与生态文明[M]．北京：科学出版社，2013．
李世东．论政府网站的集约化管理——中国林业网的创新与发展[J]．电子政务，2013(01)：102 - 106．
李世东．网络安全运维[M]．北京：中国林业出版社，2017．

李世东. 信息标准合作[M]. 北京：中国林业出版社，2017.
李世东. 信息基础知识[M]. 北京：中国林业出版社，2017.
李世东. 信息项目建设[M]. 北京：中国林业出版社，2017.
李世东. 政府网站建设[M]. 北京：中国林业出版社，2017.
李世东. 智慧林业概论[M]. 北京：中国林业出版社，2017.
李世东. 中国林业大数据[M]. 北京：中国林业出版社，2016.
李世东. 中国林业网[M]. 北京：中国林业出版社，2015.
李世东. 中国林业物联网[M]. 北京：中国林业出版社，2017.
李世东. 中国林业信息化标准规范[M]. 北京：中国林业出版社，2014.
李世东. 中国林业信息化顶层设计[M]. 北京：中国林业出版社，2012.
李世东. 中国林业信息化发展战略[M]. 北京：中国林业出版社，2012.
李世东. 中国林业信息化绩效评估[M]. 北京：中国林业出版社，2014.
李世东. 中国林业信息化建设成果[M]. 北京：中国林业出版社，2012.
李世东. 中国林业信息化决策部署[M]. 北京：中国林业出版社，2012.
李世东. 中国林业信息化示范案例[M]. 北京：中国林业出版社，2012.
李世东. 中国林业信息化示范建设[M]. 北京：中国林业出版社，2014.
李世东. 中国林业信息化政策制度[M]. 北京：中国林业出版社，2012.
李世东. 中国林业信息化政策解读[M]. 北京：中国林业出版社，2014.
李世东. 中国林业信息化政策研究[M]. 北京：中国林业出版社，2014.
李世东. 中国智慧林业：顶层设计与地方实践[M]. 北京：中国林业出版社，2015.
李小丽，马剑雄，李萍，等. 3D打印技术及应用趋势[J]. 自动化仪表，2014(01)：1-5.
李学京. 标准与标准化教程[M]. 北京：中国标准出版社，2010.
梁亚声，汪永益，刘京菊，等. 计算机网络安全教程[M]. 2版. 北京：机械工业出版社，2014.
刘建伟，毛剑，胡荣磊. 网络安全概论[M]. 北京：电子工业出版社，2009.
刘鹏. 云计算[M]. 北京：电子工业出版社，2010.
刘云浩. 物联网导论[M]. 北京：科学出版社，2011.
卢妙娜，王润. 人工智能综述[J]. 电脑学习，2010(02)：3-4.
毛彤，周开宇. 可穿戴设备综合分析及建议[J]. 电信科学，2014(10)：134-142.
孟庆昌. 操作系统[M]. 北京：电子工业出版社，2007.
彭力. 基于案例的物联网导论[M]. 北京：化学工业出版社，2012.
饶胜，张强，牟雪洁. 划定生态红线创新生态系统管理[J]. 环境经济，2012(06)：57-60.
任锦，彭玮. 浅析人工智能技术[D]. 开封：人民警察学校，2010，12.
邵波，王其和. 计算机网络安全技术及应用[M]. 北京：电子工业出版社，2005.

石焱,王志彬. 计算机基础与Office2010新编应用[M]. 北京:中国水利水电出版社,2014.

石志国,王志良,丁大伟. 物联网技术与应用[M]. 北京:清华大学出版社,2012.

石志国,薛为民,江俐. 计算机网络安全教程[M]. 2版. 北京:清华大学出版社,2012.

斯托林斯. 操作系统:精髓与设计原理[M]. 北京:机械工业出版社,2010.

宋强. Office办公软件应用标准教程[M]. 北京:清华大学出版社,2013.

苏锦. 云计算安全问题及其技术对策[J]. 信息与电脑(理论版),2014(12):174-175.

孙钟秀. 操作系统教程[M]. 3版. 北京:高等教育出版社,2003.

涂子沛. 大数据[M]. 南宁:广西师范大学出版社,2013.

涂子沛. 数据之巅[M]. 北京:中信出版社,2014.

王达. 深入理解计算机网络[M]. 北京:机械工业出版社,2013.

王鹏. 走近云计算[M]. 北京:人民邮电出版社,2009.

王刚耀. 网络运维亲历记[M]. 北京:清华大学出版社,2016.

王太忠,吕叶. 人工智能浅析[J]. 科教文汇(上旬刊),2012(09):70-71.

王志良,王粉花. 物联网工程概论[M]. 北京:机械工业出版社,2011.

王忠敏. 标准化基础知识实用教程[M]. 北京:中国标准出版社,2010.

维克托·迈尔·舍恩伯格. 大数据时代[M]. 杭州:浙江人民出版社,2013.

吴功宜,吴英. 物联网工程导论[M]. 北京:高等教育出版社,2012.

吴军. 智能时代[M]. 北京:中信出版社,2016.

吴苡婷. 上海科学家成功实现"灯光上网"[N]. 上海科技报,2013-10-18(001).

巫细波,杨再高. 智慧城市理念与未来城市发展[J]. 城市发展研究,2010(11):56-60.

西尔伯沙茨. 数据库系统概念[M]. 北京:机械工业出版社,2012.

徐万涛,洪建新. 计算机网络实用技术教程[M]. 北京:清华大学出版社,2007.

肖斌,薛丽敏,赵顺. 对人工智能发展新方向的思考[D]. 南京:海军指挥浦口分院,2009,3.

谢俊祥,张琳. 智能可穿戴设备及其应用[J]. 中国医疗器械信息,2015(03):18-23.

杨恒. 人工智能技术在计算机中的发展和应用[J]. 电子世界,2013(24):10-11.

杨桦,肖祥林. 计算机基础知识及基本操作技能[M]. 成都:西南交通大学出版社,2015.

杨立伟,侯聪. 基于白光LED的可见光通信技术研究[J]. 电信网技术,2013(12):33-37.

杨青峰. 信息化2.0+:云计算时代的信息化体[M]. 北京:电子工业出版社,2013.

杨孟辉. 开放政府数据:概念、实践和评价[M]. 北京:清华大学出版社,2017.

杨义先,钮心忻. 安全简史:从隐私保护到量子密码[M]. 北京:电子工业出版社,2017.
余冬梅,方奥,张建斌. 3D 打印:技术和应用[J]. 金属世界,2013(06):6-11.
余妹兰,张永晖. 人工智能的历史和未来[J]. 信息与电脑(理论版),2010(02):54-55.
于施洋,王建冬. 政府网站分析与优化[M]. 北京:社会科学文献出版社,2014.
曾丽霞,蒋晓,戴传庆. 可穿戴设备中手势交互的设计原则[J]. 包装工程,2015(20):135-138.
曾雪峰. 论人工智能的研究与发展[J]. 现代商贸工业,2009(13):248-249.
扎克·林奇. 第四次革命[M]. 北京:科学出版社,2011.
詹姆斯·格雷克. 信息简史[M]. 北京:人民邮电出版社,2013.
詹青龙,刘建卿. 物联网工程导论[M]. 北京:清华大学出版社,2012.
张春霞,张瑞春. 网络建设与管理[M]. 北京:电子工业出版社,2011.
张健. 云计算概念和影响力解析[J]. 电信网技术,2009(1):15-18.
张凯,张雯婷. 物联网导论[M]. 北京:清华大学出版社,2012.
张楠,李飞. 3D 打印技术的发展与应用对未来产品设计的影响[J]. 机械设计,2013(07):97-99.
张志鹏,劳奇成. 虚拟现实技术的概况及应用[J]. 精密制造与自动化,2005(03):79-81.
赵大伟. 互联网思维独孤九剑[M]. 北京:机械工业出版社,2014.
赵斌. 可穿戴设备设计趋势及策略研究[J]. 包装工程,2015(02):18-20.
赵秋云,楚恩惠. 3D 打印机在各领域的发展前景[J]. 软件导刊(教育技术),2015(05):81-82.
郑彦平,贺钧. 虚拟现实技术的应用现状及发展[J]. 信息技术,2005(12):94-95.
中国互联网络信息中心. 第 39 次《中国互联网络发展状况统计报告》,2017.
《中国林业信息化发展报告》编纂委员会. 2010 中国林业信息化发展报告[M]. 北京:中国林业出版社,2010.
《中国林业信息化发展报告》编纂委员会. 2011 中国林业信息化发展报告[M]. 北京:中国林业出版社,2011.
《中国林业信息化发展报告》编纂委员会. 2012 中国林业信息化发展报告[M]. 北京:中国林业出版社,2012.
《中国林业信息化发展报告》编纂委员会. 2013 中国林业信息化发展报告[M]. 北京:中国林业出版社,2013.
《中国林业信息化发展报告》编纂委员会. 2014 中国林业信息化发展报告[M]. 北京:中国林业出版社,2014.
《中国林业信息化发展报告》编纂委员会. 2015 中国林业信息化发展报告[M]. 北京:

中国林业出版社, 2015.

《中国林业信息化发展报告》编纂委员会. 2016 中国林业信息化发展报告[M]. 北京：中国林业出版社, 2016.

《中国林业工作手册》编纂委员会. 中国林业工作手册[M]. 2版. 北京：中国林业出版社, 2017.

仲昭川. 互联网哲学[M]. 北京：电子工业出版社, 2015.

周宏仁. 信息化论[M]. 北京：人民出版社, 2008.

附录

近年来信息化重要文献目录

国务院关于推进物联网有序健康发展的指导意见
http：//www.gov.cn/zwgk/2013-02/17/content_2333141.htm
国务院关于促进信息消费扩大内需的若干意见
http：//www.gov.cn/zwgk/2013-08/14/content_2466856.htm
国务院关于印发"宽带中国"战略及实施方案的通知
http：//www.gov.cn/zwgk/2013-08/17/content_2468348.htm
国务院关于促进云计算创新发展培育信息产业新业态的意见
http：//www.gov.cn/zhengce/content/2015-01/30/content_9440.htm
国务院关于大力发展电子商务加快培育经济新动力的意见
http：//www.gov.cn/zhengce/content/2015-05/07/content_9707.htm
国务院关于大力推进大众创业万众创新若干政策措施的意见
http：//www.gov.cn/zhengce/content/2015-06/16/content_9855.htm
国务院关于积极推进"互联网+"行动的指导意见
http：//www.gov.cn/zhengce/content/2015-07/04/content_10002.htm
国务院关于印发促进大数据发展行动纲要的通知
http：//www.gov.cn/zhengce/content/2015-09/05/content_10137.htm
国务院关于深化制造业与互联网融合发展的指导意见
http：//www.gov.cn/zhengce/content/2016-05/20/content_5075099.htm
国务院关于印发政务信息资源共享管理暂行办法的通知
http：//www.gov.cn/zhengce/content/2016-09/19/content_5109486.htm
国务院关于加快推进"互联网+政务服务"工作的指导意见
http：//www.gov.cn/zhengce/content/2016-09/29/content_5113369.htm
国务院关于印发"十三五"国家信息化规划的通知
http：//www.gov.cn/zhengce/content/2016-12/27/content_5153411.htm

国务院关于印发新一代人工智能发展规划的通知

http：//www.gov.cn/zhengce/content/2017-07/20/content_5211996.htm

国务院办公厅关于印发政府机关使用正版软件管理办法的通知

http：//www.gov.cn/zwgk/2013-08/27/content_2474712.htm

国务院办公厅关于印发国家卫星导航产业中长期发展规划的通知

http：//www.gov.cn/zwgk/2013-10/09/content_2502356.htm

国务院办公厅关于进一步加强政府信息公开回应社会关切提升政府公信力的意见

http：//www.gov.cn/xxgk/pub/govpublic/mrlm/201310/t20131018_66498.html

国务院办公厅关于促进地理信息产业发展的意见

http：//www.gov.cn/zwgk/2014-01/30/content_2578694.htm

国务院办公厅关于加强政府网站信息内容建设的意见

http：//www.gov.cn/zhengce/content/2014-12/01/content_9283.htm

国务院办公厅关于加快高速宽带网络建设推进网络提速降费的指导意见

http：//www.gov.cn/zhengce/content/2015-05/20/content_9789.htm

国务院办公厅关于促进跨境电子商务健康快速发展的指导意见

http：//www.gov.cn/zhengce/content/2015-06/20/content_9955.htm

国务院办公厅关于印发整合建立统一的公共资源交易平台工作方案的通知

http：//www.gov.cn/zhengce/content/2015-08/14/content_10085.htm

国务院办公厅关于印发三网融合推广方案的通知

http：//www.gov.cn/zhengce/content/2015-09/04/content_10135.htm

国务院办公厅关于推进线上线下互动加快商贸流通创新发展转型升级的意见

http：//www.gov.cn/zhengce/content/2015-09/29/content_10204.htm

国务院办公厅关于加强互联网领域侵权假冒行为治理的意见

http：//www.gov.cn/zhengce/content/2015-11/07/content_10276.htm

国务院办公厅关于促进农村电子商务加快发展的指导意见

http：//www.gov.cn/zhengce/content/2015-11/09/content_10279.htm

国务院办公厅关于第一次全国政府网站普查情况的通报

http：//www.gov.cn/zhengce/content/2015-12/15/content_10421.htm

国务院办公厅关于转发国家发展改革委等部门推进"互联网+政务服务"开展信息惠民试点实施方案的通知

http：//www.gov.cn/zhengce/content/2016-04/26/content_5068058.htm

中共中央办公厅国务院办公厅印发《国家信息化发展战略纲要》
http：//www. gov. cn/xinwen/2016 – 07/27/content_ 5095336. htm
国务院办公厅关于在政务公开工作中进一步做好政务舆情回应的通知
http：//www. gov. cn/zhengce/content/2016 – 08/12/content_ 5099138. htm
国务院办公厅印发《关于全面推进政务公开工作的意见》实施细则的通知
http：//www. gov. cn/zhengce/content/2016 – 11/15/content_ 5132852. htm
国务院办公厅关于印发"互联网 + 政务服务"技术体系建设指南的通知
http：//www. gov. cn/zhengce/content/2017 – 01/12/content_ 5159174. htm
中共中央办公厅国务院办公厅印发《关于促进移动互联网健康有序发展的
　　意见》
http：//www. gov. cn/zhengce/2017 – 01/15/content_ 5160060. htm
国务院办公厅关于印发政务信息系统整合共享实施方案的通知
http：//www. gov. cn/zhengce/content/2017 – 05/18/content_ 5194971. htm
国家发展改革委关于印发"十三五"国家政务信息化工程建设规划的通知
http：//www. ndrc. gov. cn/zcfb/zcfbghwb/201708/t20170824_ 858612. html
工业和信息化部关于印发大数据产业发展规划（2016—2020 年）的通知
http：//xxgk. miit. gov. cn/gdnps/wjfbContent. jsp？id = 5464999
工业和信息化部办公厅关于全面推进移动物联网（NB – IoT）建设发展的通知
http：//xxgk. miit. gov. cn/gdnps/wjfbContent. jsp？id = 5692719
国家林业局关于印发《中国智慧林业发展指导意见》的通知
http：//xxb. forestry. gov. cn/portal/xxb/s/2522/content – 624640. html
国家林业局关于推进中国林业物联网发展的指导意见
http：//www. forestry. gov. cn/main/72/content – 880883. html
国家林业局关于印发《全国林业信息化工作管理办法》的通知
http：//www. forestry. gov. cn/portal/main/govfile/13/govfile_ 2228. htm
国家林业局关于加快中国林业大数据发展的指导意见
http：//www. forestry. gov. cn/portal/xxb/s/2516/content – 890130. html
国家林业局关于推进全国林业电子商务发展的指导意见
http：//www. forestry. gov. cn/main/4462/content – 909842. html
国家林业局关于促进中国林业移动互联网发展的指导意见
http：//www. forestry. gov. cn/portal/main/govfile/13/govfile_ 2429. htm
国家林业局关于促进中国林业云发展的指导意见
http：//www. forestry. gov. cn/portal/main/govfile/13/govfile_ 2435. htm